河流海岸动力学研究的辅助技术及辅助编程方法

HELIU HAIAN DONGLIXUE YANJIU DE
FUZHU JISHU JI FUZHU BIANCHENG FANGFA

杨　星　蔡开玺◎编著

河海大学出版社
HOHAI UNIVERSITY PRESS
·南京·

图书在版编目（ＣＩＰ）数据

河流海岸动力学研究的辅助技术及辅助编程方法 /
杨星，蔡开玺编著. -- 南京：河海大学出版社，2021.3
ISBN 978-7-5630-6899-9

Ⅰ. ①河…　Ⅱ. ①杨… ②蔡…　Ⅲ. ①河流－流体动
力学②海岸－海洋动力学　Ⅳ. ①TV143②P731.2

中国版本图书馆 CIP 数据核字(2021)第 053612 号

书　　名	河流海岸动力学研究的辅助技术及辅助编程方法	
书　　号	ISBN 978-7-5630-6899-9	
责任编辑	彭志诚	
特约校对	薛艳萍	
封面设计	张育智　刘　冶	
出版发行	河海大学出版社	
地　　址	南京市西康路 1 号(邮编:210098)	
电　　话	(025)83737852(总编室)　(025)83787769(编辑室)　(025)83722833(营销部)	
经　　销	江苏省新华发行集团有限公司	
排　　版	南京布克文化发展有限公司	
印　　刷	广东虎彩云印刷有限公司	
开　　本	718 毫米×1000 毫米　1/16	
印　　张	24.75	
字　　数	489 千字	
版　　次	2021 年 3 月第 1 版	
印　　次	2021 年 3 月第 1 次印刷	
定　　价	98.00 元	

前言

PREFACE

本书由江苏省水利科学研究院杨星、江苏科兴项目管理有限公司蔡开玺编著完成。本书公开了常用河工、海工基础程序的核心编程方法,重点包括:

基于 Delaunay 三角网的数据插值方法、粒子群非线性方程组求解方法、Auto CAD 数据自动处理方法、三角形无结构网格和贴体正交曲线网格生成方法、GLscene 三维实景开发方法、船模六自由度三维仿真、基于图形分解和插值的工程土方量计算、港航工程泥沙淤积计算等。

本书出版得到以下课题的资助:江苏省科技厅自主立项科研项目(BM2018028)、江苏省农业灌溉用水计量设施建设与管理研究(2019043)、苏北沿海地区大中型水闸垂直位移异常变化成因分析(2019022)、沿海垦区农田暗管排水与轮作措施协同控盐模式研究(2019040)。

书中涉及的代码由 Delphi 7.0 编写,方便高版本的 Delphi 转换使用。

书中介绍的程序开发方法,可供其他编程语言使用。

书中部分代码来自公开资源,本书无商业目的,感谢 Delphi 爱好者的无私奉献。

感谢对作者有过支持和帮助的家人、老师、同学、同事、朋友。

谨以此书,纪念 Delphi 7.0 和作者逝去的青春。

感谢江苏省水利科学研究院王俊、翁松干、朱大栋、侯苗、张馨元、王志寰、巫旺等同事的大力支持。

由于编者水平有限,书中难免有不当之处,敬请各位读者批评指正。

杨 星

2021 年 1 月

目录

CONTENTS

1

常用数值计算类

本章介绍自定义数据类型以及常用的数值计算程序,包括:一维线性数组插值;基于 Delaunay 三角网的二维数组插值;逐条扫描法和二分法方程求根;线性方程组(含大型稀疏矩阵)求解;基于粒子群算法的非线性方程组求解;单重、双重以及三重高斯数值积分。

1.1　数据类型定义

编制 Delphi 程序时,建议定义一些常用的 Delphi 数组类型,方便编程使用。例如,作者习惯定义一个单元文件,在单元文件里定义一些通用变量类型,以及一些常用的子程序等,如下例所示。其他单元文件只要在"uses"语句中引用单元"MymathUnit"文件即可。

unit MymathUnit;

interface
uses
StdCtrls, SysUtils, Dialogs, math;

type
T1S＝array of string; //一维字符串数组类型
T1D＝array of real; //一维实数数组类型
T1I＝array of integer; //一维整数数组类型
T2D＝array of array of real; //二维实数数组类型
T2I＝array of array of integer; //二维整数数组类型

1.2 数据插值计算

插值计算是最常见的一项数据处理工作,本节结合案例,讲解一维、二维坐标插值算法,其中,二维坐标插值算法基于 Delaunay 三角网完成,虽然增加了计算量,但插值精度也大大提高,在实际工作中得到了较多的肯定。

1.2.1 一维坐标插值

1. 目的

已知一组基础数据(含坐标 x,以及对应的属性值),如表 1.2-1 中"基础数据"栏,现通过插值求一组待求点的对应值,如表中"待求点"栏。

表 1.2-1 一维坐标插值案例

基础数据			待求点		
坐标	属性值 1	属性值 2	坐标	属性值 1	属性值 2
B_x	B_c	B_d	x	c	d
-5	1.2	8.7	-1	1.65	7.6
3	2.1	6.5	1	1.875	7.05
6	3.5	10.4	2	1.987 5	6.775
8	-0.8	30.2	3	2.1	6.5

2. 方法

设一待求点介于基础数据中相邻的两组数据之间,分别是 (B_{x1},B_{c1},B_{d1})、(B_{x2},B_{c2},B_{d2}),即 $B_{x1}{\leqslant}x{\leqslant}B_{x2}$,则该坐标 x 对应的 c 和 d 可以按式(1.2-1)计算:

$$\begin{cases} c = B_{c1} + \dfrac{(B_{c2}-B_{c1})(x-B_{x1})}{B_{x2}-B_{x1}} \\ d = B_{d1} + \dfrac{(B_{d2}-B_{d1})(x-B_{x1})}{B_{x2}-B_{x1}} \end{cases} \tag{1.2-1}$$

3. 程序

1) 程序 QuickSortA_x 用于对基础数据按坐标 x 升序排列,说明:p:T1D,一维数组变量,存放基础数据的坐标,本例中,p[1]=-5、p[2]=3、p[3]=6、p[4]=8;f:T2D,二维数组变量,存放基础数据的属性值,本例中,f[1,1]=1.2、f[1,2]=8.7、f[2,1]=2.1、f[2,2]=6.5,以此类推;Low、High:integer,整数型变量,代表参与排序的数组索引范围,本例中,Low=1,High=4,表示所有基础数据参与排序。注意：本例为了方便，表 1.2-1 中的数据已经按升序排列了。

```
procedure QuickSortA_x(var p:T1D;var f:T2D; Low, High: Integer); //按 x 排序
    procedure DoQuickSort(var p:T1D;var f:T2D; iLo, iHi: Integer);
var
    Lo, Hi: Integer;
    Mid: real;
    T:real;
    Tf:real;
    i,n:integer;
begin
    Lo := iLo;
    Hi := iHi;
    mid:=p[Lo];
    n:=length(f[1])-1;
    repeat
        while p[Lo] < Mid do
        Inc(Lo);
        while p[Hi] > Mid do
        Dec(Hi);
        if Lo <= Hi then
        begin
        T:=p[Lo];
        p[Lo]:=p[Hi];
        p[Hi]:=T;
        for i:=1 to n do
            begin
            Tf:=f[Lo,i];
            f[Lo,i]:=f[Hi,i];
            f[Hi,i]:=Tf;
            end;
        Inc(Lo);
        Dec(Hi);
        end;
    until Lo > Hi;
    if Hi > iLo then
        DoQuickSort(p,f, iLo, Hi);
    if Lo < iHi then
```

```
                DoQuickSort(p,f, Lo, iHi);
        end;
    begin
        DoQuickSort(p,f, Low, High);
    end;
```

2）程序 LOCATE 用于定位待求点 x 相邻的基础数据位置（应使用按坐标排序后的基础数据），说明：p：T1D，一维数组变量，存放排序后的基础数据坐标，本例中，p[1]＝－5、p[2]＝3、p[3]＝6、p[4]＝8；N：integer；存放基础数据的数量，本例为 4；X：real，待求点坐标；J：integer，存放待求点在基础数据的位置，例如待求点坐标为 2 时，J＝1。

```
    procedure LOCATE(varp:T1D; var N:integer; var X:real; var J:integer);  //定位待求点
x 的位置
    label 10;
    var
        JL,JU,JM:INTEGER;
    begin
        JL:=0;
        JU:=N+1;
10: If JU-JL > 1 Then
        begin
            JM:=(JU+JL) Div 2;
            If (p[N] > p[1]) = (X > p[JM]) Then
                JL:=JM
            Else
                JU:=JM;
            GoTo 10;
        end;
        J:=JL;
    end;
```

3）程序 Line_C 用于待求点的插值计算，程序中调用 LOCATE 子程序，说明：p：T1D，一维数组变量，存放排序后的基础数据坐标，和程序 LOCATE 中的 p 意义相同；f：T2D，二维数组变量，存放基础数据的属性值，本例中，f[1,1]＝1.2、f[1,2]＝8.7、f[2,1]＝2.1、f[2,2]＝6.5，以此类推；x：T1D，一维数组变量，存放待求点的坐标，本例中，x[1]＝－1、x[2]＝1、x[3]＝2、x[4]＝3；yy：T2D，二维数组变量，用于存放待求点的属性值。

```
    procedure Line_C(var p:T1D;var f:T2D;var x:T1D;var yy:T2D);  //一维线性插值
```

```
var
i,n,m,j,k:integer;
x1,y1,x2,y2:real;
begin
n:=length(p)-1;
m:=length(f[1])-1;
setlength(yy,length(x),m+1);
for i:=1 to length(x)-1 do
begin
LOCATE(p,N,X[i],J); //调用子程序
for k:=1 to m do
    begin
    if J=0 then
    yy[i,k]:=f[1,k]
    else if J=N then
    yy[i,k]:=f[N,k]
    else
    begin
    x1:=p[J];
    y1:=f[J,k];
    x2:=p[J+1];
    y2:=f[J+1,k];
    if x2=x1 then
    yy[i,k]:=(y1+y2)/2
    else
    yy[i,k]:=y2-(y2-y1)*(x2-x[i])/(x2-x1);;
    end;
    end;
end;
end;
```

1.2.2 二维坐标插值

1. 目的

已知一组基础数据(含坐标 x 和 y,以及对应的属性值),如表 1.2-2 中"基础数据"栏。现通过插值求一组待求点的对应值,如表 1.2-2 中"待求点"栏和图 1.2-1。

表 1.2-2　二维坐标插值案例

基础数据				待求点		
坐标			属性值 1	坐标		属性值 1
编号	B_x	B_y	B_d	x	y	d
1	0	15	2.1	5	15	2.325
2	10	20	2.9	15.8	10	3.36
3	10	10	2.2			
4	10	0	3.5			
5	20	15	3.9			
6	20	5	4.5			
7	30	10	1.9			

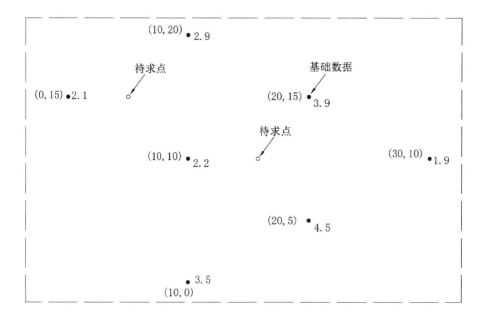

图 1.2-1　基础数据和待求点分布图

2. 方法

基于基础数据,生成 Delaunay 三角网,查找待求点所处的三角形,按面积权重计算待求点的属性值。参考图 1.2-2,设三角形三个顶点(N_1、N_2、N_3 逆时针排序)的属性值分别是 u_1、u_2、u_3,待求点分割该三角形形成的三个面积分别是 A_1、A_2、A_3,其中,点 1 正对的是 A_1、点 2 正对的是 A_2、点 3 正对的是 A_3(为什么这么排序?

举例来说,当 A_1 最大时,说明待求点偏向点 1,则 u_1 分配的权重就应该更大),则 u 的计算公式如下:

$$u = \frac{u_1 A_1 + u_2 A_2 + u_3 A_3}{A_1 + A_2 + A_3} \qquad (1.2\text{-}2)$$

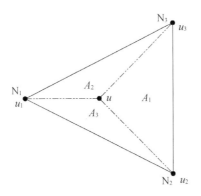

图 1.2-2　按三角形面积权重插值示意图(三角形顶点 N_1、N_2、N_3)

3. 程序

1) Delaunay 三角网生成算法十分成熟,读者可以依据其算法进行编制,也可以直接使用一些公开的免费代码。本书作者引用"A. Weidauer"编写的 UCore-TriAPI 单元文件,所有由 Delaunay 三角网生成的函数被封装在动态链接库"Triangle. dll"里,该动态链接库的作者是 Jonathan Richard Shewchuk。作者声明以上单元文件和动态链接库可以免费使用。以下列出完整的 UCoreTriAPI 单元文件:

```
//-----------------------------------------------------
// CORE API for Triangle. DLL
// A Two-Dimensional Quality Mesh Generator and Delaunay Triangulator.
//-----------------------------------------------------
//    Triangle ? -VII/1996 School of Computer Science Carnegie Mellon University;
//       written by Jonathan Richard Shewchuk
//       http://www. cs. berkeley. edu/~jrs; email:jrs@cs. cmu. edu
//-----------------------------------------------------
//    UCoreTriApi ? -II/2002 TriplexWare; written by A. Weidauer
//       http://www. weidauer@huckfinn. de; email:alex. weidauer@huckfinn. de
//-----------------------------------------------------
Unit UCoreTriAPI;
//-----------------------------------------------------
Interface
```

```
//---------------------------------------------------------------
Uses Windows,
    SysUtils;

//---------------------------------------------------------------
Type
    TReal = Double;
    TInteger = Integer;

//---------------------------------------------------------------
    PRealArray = ^TRealArray;
    TRealArray = Array[0..0] Of TReal;

//---------------------------------------------------------------
    PIntegerArray = ^TIntegerArray;
    TIntegerArray = Array[0..0] Of TInteger;

//---------------------------------------------------------------
// the parameter record for _dll triangle call   see triangle.h
//---------------------------------------------------------------
    PTriangulateIO = ^TTriangulateIO;
    TTriangulateIO = Record
        PointList: PRealArray;
        PointAttributeList: PRealArray;
        PointMarkerList: PIntegerArray;
        NumberOfPoints: TInteger;
        NumberOfPointAttributes: TInteger;

        TriangleList: PIntegerArray;
        TriangleAttributeList: PRealArray;
        TriangleAreaList: PRealArray;
        NeighborList: PIntegerArray;
        NumberOfTriangles: TInteger;
        NumberOfCorners: TInteger;
        NumberOfTriangleAttributes: TInteger;
```

SegmentList：PIntegerArray；

SegmentMarkerList：PIntegerArray；

NumberOfSegments：TInteger；

HoleList：PRealArray；

NumberOfHoles：TInteger；

RegionList：PRealArray；

NumberOfRegions：TInteger；

EdgeList：PIntegerArray；

EdgeMarkerList：PIntegerArray；

NormList：PRealArray；

NumberOfEdges：TInteger；

　End；


```
//========================================================================
// Core triangeulation dll calls
//========================================================================
{ Type function declaration for dynamic loading triangle. DLL }
   TTriangulate = Function(Switches：PChar；
     InData，
     OutData，
     VorOut：PTriangulateIO)：longint；cdecl；
   TFreeTriangleIO = Procedure(Data：PTriangulateIO)；cdecl；
   TOpenIOBuffer = Procedure(cMaxLine, cIOWidth：Integer)；cdecl；
   TFreeIOBuffer = Procedure；cdecl；
   TClearIOBuffer = Procedure；cdecl；
   TIOBufferLines = Function：Integer；cdecl；
   TIOBufferTextWidth = Function：Integer；cdecl；
   TGetIOBuffer = Function(Num：Integer；Data：PChar)：Integer；cdecl；


//------------------------------------------------------------------------
{Core dll call of triangulation .. see ExecTriangulation }
Function _triangulate(Switches：PChar；
   InData，
```

```
    OutData,
    VorOut: PTriangulateIO): Integer; cdecl; external
'Triangle. DLL';


//------------------------------------------------------------------------
{Core dll call to free in triangle. dll created dynamic datasets
to prevent memory access failture . }
Procedure _freetriangleio(Data: PTriangulateIO); cdecl; external
    'Triangle. DLL';


//========================================================================
// IOBufferroutines
//========================================================================
{ IOBufferRoutines:

  In the triangle. dll the output of textlines is mapped to a
circular iobuffer with 127 lines.  the following routines
will give you an access this buffer

Normal structur of use in a program:

Begin
  _openiobuffer(80,80); // at begin of program
      ...
  _clearbuffer;          // before calling triangle
  _triangulate(...)
  WriteStringsIO
      ...
  _freeiobuffer;         // at end of program
End;


}


//------------------------------------------------------------------------
{ _openiobuffer will allocate the buffer by triangle. dll the parameters:
    cMaxLine: is ignored now and fixed to static 127 lines of output
    cIOWidth: is the maximal width of each string in your buffer }
```

Procedure _openiobuffer(cMaxLine, cIOWidth: Integer); cdecl; external
  'Triangle. DLL';

//--

{ _freeoibuffer will dispose your current buffer }

Procedure _freeiobuffer; cdecl; external 'Triangle. DLL';

//--

{ _cleariobuffer will clear the strings an set the linnumer to zero
  its like clearing a screen }

Procedure _cleariobuffer; cdecl; external 'Triangle. DLL';

//--

{ _iobufferlines gives back the maximal number of used lines }

Function _iobufferlines: Integer; cdecl; external 'Triangle. DLL';

//--

{ _iobuffertextwidth gives back the width of the characters in the buffer }

Function _iobuffertextwidth: Integer; cdecl; external 'Triangle. DLL';

//--

{ _getiobuffer get back a line string of "num"th line in the buffer.
The result of function is zero by bad amounts of num and 1 else.
See WriteStringIO how to use }

Function _getiobuffer(Num: Integer; Data: PChar):
  Integer; cdecl; external 'Triangle. DLL';

//--

{   WriteStringsIO is the encapsulation for reading of the whole Buffer
  and write it to console as example how to use }

Procedure WriteStringsIO;

//==

// MainCall ExecTriangle

//==

{

Function ExecTriangulate(Switches:PChar;Var InData,
                    OutData,VorOut:PTriangulateIO):LongInt;

Capsulation by permanent use of Dll .

1. Switches parameter switches:
      p   Triangulates a Planar Straight Line Graph (. poly file).
      r   Refines a previously generated mesh.

q　Quality mesh generation. A minimum angle may be specified.

a　Applies a maximum triangle area constraint.

A　Applies attributes to identify elements in certain regions.

c　Encloses the convex hull with segments.

e　Generates an edge list.

v　Generates a Voronoi diagram.

n　Generates a list of triangle neighbors.

g　Generates an . off file for Geomview.

B　Suppresses output of boundary information.

P　Suppresses output of . poly file.

N　Suppresses output of . node file.

E　Suppresses output of . ele file.

I　Suppresses mesh iteration numbers.

O　Ignores holes in . poly file.

X　Suppresses use of exact arithmetic.

z　Numbers all items starting from zero (rather than one).

o2　Generates second-order subparametric elements.

Y　Suppresses boundary segment splitting.

S　Specifies maximum number of added Steiner points.

i　Uses incremental method, rather than divide-and-conquer.

F　Uses Fortune's sweepline algorithm, rather than d-and-c.

l　Uses vertical cuts only, rather than alternating cuts.

s　Force segments into mesh by splitting (instead of using CDT).

C　Check consistency of final mesh.

Q　Quiet: No terminal output except errors.

V　Verbose: Detailed information on what I'm doing.

h　Help: Detailed instructions for Triangle.

You dont have to handle files but the fields in the struct.

See Procedure Report how to access data and like edges,

nodes, segments etc and triangle. h !

Data Container:

InData-contains the input set

OutData-contains the output set

VorData-contains the output set for voronoi diagrams

Result:

If the Function is zero everthing is fine.

If not and the value is $<$ 10000 an error occurs.

If not and the value is $>$ 10000 you called the syntax or info function

　　like triangle without parameter or triangle-h

　}

Function ExecTriangulate(

　Switches: PChar;

　Var InData, OutData,

　VorOut: PTriangulateIO): LongInt;

//--

{ Like ExecTriangle but Only a Example how to use the Dll by dynamic loading }

Function TriangulateLoadDLL(

　Switches: PChar;

　Var InData, OutData,

　VorOut: PTriangulateIO): LongInt;

//--

{Report function like in TriCall. c }

Procedure Report(IO: TTriangulateIO;

　Markers,

　ReportTriangles,

　ReportNeighbors,

　ReportSegments,

　ReportEdges,

　ReportNorms: Boolean);

//===

// Memory handling tools

//===

{Initialisation of a triangulation data exchange record

　The settings to NIL needed to have no invalid memory

　snatching.

}

Procedure _InitTriangleIO(Var Data: PTriangulateIO);

//--

{ Free a triangulation data exchange record only

　available vor the input recor vor OutData and

```
    VoroutData use the external procedure
    _freetriangleio !
}
Procedure _dlpFreeTriangleIO(Var Data: PTriangulateIO);

//------------------------------------------------------------
{ Typecast of triangulateio elements to set to free and allocate them }
Function NewRealArray(Var Data: PRealArray; Size: Integer): Boolean;
//------------------------------------------------------------
Procedure FreeRealArray(Var Data: PRealArray; Dummy: Integer);
//------------------------------------------------------------
Procedure SetRealArray(Buffer: PRealArray; index: Integer; Data: TReal);
//------------------------------------------------------------
Function NewIntegerArray(Var Data: PIntegerArray; Size: Integer): Boolean;
//------------------------------------------------------------
Procedure FreeIntegerArray(Var Data: PIntegerArray; Dummy: Integer);
//------------------------------------------------------------
Procedure SetIntegerArray(Buffer: PIntegerArray; index: Integer; Data:
    TInteger);

//------------------------------------------------------------
Implementation

//------------------------------------------------------------

Procedure WriteStringsIO;
Var i, // loopiterator
    m, // number of lines
      k: Integer; // position of line break
    S, // string to hold rest of line
      H: String; // string before linebreak
    Buffer: PChar; // dll exchange buffer
Begin
    m := _iobufferlines; // get number of lines
    Buffer := StrAlloc(_iobuffertextwidth); // allocate the exchange buffer
    For i := 0 To m-2 Do Begin //-> for each line do
      strcopy(Buffer, '\0'); // clear buffer
```

```
    _getiobuffer(i, Buffer); // get buffer
    S := String(Buffer); // with strings it is easier
    k := Pos(#10, S); // determin line breakes
    While k > 0 Do Begin // if line breaks occur
        H := Copy(S, 1, k-1); // split the strings
        Writeln(H); // write them out or try strings. add
        Delete(S, 1, k); // clear written datat from string
        k := Pos(#10, S); // find next line break
    End; //<-ready for
    Write(S); // write the rest without linefeed
  End;
End;
```

//--

```
Procedure FreeRealArray(Var Data: PRealArray; Dummy: Integer);
Begin
  If Data <> Nil Then Begin
    Freemem(Data);
  End;
End;
```

//--

```
Procedure FreeIntegerArray(Var Data: PIntegerArray; Dummy: Integer);
Begin
  If Data <> Nil Then Begin
    Freemem(Data);
  End;
End;
```

//--

```
Procedure _dlpFreeTriangleIO(Var Data: PTriangulateIO);
Begin
  FreeRealArray(Data^. PointList, 0);
  FreeRealArray(Data^. PointAttributeList, 0);
```

```
        FreeIntegerArray(Data^. PointMarkerlist, 0);

        FreeRealArray(Data^. Regionlist, 0);

        FreeIntegerArray(Data^. Edgelist, 0);

        FreeIntegerArray(Data^. SegmentList, 0);

        FreeIntegerArray(Data^. SegmentMarkerList, 0);

        Data^. NumberOfSegments := 0;

        FreeRealArray(Data^. Holelist, 0);

        Data^. NumberOfHoles := 0;

        FreeRealArray(Data^. Normlist, 0);

        FreeIntegerArray(Data^. TriangleList, 0);

        FreeRealArray(Data^. triangleAttributeList, 0);
End;


//-------------------------------------------------------------------
{Initialisation of a triangulation data exchange record
 The settings to NIL needed to have no invalid memory
 snatching.
}

Procedure _InitTriangleIO(Var Data: PTriangulateIO);
Begin

   With Data^ Do Begin
       PointList := Nil;
       PointAttributeList := Nil;
       PointMarkerList := Nil;
       NumberOfPoints := 0;
       NumberOfPointAttributes := 0;

       TriangleList := Nil;
       TriangleAttributeList := Nil;
       TriangleAreaList := Nil;
       NeighborList := Nil;
       NumberOfTriangles := 0;
```

```
      NumberOfCorners := 0;
      NumberOfTriangleAttributes := 0;

      SegmentList := Nil;
      SegmentMarkerList := Nil;
      NumberOfSegments := 0;

      HoleList := Nil;
      NumberOfHoles := 0;

      RegionList := Nil;
      NumberOfRegions := 0;

      EdgeList := Nil;
      EdgeMarkerList := Nil;
      NormList := Nil;
      NumberOfEdges := 0;
    End;
End;
//-------------------------------------------------------------

Function NewRealArray(Var Data: PRealArray; Size: Integer): Boolean;
Begin
    Result := False;
    Try
      GetMem(Data, Size * SizeOf(TReal));
      Result := True;
    Except
      Result := False;
    End;
End;
//-------------------------------------------------------------

Function NewIntegerArray(Var Data: PIntegerArray; Size: Integer): Boolean;
Begin
    Result := False;
    Try
```

```
        GetMem(Data, Size * SizeOf(TInteger));
        Result := True;
      Except
        Result := False;
      End;
    End;
    //---------------------------------------------------------------


Procedure SetRealArray(Buffer: PRealArray; index: Integer; Data: TReal);
Begin

    Buffer^[Index] := Data;
End;


    //---------------------------------------------------------------


Procedure SetIntegerArray(Buffer: PIntegerArray; index: Integer; Data:
    TInteger);
Begin

    Buffer^[Index] := Data;
End;


    //---------------------------------------------------------------


Function TriangulateLoadDLL(
    Switches: PChar;
    Var InData, OutData,
    VorOut: PTriangulateIO): LongInt;


Var Handle: THandle;
    Triangulate: TTriangulate;
    FreeTreangleio: TFreeTriangleIO;
    FreeTriangleIO: TFreeTriangleIO;
    OpenIOBuffer: TOpenIOBuffer;
    FreeIOBuffer: TFreeIOBuffer;
    ClearIOBuffer: TClearIOBuffer;
    IOBufferLines: TIOBufferLines;
```

```
IOBufferTextWidth: TIOBufferTextWidth;
GetIOBuffer: TGetIOBuffer;


Begin
  Result := 1;
  Handle := LoadLibrary('Triangle. DLL'); // open library


  If Handle <> 0 Then Begin // open procedure
    @Triangulate := GetProcAddress(Handle, '_triangulate');
    @FreeTreangleio := GetProcAddress(Handle, '_freetriangleio');
    @OpenIOBuffer := GetProcAddress(Handle, '_openiobuffer');
    @FreeIOBuffer := GetProcAddress(Handle, '_freeiobuffer');
    @ClearIOBuffer := GetProcAddress(Handle, '_cleariobuffer');
    @IOBufferLines := GetProcAddress(Handle, '_iobufferlines');
    @IOBufferTextWidth := GetProcAddress(Handle, '_iobuffertextwidth');
    @GetIOBuffer := GetProcAddress(Handle, '_getiobuffer');


                                          // handel missing procedures
    If (@Triangulate = Nil) Or (@FreeTreangleio = Nil) Or
      (@OpenIOBuffer = Nil) Or (@FreeIOBuffer = Nil) Or
      (@ClearIOBuffer = Nil) Or (@IOBufferLines = Nil) Or
      (@IOBufferTextWidth = Nil) Or (@GetIOBuffer = Nil) Then Begin
      Writeln('Fatal error by open procedure in TRIANGLE. DLL!');
      FreeLibrary(Handle);
      Exit;
    End;
        // start your application part
    OpenIOBuffer(80, 80); // first open your iobuffer width 80
    ClearIOBuffer; // make io buffer clean
                      // try a triangulation
    Result := Triangulate(Switches, InData, OutData, VorOut);
                      // if it is well proceeded
    If Result = 0 Then Begin
        //Something with the datasets, and output........
    End;


        // deallocate datas and procedure and library
```

```
        FreeIOBuffer;
        FreeTreangleIO(OutData);
        FreeTreangleIO(VorOut);
        FreeLibrary(Handle);
      End;
                                                // and ready
    End;


    //------------------------------------------------------------------


    Function ExecTriangulate(
        Switches: PChar;
        Var InData, OutData,
        VorOut: PTriangulateIO): LongInt;
    Begin
      _cleariobuffer;
      Result := _Triangulate(Switches, InData, OutData, VorOut);
    End;


    Procedure Report(
        IO: TTriangulateIO;
        Markers,
        ReportTriangles,
        ReportNeighbors,
        ReportSegments,
        ReportEdges,
        ReportNorms: Boolean);
    Var i, j: TInteger;
    Begin
      For i := 0 To IO. NumberOfPoints-1 Do Begin
        Write(Format('Point %4d:', [i]));
        For j := 0 To 1 Do

          Write(Format('  %2. 6F', [IO. PointList^[i * 2+j]]));


        If (IO. NumberOfPointAttributes > 0) Then Begin
          Write('  Attributes');
          For j := 0 To IO. NumberOfPointAttributes-1 Do
```

```
Write(Format('  %2.6F',

    [IO.PointAttributeList^[i * IO.NumberOfPointAttributes+j]]));

End；

If Markers Then

    Write(Format(' Marker %d', [IO.PointMarkerList^[i]]));


Writeln('')；

End；


Writeln('')；


If (ReportTriangles Or ReportNeighbors) Then Begin

  For i := 0 To IO.NumberOfTriangles-1 Do Begin

    If (ReportTriangles) Then Begin

      Write(Format('Triangle %4d points:', [i]));

      For j := 0 To IO.NumberOfCorners-1 Do

        Write(Format('  %4d', [IO.Trianglelist^[i * IO.NumberOfCorners+

          j]]));

      If IO.NumberOfTriangleAttributes > 0 Then Begin

        Write('  Attributes');

        For j := 0 To IO.NumberOfTriangleAttributes-1 Do

          Write(Format('  %2.6F', [IO.TriangleAttributeList^[i *

            IO.NumberofTriangleAttributes+j]]));

      End；

      Writeln；

      If (ReportNeighbors) Then Begin

        Write(Format('Triangle %4d neighbors:', [i]));

        For j := 0 To 2 Do

          Write(Format('  %4d', [IO.NeighborList^[i * 3+j]]));

      End；

    End；

    Writeln('')；

  End； // for i

  Writeln('')； ；

End；
```

```
If (ReportSegments) Then Begin
  For i := 0 To IO. NumberOfSegments-1 Do Begin
    Write(Format('Segment %4d Points:', [i]));
    For j := 0 To 1 Do

      Write(Format('  %4d', [IO. SegmentList^[i * 2+j]]));
    If Markers Then

      Writeln(Format('   Marker %d', [IO. SegmentMarkerList^[i]]))
    Else
      Writeln('');
  End;
  Writeln('');
End;


If ReportEdges Then Begin
  For i := 0 To IO. NumberOfEdges-1 Do Begin
    Write(Format('Edge %4d Points:', [i]));
    For j := 0 To 1 Do

      Write(Format('  %4d', [IO. EdgeList^[i * 2+j]]));


    If (ReportNorms And (IO. EdgeList^[i * 2+1] =-1)) Then Begin
      For j := 0 To 1 Do

        Write(Format('  %2. 6F', [IO. NormList^[i * 2+j]]));

    End;
    If (Markers) Then

      Writeln(Format('   Marker %d', [IO. EdgeMarkerList^[i]]))
    Else
      Writeln('');

  End;
  Writeln('');
End;
End;
```

//---

2）程序 ShewchukMyDelaunayn 调用 UCoreTriAPI 单元文件定义的程序
（Procedure）或函数（Function），基于基础数据生成 Delaunay 三角网（表 1.2-3），
说明：p:T2D，二维实数型数组变量，存放基础数据坐标，本例中（参考图 1.2-3），
（p[1,1]＝0，p[1,2]＝15）、（p[2,1]＝10，p[2,2]＝20）、（p[3,1]＝10、p[3,2]＝
10）、（p[4,1]＝10，p[4,2]＝0）、（p[5,1]＝20，p[5,2]＝15）、（p[6,1]＝20，p[6,2]
＝5）、（p[7,1]＝30，p[7,2]＝10）；t:T2I，二维整数型数组变量，存放生成的三角形
顶点编号，本例合计 7 个顶点，产生了 6 个三角形，分别是（t[1,1]＝1，t[1,2]＝4，t
[1,3]＝3）、（t[2,1]＝3，t[2,2]＝4，t[2,3]＝6）、（t[3,1]＝1，t[3,2]＝3，t[3,3]＝
2）、（t[4,1]＝6，t[4,2]＝7，t[4,3]＝5）、（t[5,1]＝2，t[5,2]＝3，t[5,3]＝5）、（t[6,
1]＝5，t[6,2]＝3，t[6,3]＝6）；neighbort:T2I，二维整数型数组变量，存放上述三
角形每条边相邻的三角形编号，三角形按逆序排列的 1、2、3 号顶点正对的边分别
是 L1、L2、L3，本例中，分别是（neighbort[1,1]＝2、neighbort[1,2]＝3、neighbort
[1,3]＝0）、（neighbort[2,1]＝0、neighbort[2,2]＝6、neighbort[2,3]＝1）等。

表 1.2-3　二维坐标插值案例

基础数据				形成的三角形 t				三角形 T 的边对应的相邻三角形编号（区域边界对应的为 0）			
坐标			属性值 1	顶点组成							
编号	B_x	B_y	B_d	编号	1	2	3	编号	L1	L2	L3
N_1	0	15	2.1	1	N_1	N_4	N_3	1	2	3	0
N_2	10	20	2.9	2	N_3	N_4	N_6	2	0	6	1
N_3	10	10	2.2	3	N_1	N_3	N_2	3	5	0	1
N_4	10	0	3.5	4	N_6	N_7	N_5	4	0	6	0
N_5	20	15	3.9	5	N_2	N_3	N_5	5	6	0	3
N_6	20	5	4.5	6	N_5	N_3	N_6	6	2	4	5
N_7	30	10	1.9								

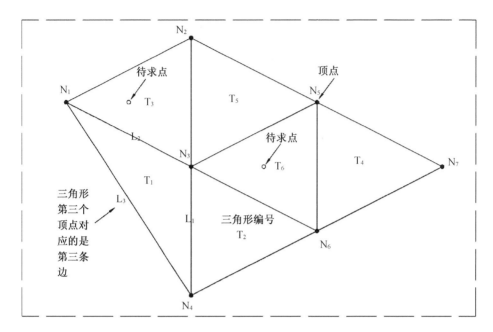

图 1.2-3 Delaunay 三角网划分结果示意图

```
procedure ShewchukMyDelaunayn(var p:T2D;var t,neighbort:T2I);
var
i,j,num,tnum:integer;
InData：PTriangulateIO;      // Data Input Record
OutData：PTriangulateIO;     // Data Output record
VorData：PTriangulateIO;     // Data Voronoi Output record
k1,k2,k3,m: Integer;              // Iterator and Maximum;
ch：Char;
str:string;
p1x,p1y,p2x,p2y,p3x,p3y,f:real;
begin
num:=length(p)-1;
// Define input points.
New(InData);
FillChar(InData^,SizeOf(InData^),#0);
// set number of points and attributes
InData. NumberofPoints :=num;
```

```
InData.NumberofPointAttributes:= 0;
// fill the array with data poits

NewRealArray(InData^.Pointlist,InData.NumberOfPoints * 2);
For i := 0 To InData.NumberOfPoints-1 Do
For j := 0 To 1 Do

SetRealArray(Indata^.PointList,i * 2+j,p[i+1,j+1]);
InData.NumberofSegments := 0;
InData.NumberofHoles      := 0;
InData.NumberofRegions    := 0;
_openiobuffer(80,80);


New(OutData);
New(VorData);
_InitTriangleIO(OutData);
_InitTriangleIO(VorData);
ExecTriangulate('zn',InData,OutData,VorData);
tnum:=OutData.NumberOfTriangles;
setlength(t,tnum+1,4);
setlength(neighbort,tnum+1,4);
m:=0;
for i:=0 to tnum-1 do
begin
k1:=OutData.Trianglelist^[i * 3]+1;

k2:=OutData.Trianglelist^[i * 3+1]+1;

k3:=OutData.Trianglelist^[i * 3+2]+1;
p1x:=p[k1,1];p1y:=p[k1,2];
p2x:=p[k2,1];p2y:=p[k2,2];
p3x:=p[k3,1];p3y:=p[k3,2];
f:=area(p1x,p1y,p2x,p2y,p3x,p3y);
if f<=1e-14 then
continue;
m:=m+1;
t[m,1]:=k1;
t[m,2]:=k2;
t[m,3]:=k3;
```

```
neighbort[m,1]:=OutData. NeighborList^[i * 3]+1;

neighbort[m,2]:=OutData. NeighborList^[i * 3+1]+1;

neighbort[m,3]:=OutData. NeighborList^[i * 3+2]+1;
end;
setlength(t,m+1,4);
setlength(neighbort,m+1,4);

try
_freeiobuffer;
_dlpFreeTriangleIO(InData);
except
{}
end;

End;
```

3) 子函数 area 用于求解三角形的面积(程序 ShewchukMyDelaunayn 调用),该函数的参数是三角形 3 个顶点(按逆时针排序)的坐标,即 N1(p1x,p1y)、N2(p2x,p2y)、N3(p3x,p3y)。当 3 个顶点不是按逆时针排序时,本函数计算出来的面积是负数。

```
function area(var p1x,p1y,p2x,p2y,p3x,p3y:real):real;
var
x1,x2,x3,y1,y2,y3:real;
begin
x1:=p1x;y1:=p1y;
x2:=p2x;y2:=p2y;
x3:=p3x;y3:=p3y;
result:=0.5 * ((x2-x1) * (y3-y1)-(y2-y1) * (x3-x1));
end;
```

4) 程序 bary_coords 用于判断待求点是否在编号为 self 的三角形内部,以图 1.2-4 待求点 P_1 为例,肉眼很容易就能判断 P_1 位于三角形 T_3 内部,但是要让计算机明白这一点,可以给它如下确定的判断依据:

假设 self 恰巧等于 3,即对应三角形为 T_3,参考表 1.2-3,已知它按逆时针次序排列的三个顶点分别是 1 号点(N_1)、2 号点(N_3)、3 号点(N_2),我们按固定的规则与三角形 3 个顶点组成新的 3 个三角形,分别为(P_1,2 号点,3 号点)、(1 号点,P_1,3 号点)、(1 号点,2 号点,P_1),这些三角形顶点复核逆时针顺序,带入子函数

area，得到 3 个面积分别为 b1、b2、b3，并且"b1≥0、b2≥0、b3≥0"同时成立，以此来判断 P_1 是在 3 号三角形内。

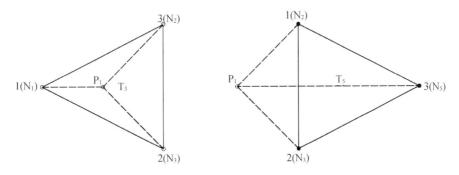

图 1.2-4　内部点检测示意图

假设 self 等于 5，即对应三角形为 T_5，参考表 1.2-3，已知它按逆时针次序排列的 3 个顶点分别是 1 号点（N_2）、2 号点（N_3）、3 号点（N_5），我们按固定的规则与三角形 3 个顶点组成新的 3 个三角形，依然是（P_1，2 号点，3 号点）、（1 号点，P_1，3 号点）、（1 号点，2 号点，P_1），带入子函数 area，得到 3 个面积，但"b1≥0、b2≥0、b3≤0"，出现面积为负的情况，说明 P_1 不在 5 号三角形内。

说明：self：integer，整数型变量，指定某个三角形的编号；p：T2D，二维实数型数组变量，存放基础数据坐标，同前；t：T2I，二维整数型数组变量，存放生成的三角形顶点编号，同前；px，py：real，待求点的 x 和 y 坐标；b1，b2，b3：real，前述按固定规则计算的 3 个面积。

```
procedure bary_coords(var self:integer;var t:T2I;var p:T2D;var px,py,b1,b2,b3:real);
var
p1x,p1y,p2x,p2y,p3x,p3y:real;
n:integer;
begin
n:=t[self,1];
p1x:=p[n,1];p1y:=p[n,2];
n:=t[self,2];
p2x:=p[n,1];p2y:=p[n,2];
n:=t[self,3];
p3x:=p[n,1];p3y:=p[n,2];
b1:= area(px,py,p2x,p2y,p3x,p3y);
b2:= area(p1x,p1y,px,py,p3x,p3y);
b3:= area(p1x,p1y,p2x,p2y,px,py);
```

end；

5) 子函数 findTriangle 用于搜索一个待求点（坐标为 px 和 py）所在的三角形编号，变量定义同前。如果待求点不在任何三角形内，返回值—1，否则函数返回找到的三角形编号。

```
function findTriangle(var t,neighborT:T2I;var p:T2D; var px,py:real):integer;
var
ferdig:boolean;
b0，b1，b2:real;
self,dir:integer;
begin
self:=1;//从第一个三角形搜索
ferdig:=false;
while not ferdig do
begin
bary_coords(self,t,p,px,py,b0,b1,b2);
if (b0 >= 0) and (b1 >= 0) and (b2 >= 0) then
  begin
  result:=self;
  ferdig:=true;
  end
  else
  begin
  //下一步移动的方向
  dir:=0;
  if b1 < b0 then
    begin
    if b2 < b1 then
    dir:=2
    else
    dir:= 1;
    end
  else
    begin
    if b2 < b0 then
    dir:= 2
    else
    dir:= 0;
```

```
        end;
    if neighborT[self,dir+1]=0 then
        begin
        result:=-1;
        ferdig:=true;
        end
        else
        self:=neighborT[self,dir+1];
    end;
end;


end;
```

6）子程序 tsearch2 用于搜索所有待求点所在的三角形编号,说明:outndx:T1I,一维整数型数组变量,用于存放找到的三角形编号,本例只有 2 个待求点,按此程序执行结果,outndx[1]=3、outndx[2]=6;pi:T2D,二维实数型数组变量,用于存放所有待求点的坐标,本例中,(pi[1,1]=5、pi[1,2]=15)、(pi[2,1]=15.8、pi[2,2]=10);其他变量定义同前。如果某待求点不在任何三角形内,对应的数组等于-1。

```
procedure tsearch2(var t,neighborT:T2I;var p:T2D;var pi:T2D;var outndx:T1I);
var
n,k,i,j,m:integer;
px,py:real;
begin
n:=length(pi)-1;
setlength(outndx,n+1);
for i:=1 to n do
    begin
    //outndx[i]:=-1;  //不在三角形内的为-1
    px:=pi[i,1];
    py:=pi[i,2];
    outndx[i]:=findTriangle(t,neighborT,p,px,py);
    end;
end;
```

7）程序 tinterp 根据公式(1.2-2)计算待求点的属性值,说明:f:T2D,二维实数型数组变量,用于存放基础点的属性值,本例中,属性值只有一列,所以有 f[1,1]=2.1、f[2,1]=2.9、f[3,1]=2.2、f[4,1]=3.5、f[5,1]=3.9、f[6,1]=4.5、f[7,1]

＝1.9；fi：T2D，二维实数型数组变量，用于存放待求点的属性值，按本例计算结果有 fi[1,1]＝2.325、fi[2,1]＝3.36；其余变量同前。

```
procedure tinterp(var p,f:T2D;var t,neighborT:T2I;var pi:T2D; var fi:T2D);
var
i,j,n,m,k,d:integer;
ndx:T1I;
t1,t2,t3:T1I;
pin,dp1,dp2,dp3:T2D;
tin:T2I;
A3,A2,A1:T1D;
begin
n:=length(pi)-1;
m:=length(f[1])-1;
setlength(fi,n+1,m+1);
tsearch2(t,neighbort,p,pi,ndx); // Find enclosing triangle of points in pi

for i:=1 to length(ndx)-1 do
if ndx[i]=-1 then
    begin
{这段程序省略,即当点不在任何三角形内部怎么处理,建议直接赋予它最近的那个点的属性值,即 fi[i,j]=离待求点(编号 i)最近的那个基础点的属性值;}
    end;

n:=length(ndx)-1;
setlength(pin,n+1,3);
setlength(tin,n+1,4);
n:=0;
for i:=1 to length(ndx)-1 do
if ndx[i]<>-1 then
    begin
    n:=n+1;
    pin[n,1]:=pi[i,1];
    pin[n,2]:=pi[i,2];
    tin[n,1]:=t[ndx[i],1];
    tin[n,2]:=t[ndx[i],2];
    tin[n,3]:=t[ndx[i],3];
    end;
```

```
setlength(pin,n+1,3);
setlength(tin,n+1,4);
n:=length(tin)-1;
setlength(t1,n+1);
setlength(t2,n+1);
setlength(t3,n+1);
for i:=1 to n do
  begin
  t1[i]:=tin[i,1];
  t2[i]:=tin[i,2];
  t3[i]:=tin[i,3];
  end;

n:=length(pin)-1;
setlength(dp1,n+1,3);
setlength(dp2,n+1,3);
setlength(dp3,n+1,3);
setlength(A1,n+1);
setlength(A2,n+1);
setlength(A3,n+1);
for i:=1 to n do
  begin
  dp1[i,1]:=pin[i,1]-p[t1[i],1];
  dp1[i,2]:=pin[i,2]-p[t1[i],2];
  dp2[i,1]:=pin[i,1]-p[t2[i],1];
  dp2[i,2]:=pin[i,2]-p[t2[i],2];
  dp3[i,1]:=pin[i,1]-p[t3[i],1];
  dp3[i,2]:=pin[i,2]-p[t3[i],2];
  A3[i]:= abs(dp1[i,1]*dp2[i,2]-dp1[i,2]*dp2[i,1]);
  A2[i]:= abs(dp1[i,1]*dp3[i,2]-dp1[i,2]*dp3[i,1]);
  A1[i]:= abs(dp3[i,1]*dp2[i,2]-dp3[i,2]*dp2[i,1]);
  end;

n:=0;
for i:=1 to length(ndx)-1 do
if ndx[i]<>-1 then
  begin
```

```
n：=n+1；
for j：=1 to m do
fi[i,j]：=(A1[n]*f[t1[n],j]+A2[n]*f[t2[n],j]+A3[n]*f[t3[n],j])/(A1[n]+A2
[n]+A3[n])；//插值
end；


end；
```

1.3 线性或非线性方程(组)求解

线性方程组的求解方式相对成熟,难点在大型稀疏矩阵求解的精度和效率。另外,工程问题常常需要用非线性方程组表达,此类方程往往很难得到精确解,因此需要寻求高效的近似求解方法。本节结合案例,分别给出稀疏矩阵求解方法和粒子群(PSO)非线性方程组的求解方法。

1.3.1 方程求根

1. 目的

给定方程 $F(x)=0$,求方程的根,本节案例采用一个简单的方程"$x^2-1=0$",方程有 2 个根,分别是 -1 和 $+1$。

2. 方法

方程根的求解方法较多,本案例采用何光渝、雷群《Delphi 常用数值算法集》中的"逐条扫描法和二分法",详见该书 380 页,这里不再累述,以下核心程序 ZBRAK 和 RTBIS 取自该书,仅略作改变。

3. 程序

1) 已知变量 x,根据程序 FUN 计算方程左侧的数值,说明：x：real,实数型变量,存放方程的变量。

```
functionFUN(var x：real)：real；
begin
try
result：=power(x,2)-1；//计算本节的案例方程
except
result：=-999999999；
end；
end；
```

2) 程序 ZBRAK 用于搜索方程的有根区间,说明：X1,X2：real,实数型变量,分

别存放根的搜索区间下限和上限,本例中,X1=−5、X2=5;N:integer,整数型变量,用于区间[X1,X2]的分段数,针对分割后的每段小区间,进行逐段扫描,检验存在根的区间,本例 N=1000;NB:integer,输入时,存放可能的最大根数量,例如 NB=2000,搜索过程中,如果搜索到的有根区间超过 2000,则停止搜索,搜索结束后,该变量输出有根区间数量,本例结果为 2;XB1,XB2:array of real,一维实数型数组变量,搜索结束后分别存放有根区间的下限和上限,本例中:

XB1[1]=−1.00000000000006,XB2[1]=−0.990000000000063;

XB1[2]=0.999999999999938,XB2[2]=1.00999999999994;

Procedure ZBRAK(var X1, X2:real; N:integer; var XB1, XB2:array of real; var NB:integer);

```
var
    NBB,I:integer;   X,DX,FP,FC:real;
begin
    NBB:=NB;
    NB:=0;
    X:=X1;
    DX:=(X2−X1) / N;
    FP:=FUN(X);
    For I:=1 To N do
    begin
        X:=X+DX;
        FC:=FUN(X);
        If FC * FP < 0  Then
        begin
            NB:=NB+1;
            XB1[NB]:=X−DX;
            XB2[NB]:=X;
        end;
        FP:=FC;
        If NBB = NB Then Exit;
    end;
end;
```

3)程序 RTBIS 采用二分法求满足指定精度要求的一个根,说明:X1,X2:real,实数型变量,二分法寻找区间[X1,X2]的根,本例通过 ZBRAK 程序,找到 2 个有根区间,分别是[−1.00000000000006,−0.990000000000063]、[0.999999999999938,1.00999999999994]。

```
Function RTBIS(var X1，X2，XACC：real)：real；
Label 99；
var
    DX,FMID,F,XMID,RTB：real；  J,JMAX：integer；
begin
    JMAX：=40；
    FMID：=FUN(X2)；
    F：=FUN(X1)；
    If F ＊ FMID ＞= 0  Then
        ShowMessage('Root must be bracketed for bisection.')；
    If F ＜ 0  Then
    begin
        RTB：=X1；
        DX：=X2－X1；
    end
    Else
    begin
        RTB：=X2；
        DX：=X1－X2；
    end；
    For J：=1 To JMAX do
    begin
        DX：=DX ＊ 0.5；
        XMID：=RTB+DX；
        FMID：=FUN(XMID)；
        If FMID ＜= 0 Then RTB：=XMID；
        If (Abs(DX) ＜ abs(XACC)) Or (FMID = 0) Then goto 99；
    End；
    ShowMessage('too many bisections')；
99：RTBIS：=RTB；
end；
```

4）通过按钮单击事件，展示方程求根的计算过程。

```
procedure TForm1. Button1Click(Sender：TObject)；
const
N = 1000；NBMAX = 2000；
var
x1,x2：real；
```

XACC,ROOT:real;

NB,i:integer;

XB1,XB2:array[0..2000] of real;

begin

x1:=-5;

x2:=5;

NB:=NBMAX;//假设最大根数量为2000,如果搜索到的有根区间超过2000,则停止搜索

ZBRAK(X1,X2,N,XB1,XB2,NB);

For I:= 1 To NB do

  begin

  XACC:=0.000001 * (XB1[I]+XB2[I])/2;

  ROOT:=RTBIS(XB1[I],XB2[I],XACC);

  Memo1. Lines. Add('根'+inttostr(I)+':   '+floattostr(ROOT));

  end;

end;

1.3.2 线性方程组(含稀疏矩阵方程)求解

1. 目的

给定线性方程组(包括大型稀疏矩阵方程组),求方程的解,本节案例采用的方程组如下:

$$\begin{cases} x_1 + x_3 = 0 \\ -x_2 + x_3 = 8 \\ x_1 - 3x_2 = -4 \end{cases} \tag{1.3-1}$$

2. 方法

设矩阵为 A,待解列向量 A. X=R,A 为 N×N 维,R 为 N 维列向量,X 为待解列向量。本程序采用澳大利亚蒙纳士大学(Monash University)的教授 J. Mark Horridge 开发的快速稀疏矩阵求解方法,该方法通过高斯消去法分解稀疏矩阵,并通过一定的行列交换原则,在保持稀疏矩阵的稀疏性不遭到破坏的同时,还能保持高斯消去法的稳定。

3. 程序

1) 单元文件 SparSolv 由 J. Mark Horridge 开发,封装了大型稀疏矩阵方程求解函数,应用于一般的线性方程组,也具有优异的效果。以下列出完整的 SparSolv 单元文件:

unit SparSolv;

interface

{Unit consists of the following 5 Boolean Functions and 3 procedures.
Each function returns True if operation was successfully completed-
otherwise False. If False is returned, call the procedure
GetErrorMessage to find the reason. Finally, call the procedure
ReleaseStruc to return memory to the heap. }

function InitStruc(NumEq: Integer): Boolean;
  {creates and initializes sparse matrix structure-call this first.
  NumEq is number of equations/variables. }

function AddLHS(ThisEqu, ThisVar: Integer; ThisVal: Double): Boolean;
  {add an element to sparse matrix for equation ThisEqu and variable ThisVar;
  if such an entry already exists, ThisVal will be added to existing value}

function AddRHS(ThisEqu: Integer; ThisVal: Double): Boolean;
  {Set RHS for equation ThisEqu; if RHS has already been set, ThisVal will be
  added to existing value}

function Solve1: Boolean;
  {calculate solutions; sparse matrix is destroyed}

function GetAnswer(ThisVar: Integer; var ThisVal: Double): Boolean;
  {read solution for variable ThisVar-probably called for each variable in
  turn}

procedure ReleaseStruc;
  {releases remaining memory used by sparse matrix structure-call this
  last}

procedure GetErrorMsg(var S: string; var N1, N2, N3: Integer);
  {N1: error number; S: Error Description; N2, N3 : other possibly useful
  numbers}

procedure ShowMat; { displays small sparse matrix }

procedure WriteMatrixAsMTX(const filename: string);
  {writes matrix in MTX format}

var
  SparMemUsed: LongInt; {no of bytes of heap currently used by routines}
  MaxMemUsed: LongInt; {highest value reached by SparMemUsed}
  FillIns: LongInt; {no of elements added during solve}
const
{ $ IFDEF BIT16}
  MaxMemToUse: LongInt = 4 * 16 * High(Word); {upper limit to heap use: default
4MB}
{ $ ELSE}
  MaxMemToUse: LongInt = High(LongInt); {upper limit to heap use: default no limit}
{ $ ENDIF}

implementation

const
  Scaling = True; {if true, matrix is preconditioned: see below}
  Msg = False;
{ $ IFDEF ALIGNEDBLOCKS}
  ParaAlign = 16; {suggest for paragraph alignment-try 1 to see slowdown}
{ $ ENDIF}
{ $ IFDEF BIT32}
  MaxEq = 45000; {too big doesnt matter}
{ $ ELSE} {16-bit, so 64k structure limit applies}
  MaxSize = 65520; {largest variable size allowed by Turbo Pascal}
  MaxUsable = MaxSize-ParaAlign; {allows for paragraph alignment of data}
  MaxEq = (MaxUsable div SizeOf(Double))-1; {allows 1 extra for 0-based arrays}
  {based on above, MaxEq = 8187}
{ $ ENDIF}
  UValue = 0. 1; {number 0<U<1; if larger, time and memory usage are
                                increased at the gain, maybe, of accuracy}

type
  RealArr = array[0..MaxEq] of Double;
  IntArr = array[0..MaxEq] of Integer;

PRealArr = ^RealArr;

PIntArr = ^IntArr;

{ The ElmRec record type stores a single entry in the sparse matrix. For efficiency reasons, it is 16 bytes long, and should be paragraph-aligned. A Padding field makes up the 16 bytes. The 'preload PrevPtr' trick, see below, requires that Next field be at the start of the record. Hence, order of fields is important. [Note: Integers are 4 bytes in Delphi 2 and above, otherwise 2 bytes.]

By converting the Value field to a Single, the Column Field to a Word, and eliminating the Padding field, the record size could be reduced to 10 bytes. However, accuracy would be greatly reduced.

The nodes in use are arranged in a series of linked lists, one for each equation (or row). Within each list variables (columns) always appear in ascending order. Each list is terminated by a RHS or constant entry; this is treated as though it corresponded to an extra variable, numbered (Neq+1). }

PElmRec = ^ElmRec;

ElmRec = record
   Next: PElmRec; {pointer to next node in row}
   Column: Integer; {variable no. of this node}
{ $ IFDEF BIT16}
   Padding: Integer; {only needed if Integer is 2 bytes long}
{ $ ENDIF}
   Value: Double; {coefficient value}
  end;

PtrArr = array[0..MaxEq] of PElmRec;

PPtrArr = ^PtrArr;

{ Spare nodes, not currently in use, are linked together in one list, pointed to by FreePtr. FreeCount is the number of spare nodes. Because there may be very many nodes, all of the same size, they are not allocated directly on the heap by the System Heap Manager. Instead a more efficient scheme is used. When the list of free nodes needs to be expanded, a large

block of memory is requested, sufficient for many nodes. Another linked list
is used to store the addresses of these blocks, for later disposal to the
system heap}

```
const
    ElmSize = SizeOf(ElmRec);
{ $ IFDEF ALIGNEDBLOCKS}        {see GetMemParaAlign below}
    ElmsPerBlock = (65520-ParaAlign) div ElmSize;
{ $ ELSE}
    ElmsPerBlock = 65520 div ElmSize;
{ $ ENDIF}
    {This sets block size at just under 64k-the largest size allowed
     by 16-bit Pascal. Hence each block holds around 16000 nodes. This
     should be fine for 32-bit Pascal too}


type
    TNodeBlock = array[1..ElmsPerBlock] of ElmRec;

    PNodeBlock = ^TNodeBlock;

    PHeapRec = ^HeapRec;
    HeapRec = record
        BlockPtr: PNodeBlock; {original address of block}
        NewBlockPtr: PNodeBlock; {adjusted (aligned) address of block}
        BlockSiz: LongInt; {size of block}
        NextRec: PHeapRec; {address of next list item}
    end;


var {this list contains variables which must have unit-wide scope}
    Reason: string; {for error messages}
    ErrNo1, ErrNo2, ErrNo3: Integer; {for error messages}
    Answer: PRealArr; {holds solution}
    FreePtr: PElmRec; {points to list of free nodes}
    BlockList: PHeapRec; {points to list of allocated node blocks}
    FreeCount: Integer; {number of free nodes}
    Neq: Integer; {number of equations}
    FirstElm: PPtrArr; {array of pointers to first node in each equation}
    LastElm: PPtrArr; {array of pointers to last node in each equation}
```

```
{ $ IFDEF DELPHI32}{ $ J+}{ $ ENDIF} {allow writeable constants}
const
    Initialized: Boolean = False; {marks whether unit is in use}
    Solved: Boolean = False; {marks whether solution was successful}


//implementation   // with "implementation" here, all is exposed !

procedure Assert(P: Boolean; S: string);
    {used for debugging}
begin
    if P then Exit;
    WriteLn('assertion failed: ', S);
    WriteLn('hit enter to finish');
    ReadLn;
    Halt(1);
end; {Assert}

procedure RecordAllocation(const OrigP, NewP: Pointer; const Siz: LongInt);
    {prepend a new heap record to the list}
var NewRec: PHeapRec;
begin
    New(NewRec);
    NewRec^. NextRec := BlockList;
    NewRec^. BlockSiz := Siz;
    NewRec^. BlockPtr := OrigP;
    NewRec^. NewBlockPtr := NewP;
    BlockList := NewRec;
    Inc(SparMemUsed, Siz+SizeOf(HeapRec)); {tally of memory used}
    if (SparMemUsed > MaxMemUsed) then MaxMemUsed := SparMemUsed;
end;

{ $ IFDEF ALIGNEDBLOCKS}

{routine will be faster if all node records start on a paragraph boundary.
  Unfortunately the heap manager in Borland 16-bit Pascals did not
  always issue paragraph-aligned addresses. The GetMemParaAlign function
```

corrects this problem.

It appears that the heap manager in 32-bit Delphi and Free Pascal does issue paragraph-aligned addresses. So GetMemParaAlign is replaced by a simpler version. . . see below. }

```
function GetMemParaAlign(var P: Pointer; Size: LongInt): Boolean;
   { Returns a pointer P which is paragraph aligned (a multiple of ParaAlign)
   and which points to a new block of memory of which at least Size bytes can
   be used.    The 486 cache is well suited to paragraph aligned data.
      In more detail, GetMemParaAlign obtains a block of memory from the system
   heap which is ParaAlign bytes larger than Size.    OrigP points to this
   original block.    P is the first address after OrigP which is a multiple of
   ParaAlign.    OrigP and the allocated size are saved in a linked list for
   later release. }
var
   OrigP: Pointer;
   AllocatedSize: LongInt;
{ $ IFDEF BIT16}
type {used only for typecasting}
   PtrRec = record OfsWord, SegWord: Word; end;
var
   Ofset: Word;
{ $ ENDIF}
begin
{ $ IFDEF TRACE}WriteLn('Entering GetMemParaAlign'); { $ ENDIF}
   P := nil;
   GetMemParaAlign := False;
   AllocatedSize := Size+ParaAlign;
{ $ IFNDEF DELPHI32}
   if (AllocatedSize > MaxAvail) then Exit;
{ $ ENDIF}
   if ((MaxMemToUse <>−1) and
      ((SparMemUsed+AllocatedSize) > MaxMemToUse)) then Exit;
   GetMem(OrigP, AllocatedSize);
   if (OrigP = nil) then Exit;
{ $ IFDEF BIT32}
```

```
      P := Pointer(ParaAlign+ParaAlign * (LongInt(OrigP) div ParaAlign));
{$ELSE}
      P := OrigP; {to load segment}
      Ofset := PtrRec(P).OfsWord;
      {adjust offset to paragraph boundary}
      PtrRec(P).OfsWord := ParaAlign+ParaAlign * (Ofset div ParaAlign);
{$ENDIF}
      RecordAllocation(OrigP, P, AllocatedSize);
      GetMemParaAlign := True;
   end; {GetMemParaAlign}


{$ELSE}


function GetMemParaAlign(var P: Pointer; Size: LongInt): Boolean;
   { replacement GetMemParaAlign function if original gives problems.
     Returns a pointer P which points to a new block of memory.
   be used.    P and the allocated size are saved in a linked list for
   later release. }
var
   OrigP: Pointer;
begin
   P := nil;
   GetMemParaAlign := False;
   if ((MaxMemToUse <>-1) and
((SparMemUsed+Size) > MaxMemToUse)) then Exit;
   GetMem(OrigP, Size);
   if (OrigP = nil) then Exit;
   P := OrigP;
   RecordAllocation(OrigP, P, Size);
   GetMemParaAlign := True;
end; {GetMemParaAlign}


{$ENDIF}


function TopUpFreeList: Boolean;
type {used only for typecasting}
   PtrRec = record OfsWord, SegWord: Word; end;
```

```pascal
var
  NewBlock: PNodeBlock;
{ $ IFDEF BIT16}
  Ofset: Word;
{ $ ENDIF}
  Count: Integer;
  P: PElmRec;
begin
{ $ IFDEF TRACE}WriteLn('Entering TopUpFreeList'); { $ ENDIF}
  TopUpFreeList := False;
  {get new block}
  if not GetMemParaAlign(Pointer(NewBlock), SizeOf(TNodeBlock)) then Exit;
  {fill new block with linked nodes}
  P := PElmRec(NewBlock);
{ $ IFDEF BIT32}
  for Count := 1 to ElmsPerBlock do begin
    Inc(P); {increments P by size of ElmRec}
    NewBlock^[Count]. Next := P;
  end;
{ $ ELSE}
  Ofset := PtrRec(P). OfsWord;
  for Count := 1 to ElmsPerBlock do begin
    Inc(Ofset, ElmSize);
    PtrRec(P). OfsWord := Ofset;
    NewBlock^[Count]. Next := P;
  end;
{ $ ENDIF}

  {attach new block to free list}
  NewBlock^[ElmsPerBlock]. Next := FreePtr; {point end of new block to FreePtr}
  FreePtr := PElmRec(NewBlock); {point FreePtr at start of new block}
  Inc(FreeCount, ElmsPerBlock);

  TopUpFreeList := True;
end; {TopUpFreeList}
```

```
procedure SetErrorMsg(S: string; N1, N2, N3: Integer);
begin
   Reason := S; ErrNo1 := N1; ErrNo2 := N2; ErrNo3 := N3;
end; {SetErrorMsg}

procedure GetErrorMsg(var S: string; var N1, N2, N3: Integer);
begin
   S := Reason; N1 := ErrNo1; N2 := ErrNo2; N3 := ErrNo3;
end; {GetErrorMsg}

procedure NotInit;
begin
   SetErrorMsg('InitStruc must be called', 1, 0, 0);
end;

function InitStruc(NumEq: Integer): Boolean;
begin
{ $ IFDEF TRACE}WriteLn('Entering InitStruc'); { $ ENDIF}
   InitStruc := False;
   Neq := NumEq;
   Solved := False;
   SetErrorMsg('', 0, 0, 0);
   BlockList := nil;
   SparMemUsed := 0;
   FillIns := 0;
   MaxMemUsed := 0;
   if Initialized then begin
      SetErrorMsg('Initialize without releasing ', 2, 0, 0);
      Exit;
   end else Initialized := True;
   if (Neq > MaxEq) then begin
      SetErrorMsg('Too many equations ', 3, Neq, 0);
      Exit;
   end;
   if (Neq < 1) then begin
      SetErrorMsg('Too few equations ', 4, Neq, 0);
      Exit;
```

```
    end;

    if not GetMemParaAlign(Pointer(FirstElm), (1+Neq) * SizeOf(PElmRec)) then begin
        SetErrorMsg('Out of Space', 5, 0, 0);
        Exit;
    end else FillChar(FirstElm^, (1+Neq) * SizeOf(FreePtr), 0);

    if not GetMemParaAlign(Pointer(LastElm), (1+Neq) * SizeOf(PElmRec)) then begin
        SetErrorMsg('Out of Space', 6, 0, 0);
        Exit;
    end else FillChar(LastElm^, (1+Neq) * SizeOf(FreePtr), 0);

    FreePtr := nil;
    FreeCount := 0;
    InitStruc := True;
end; {InitStruc}


procedure ReleaseItem(var P: Pointer);
    {release one item from user heap}
    {note no error if P is nil or is not on user heap}
var NextPtr: PHeapRec;
begin
{ $ IFDEF TRACE}WriteLn('Entering ReleaseItem'); { $ ENDIF}
    if (P = nil) then Exit;
    NextPtr := BlockList;

    while (NextPtr <> nil) do with NextPtr^ do begin
        if (NewBlockPtr = P) then begin
            FreeMem(BlockPtr, BlockSiz);
            Dec(SparMemUsed, BlockSiz);
            BlockPtr := nil;
            NewBlockPtr := nil;
            P := nil;
{ $ IFDEF TRACE}WriteLn('released an item'); { $ ENDIF}
            Exit;
        end;

        NextPtr := NextPtr^.NextRec;
```

```
        end; {while}
    { $ IFDEF DBUG}Assert(False, '♯3941'); { $ ENDIF}
    end; {ReleaseItem}


    procedure ReleaseStruc;
    var NextPtr: PHeapRec;
    begin
    { $ IFDEF TRACE}WriteLn('Entering ReleaseStruc'); { $ ENDIF}
      {get rid of user heap}

      while (BlockList <> nil) do with BlockList^ do begin
          if (BlockPtr <> nil) then begin
              FreeMem(BlockPtr, BlockSiz);
              Dec(SparMemUsed, BlockSiz);
    { $ IFDEF TRACE}WriteLn('releasing a block'); { $ ENDIF}
          end;
          NextPtr := BlockList^. NextRec;
          Dispose(BlockList); Dec(SparMemUsed, SizeOf(HeapRec));
          BlockList := NextPtr;
        end; {while}
      Initialized := False;
    end; {ReleaseStruc}


    function AddElement(ThisEqu, ThisVar: Integer; ThisVal: Double): Boolean;
      {AddElement will run quicker if: for each row, you first set LHS elements in ascending
      order, THEN set the RHS}
    var
      PrevPtr, ElmPtr, NewPtr: PElmRec;
    begin {PivRow[Row] points to last element }
      AddElement := False;
      if (ThisEqu < 1) then begin SetErrorMsg('Row < 1', 7, ThisEqu, ThisVar);
Exit; end;
      if (ThisEqu > Neq) then begin SetErrorMsg('Row > Neq', 8, ThisEqu, Neq);
Exit; end;
      if (FreeCount < Neq) then begin
        if not TopUpFreeList then begin
          SetErrorMsg('Out of Space', 9, 0, 0); Exit;
```

end;

end;

{get node from free list and set its values}

NewPtr := FreePtr; FreePtr := FreePtr^.Next; Dec(FreeCount);

NewPtr^.Value := ThisVal;

NewPtr^.Column := ThisVar;

NewPtr^.Next := nil;

{insert node in proper place in linked list}

if FirstElm^[ThisEqu] = nil then begin {this is first entry}

   FirstElm^[ThisEqu] := NewPtr;

   LastElm^[ThisEqu] := NewPtr;

end

else if (LastElm^[ThisEqu]^.Column < ThisVar) then begin

{attach at end of row}

   LastElm^[ThisEqu]^.Next := NewPtr;

   LastElm^[ThisEqu] := NewPtr;

end

else begin {traverse the row till we find the right place}

   ElmPtr := FirstElm^[ThisEqu];

   PrevPtr := nil;

   while (ElmPtr^.Column < ThisVar) do begin

     PrevPtr := ElmPtr;

     ElmPtr := ElmPtr^.Next;

   end;

   if (ElmPtr^.Column = ThisVar) then begin

     ElmPtr^.Value := ElmPtr^.Value+ThisVal;

   {return node to free list}

     NewPtr^.Next := FreePtr; FreePtr := NewPtr; Inc(FreeCount);

   end

   else begin {ElmPtr^.Column > ThisVar}

```
    {insert new node before elmptr}

        if PrevPtr = nil then FirstElm^[ThisEqu] := NewPtr

        else PrevPtr^. Next := NewPtr;

        NewPtr^. Next := ElmPtr;

      end;

    end;

    AddElement := True;

  end; {AddElement}


function AddLHS(ThisEqu, ThisVar: Integer; ThisVal: Double): Boolean;
begin
    if (ThisVal = 0.0) then begin AddLHS := True; Exit; end;
    AddLHS := False;
    if not Initialized then begin NotInit; Exit; end;
    if (ThisVar < 1) then begin SetErrorMsg('Col < 1', 10, ThisEqu, ThisVar);
Exit; end;
    if (ThisVar > Neq) then begin SetErrorMsg('Col > Neq', 11, ThisEqu, ThisVar);
Exit; end;
    AddLHS := AddElement(ThisEqu, ThisVar, ThisVal);
  end; {AddLHS}


function AddRHS(ThisEqu: Integer; ThisVal: Double): Boolean;
begin
    AddRHS := False;
    if not Initialized then begin NotInit; Exit; end;
    AddRHS := AddElement(ThisEqu, 1+Neq, ThisVal);
  end; {AddRHS}


function GetAnswer(ThisVar: Integer; var ThisVal: Double): Boolean;
    {should fail if solve not called}
begin
    GetAnswer := False;
    if not Initialized then begin NotInit; Exit; end;
    if not Solved then begin SetErrorMsg('System not solved', 12, 0, 0); Exit; end;
    if (ThisVar < 1) then begin SetErrorMsg('VarNo < 1', 13, ThisVar, 0); Exit; end;
    if (ThisVar > Neq) then begin SetErrorMsg('VarNo >Neq', 14, ThisVar, Neq); Exit;
```

end;

```
        ThisVal := Answer^[ThisVar];
        GetAnswer := True;
    end; {GetAnswer}


procedure ShowMat;
var
    Row, Col, c, LastCol: Integer;
    ElmPtr: PElmRec;
begin
    for Row := 1 to Neq do begin
        ElmPtr := FirstElm^[Row];
        LastCol := 0;
        while ElmPtr <> nil do begin
            Col := ElmPtr^.Column;
            for c := (LastCol+1) to (Col-1) do Write('nil': 6);
            Write(ElmPtr^.Value: 6: 2);
            LastCol := Col;
            ElmPtr := ElmPtr^.Next;
        end;
        for c := (LastCol+1) to (Neq+1) do Write('nil': 6);
        WriteLn;
    end; {for row}
end; {showmat}


procedure WriteMatrixAsMTX(const filename: string);
var
    Row, Col, Count: Integer;
    ElmPtr: PElmRec;
    Outfile: text;
begin
    Count := 0;
    for Row := 1 to Neq do begin {count elements}
        ElmPtr := FirstElm^[Row];
        while ElmPtr <> nil do begin
```

```
        Col := ElmPtr^.Column;

        if (Col <= Neq) then Inc(Count);

        ElmPtr := ElmPtr^.Next;

      end;

   end; {for row}


   Assign(outfile, filename); Rewrite(Outfile);

   Writeln(Outfile, '%%MatrixMarket matrix coordinate real general');

   Writeln(Outfile, Neq, ' ', Neq, ' ', Count);

   for Row := 1 to Neq do begin

     ElmPtr := FirstElm^[Row];

     while ElmPtr <> nil do begin

        Col := ElmPtr^.Column;

        if (Col <= Neq) then Writeln(Outfile, Row, ' ', Col, ' ', ElmPtr^.Value: 0);

        ElmPtr := ElmPtr^.Next;

      end;

   end; {for row}

   Close(OutFile);

end; {showmat}


{All these variables are used only by Solve1, but have been declared
here so that their address is known at compile time.    This can add to
speed}

var

   PrevPtr: PElmRec;

   ElmPtr: PElmRec;

   SumTerm: Extended;

   Factor: Extended;

   RHS: Extended;

   Biggest: Extended;

   Coeff: Extended;

   PivotValue: Extended;

   BestPtr: PElmRec;

   Next_Pivot: PElmRec;

   Next_Tar: PElmRec;
```

NewPtr: PElmRec;

NextActiveRow: PIntArr;

ColCount: PIntArr;

RowCount: PIntArr; {for active rows=no of LHS elements; for solved rows=the variable solved for}

ColScale: PRealArr;

PivRow: PIntArr; {used to remember in which order pivot rows were chosen}

MinRowCount: Integer;

Best_Addelm: Integer;

NextTarCol: Integer;

NumToFind: Integer;

AddElm: Integer;

LastCol: Integer;

SingleCount: Integer;

PivotStep: Integer;

PivotCol: Integer;

NextPivotCol: Integer;

LastRow: Integer;

PrevRow, NextRow: Integer;

PivotRow: Integer;

function Solve1: Boolean;

var Row, Col: Integer; {to avoid delphi 2 warnings}

label Fail, OutOfSpace;

begin {solve1}

{ $ IFDEF TRACE}WriteLn('Entering Solve1'); { $ ENDIF}

Solve1 := False;

PivotStep := 0;

if not Initialized then begin NotInit; goto Fail; end;

if Solved then begin SetErrorMsg('System already solved', 15, 0, 0); goto Fail; end;

ReleaseItem(Pointer(LastElm));

if not GetMemParaAlign(Pointer(NextActiveRow), (1+Neq) * SizeOf(Integer)) then goto OutOfSpace;

if not GetMemParaAlign(Pointer(ColCount), (1+Neq) * SizeOf(Integer)) then goto OutOfSpace;

```
    if not GetMemParaAlign(Pointer(RowCount), (1+Neq) * SizeOf(Integer)) then goto
OutOfSpace;
    if not GetMemParaAlign(Pointer(PivRow), (1+Neq) * SizeOf(Integer)) then goto Ou-
tOfSpace;

    {set vectors to zero}
    FillChar(RowCount^, (1+Neq) * SizeOf(Integer), 0);
    FillChar(PivRow^, (1+Neq) * SizeOf(Integer), 0);
    FillChar(ColCount^, (1+Neq) * SizeOf(Integer), 0);

    {$IFDEF TRACE}WriteLn('about to set up row and column counts'); {$ENDIF}
    for Row := 1 to Neq do begin

      ElmPtr := FirstElm^[Row];
      if (ElmPtr = nil) then begin
        SetErrorMsg('Empty Row', 16, Row, 0); goto Fail;
      end;
      LastCol := 0;
      while ElmPtr <> nil do begin

        Col := ElmPtr^.Column;
        if (Col <= LastCol) then begin
          SetErrorMsg('Cols out of Order', 17, Row, Col); goto Fail;
        end
        else LastCol := Col;

        Inc(RowCount^[Row]);
    {$IFDEF DBUG}Assert(Col > 0, '#2133'); {$ENDIF}
    {$IFDEF DBUG}Assert(Col <= (1+Neq), '#2134'); {$ENDIF}

        if (Col <= Neq) then Inc(ColCount^[Col]);

        ElmPtr := ElmPtr^.Next;
      end;
      if (LastCol <> (1+Neq)) then begin
        SetErrorMsg('No RHS', 18, LastCol, 0); goto Fail;
      end;
    end; {for row}
```

```
for Col := 1 to Neq do if (ColCount^[Col] = 0) then begin
    SetErrorMsg('Empty Col', 19, Col, 0); goto Fail;
  end;


  for Row := 1 to Neq do begin
    NextActiveRow^[Row] := Row+1;

    if RowCount^[Row] <= 1 then begin
    {get this if you have RHS but no LHS}
        SetErrorMsg('Row without Variables', 20, Row, 0); goto Fail;
    end;
  end; {for Row:=1 to neq}
  {end setup}
{ $ IFDEF TRACE}WriteLn('completed setup'); { $ ENDIF}


  if Scaling then begin
{ $ IFDEF TRACE}WriteLn('about to scale'); { $ ENDIF}
  {for each row, scale all elements, including RHS, so that the largest LHS coeffient is 1.00}
    for Row := 1 to Neq do begin
    {find biggest element}

      ElmPtr := FirstElm^[Row];
      Biggest := 0.0;
      while ElmPtr <> nil do begin

        if (ElmPtr^.Column > Neq) then Break;

        if (Abs(ElmPtr^.Value) > Biggest) then Biggest := Abs(ElmPtr^.Value);

        ElmPtr := ElmPtr^.Next;
      end;
      if (Biggest = 0.0) then begin
        SetErrorMsg('All-Zero Row', 21, Row, 0); goto Fail;
      end;
    {divide each element by biggest}

      ElmPtr := FirstElm^[Row];
      while ElmPtr <> nil do begin

        ElmPtr^.Value := ElmPtr^.Value / Biggest;

        ElmPtr := ElmPtr^.Next;
```

```
      end；
    end；{for row}

  if not GetMemParaAlign(Pointer(ColScale)，(1+Neq) * SizeOf(Double)) then goto
OutOfSpace；
    FillChar(ColScale^，(1+Neq) * SizeOf(Double)，0)；
  {for each LHS Col，set ColScale^[Col] to largest element in col}
    for Row ：= 1 to Neq do begin
      ElmPtr ：= FirstElm^[Row]；
      while ElmPtr <> nil do begin
        Col ：= ElmPtr^. Column；if (Col > Neq) then Break；
        if (Abs(ElmPtr^. Value) > ColScale^[Col]) then
          ColScale^[Col] ：= Abs(ElmPtr^. Value)；
        ElmPtr ：= ElmPtr^. Next；
      end；
    end；{for row}
    for Col ：= 1 to Neq do if (ColScale^[Col] = 0. 0) then begin
        SetErrorMsg('All-Zero Column'，22，Col，0)；goto Fail；
      end；

  {for each LHS Col，divide all elements by largest element in col}
    for Row ：= 1 to Neq do begin
      ElmPtr ：= FirstElm^[Row]；
      while ElmPtr <> nil do begin
        Col ：= ElmPtr^. Column；if (Col > Neq) then Break；
        ElmPtr^. Value ：= ElmPtr^. Value / ColScale^[Col]；
        ElmPtr ：= ElmPtr^. Next；
      end；
    end；{for row}

  end；{if scaling}

  {begin pivoting}
```

```
NextActiveRow^[0] := 1;

NextActiveRow^[Neq] := 0;


repeat {pivot on variables which are mentioned only once}
    PivotCol := 0;
    PrevRow := 0;
    Row := NextActiveRow^[0];
    while Row <> 0 do begin

        NextRow := NextActiveRow^[Row];
{$IFDEF DBUG}Assert(Row > 0, '#8033'); {$ENDIF}
{$IFDEF DBUG}Assert(Row <= Neq, '#9033'); {$ENDIF}
        SingleCount := 0;

        ElmPtr := FirstElm^[Row];
{$IFDEF DBUG}Assert(ElmPtr <> nil, '#34'); {$ENDIF}
{$IFDEF DBUG}Assert(ElmPtr^.Column <= Neq, '#77'); {$ENDIF}

        Col := ElmPtr^.Column;
        while (Col <= Neq) do begin

            if (ColCount^[Col] = 1) then begin
                PivotCol := Col;
                Inc(SingleCount);
            end;

            ElmPtr := ElmPtr^.Next;
{$IFDEF DBUG}Assert(ElmPtr <> nil, '#35'); {$ENDIF}

            Col := ElmPtr^.Column;
        end;
        if (SingleCount > 1) then begin
            SetErrorMsg('Two Singles', 23, Row, PivotCol); goto Fail;
        end
        else if (SingleCount = 1) then begin
            Inc(PivotStep);
            PivotRow := Row;

            ElmPtr := FirstElm^[PivotRow];
{$IFDEF DBUG}Assert(ElmPtr <> nil, '#34'); {$ENDIF}
```

```
{ $ IFDEF DBUG}Assert(ElmPtr^. Column <= Neq, '#77'); { $ ENDIF}
        Col := ElmPtr^. Column;
        while (Col <= Neq) do begin
{ $ IFDEF DBUG}Assert(ColCount^[Col] > 0, '#4177'); { $ ENDIF}
            Dec(ColCount^[Col]);
            ElmPtr := ElmPtr^. Next;
{ $ IFDEF DBUG}Assert(ElmPtr <> nil, '#35'); { $ ENDIF}
            Col := ElmPtr^. Column;
        end;
        PivRow^[PivotStep] := PivotRow;
        NextActiveRow^[PrevRow] := NextActiveRow^[PivotRow];
        NextActiveRow^[PivotRow] := -1; {useful ?}
        RowCount^[PivotRow] := PivotCol; {change of meaning}
        ColCount^[PivotCol] := -1; {mark as done}
      end {if (SingleCount=1) }
      else {no Singles} PrevRow := Row;
      Row := NextRow;
    end;

  until (PivotCol = 0);


  { * * * * * * * * * * * * * main loop}
  while PivotStep < Neq do begin
    Inc(PivotStep);
{ $ IFDEF TRACE}WriteLn('starting step ', PivotStep); { $ ENDIF}

  { Find shortest row (PivotRow) and the preceding active row (LastRow)  }
    MinRowCount := High(Integer);
    PrevRow := 0; LastRow := 0;
    Row := NextActiveRow^[0];
{ $ IFDEF DBUG}Assert(Row <> 0, '#33'); { $ ENDIF}
    while Row <> 0 do begin
      if RowCount^[Row] < MinRowCount then begin
```

```
        MinRowCount := RowCount^[Row];
        PivotRow := Row;
        LastRow := PrevRow;
      end;
      PrevRow := Row;
      Row := NextActiveRow^[Row];
    end;

{$IFDEF TRACE} WriteLn('Pivotrow: ', PivotRow, ' Rowcount ', MinRowCount);
{$ENDIF}
    {find Biggest Element in Pivot Row}
    Biggest := -1;
    ElmPtr := FirstElm^[PivotRow];
    while (ElmPtr^.Column <= Neq) do begin
      if (Abs(ElmPtr^.Value) > Biggest) then Biggest := Abs(ElmPtr^.Value);
      ElmPtr := ElmPtr^.Next;
    end;
    if (Biggest < 0.0) then begin {row had no elements}
      SetErrorMsg('Structurally Singular', 26, PivotRow, 0); goto Fail;
    end;
    if (Biggest = 0.0) then begin
      SetErrorMsg('Numerically Singular', 24, PivotRow, 0); goto Fail;
    end;

{$IFDEF TRACE}WriteLn('Biggest was :', Biggest); {$ENDIF}

    {find element in pivotrow with sparsest column,
     as long as it has absolute value at least UValue * biggest element}
    Biggest := Biggest * UValue;
    BestPtr := nil;
    Best_Addelm := High(Integer);
    ElmPtr := FirstElm^[PivotRow];
{$IFDEF DBUG}Assert(ElmPtr <> nil, '#36'); {$ENDIF}
    while (ElmPtr^.Column <= Neq) do begin
```

```
        Col := ElmPtr^.Column;

        Dec(ColCount^[Col]);

        if (Abs(ElmPtr^.Value) >= Biggest) then begin

            AddElm := ColCount^[Col];
    {addelm * rowcount is the number of additional nonzeros which would be added}
    {if this Pivot were chosen}
            if AddElm < Best_Addelm then begin
              BestPtr := ElmPtr;
              Best_Addelm := AddElm;
            end;
          end; {if (.... >=UValue)}

        ElmPtr := ElmPtr^.Next;
      end;
  {$IFDEF DBUG}Assert(BestPtr <> nil, '#38'); {$ENDIF}


    PivotCol := BestPtr^.Column;

    PivotValue := BestPtr^.Value;
  {Mark Pivot Row as inactive}

    NextActiveRow^[LastRow] := NextActiveRow^[PivotRow];


  {Answer Values for use by backsub}

    PivRow^[PivotStep] := PivotRow;
  {note change of meaning}

    NextActiveRow^[PivotRow] :=-1; {useful ?}

    RowCount^[PivotRow] := PivotCol; {change of meaning}

    NumToFind := ColCount^[PivotCol];

    ColCount^[PivotCol] :=-1; {mark as done}


{$IFDEF TRACE}
    Writeln('Start Pivot, Pivotrow: ', PivotRow, ' Rowcount ', MinRowCount);
    WriteLn(' PivotCol: ', PivotCol, ' ColCount ', NumToFind);
{$ENDIF}
```

Row := NextActiveRow^[0];

while ((Row <> 0) and (NumToFind > 0)) do begin

{check that FreeList has enough items for the maximum possible number of insertions}

if (FreeCount < (Neq-PivotStep)) then if not TopUpFreeList then goto OutOf-

Space;

{preload PrevPtr so that: PrevPtr^. Next := FirstElm^[Row]

this works because the Next field of an ElmRec is at the start of the record}

PrevPtr := Addr(FirstElm^[Row]);

ElmPtr := FirstElm^[Row];

{search along row looking for pivot column:

if we find a bigger column we have gone far enough}

while (ElmPtr^. Column < PivotCol) do begin

PrevPtr := ElmPtr;

ElmPtr := ElmPtr^. Next;

end;

if (ElmPtr^. Column = PivotCol) then begin

{current row(called "Tar", after target)contains pivot col,

so we must add to it a multiple of pivot row}

{ $ IFDEF TRACE}WriteLn('Altering Row ', Row); { $ ENDIF}

Factor := ElmPtr^. Value / PivotValue;

Dec(NumToFind);

{unlink pivot col from current row}

PrevPtr^. Next := ElmPtr^. Next; Dec(RowCount^[Row]);

{prepend discarded node to Free List}

ElmPtr^. Next := FreePtr; FreePtr := ElmPtr; Inc(FreeCount);

Next_Pivot := FirstElm^[PivotRow];

```pascal
{ $ IFDEF DBUG}Assert(Next_Pivot <> nil, '#333'); { $ ENDIF}
        PrevPtr := Addr(FirstElm^[Row]); {so that PrevPtr^.Next :=  FirstElm^
[Row]}
        Next_Tar := FirstElm^[Row];
{ $ IFDEF DBUG}Assert(Next_Tar <> nil, '#334'); { $ ENDIF}

        NextTarCol := Next_Tar^.Column;
        while Next_Pivot <> nil do begin
          NextPivotCol := Next_Pivot^.Column;
          if (NextPivotCol <> PivotCol) then begin

        {Skip along Tar Row until we find a column as big as NextPivotCol}
            while NextTarCol < NextPivotCol do begin
              PrevPtr := Next_Tar;
              Next_Tar := Next_Tar^.Next;
{ $ IFDEF DBUG}Assert(Next_Tar <> nil, '#99'); { $ ENDIF}
              NextTarCol := Next_Tar^.Column
            end;

            if (NextTarCol > NextPivotCol) then begin
            {element in pivot row but not in current row; add in new element}
{ $ IFDEF DBUG}Assert(NextTarCol > NextPivotCol, '#69'); { $ ENDIF}
            {get element from free list}
              NewPtr := FreePtr; FreePtr := FreePtr^.Next; Dec(FreeCount); Inc
(Fillins);
            {set values for new item}
              NewPtr^.Value :=-Factor * Next_Pivot^.Value;
              NewPtr^.Column := NextPivotCol;
              NewPtr^.Next := Next_Tar;
            {connect previous item in list to new item}
              PrevPtr^.Next := NewPtr;
            {update PrevPtr}
              PrevPtr := NewPtr;
            {update column and row counts}
```

```
              Inc(ColCount^[NextPivotCol]);

              Inc(RowCount^[Row]);
          end {if (NextTarCol > NextPivotCol)}
          else begin
     {element in pivot row and also in current row: adjust value}
{$IFDEF DBUG}Assert(NextTarCol = NextPivotCol, '#67'); {$ENDIF}
              Next_Tar^.Value := Next_Tar^.Value-Factor * Next_Pivot^.Value;
          end; {else begin}
        end; {if (NextPivotCol <> PivotCol)}
        Next_Pivot := Next_Pivot^.Next; {move along pivot row}
      end; {while Next_Pivot <>  Nil}
     end; {if (ElmPtr^.Column = PivotCol)}

    Row := NextActiveRow^[Row];
   end; {while row}
{$IFDEF DBUG}Assert(NumToFind = 0, '#66'); {$ENDIF}
  end; {main loop}


  {release un-needed vectors}
  ReleaseItem(Pointer(ColCount));
  ReleaseItem(Pointer(NextActiveRow));


  {create Answer vector}
  if not GetMemParaAlign(Pointer(Answer), (1+Neq) * SizeOf(Double))
    then goto OutOfSpace;
{$IFDEF DBUG}for Row := 1 to Neq do Answer^[Row] :=-99; {$ENDIF}


  PivotStep := 1+Neq;
  while (PivotStep > 1) do begin
    Dec(PivotStep);

    Row := PivRow^[PivotStep];

    PivotCol := RowCount^[Row]; {note change of meaning}
    SumTerm := 0.0;
    Coeff := 0.0;

    ElmPtr := FirstElm^[Row];
```

```
{ $ IFDEF DBUG}Assert(ElmPtr <> nil, '#188'); { $ ENDIF}
    while ElmPtr <> nil do begin

        Col := ElmPtr^. Column;
        if (Col = PivotCol) then

            Coeff := ElmPtr^. Value
        else if (Col <= Neq) then begin

{ $ IFDEF DBUG}Assert(Answer^[Col] <>-99, '#177'); { $ ENDIF}

            SumTerm := SumTerm+Answer^[Col] * ElmPtr^. Value;
        end

        else RHS := ElmPtr^. Value;

        ElmPtr := ElmPtr^. Next;
    end; {until (elmptr=Nil)}

{ $ IFDEF DBUG}Assert(Answer^[PivotCol] =-99, '#77'); { $ ENDIF}

    Answer^[PivotCol] := (RHS-SumTerm) / Coeff;
    end; {for PivotRow:=neq downto 1}


    if Scaling then for Col := 1 to Neq do Answer^[Col] := Answer^[Col] / ColScale^
[Col];


    Solved := True;
    Solve1 := True;
    Exit; {normal exit}


    {exit for error conditions}
    OutOfSpace: SetErrorMsg('Out of Space', 25, PivotStep, 0); Exit;


    Fail;


end; {Solve1}


end.
```

2) 程序 SolveFun 基于 SparSolv 单元文件，求解线性方程组，说明：OUTL：T2I，二维整数型数组变量，存放方程组的非零系数索引，参考表 1.3-1，本例中，非零系数合计有 6 个，因此数组的行数为 6，列数为 2，逐行查找非零系数，将其位置存放到 OUTL 数组中；OUTLV：T1D，一维实数型数组变量，存放方程组的非零系数，本例中，数组的行数为 6；OUTRV：T1D，存放方程组的右端项，本例中，数组的行数为 3，OUTRV[1]＝0、OUTRV[2]＝8、OUTRV[3]＝－4；sizep：integer，该整数变量存放方程组解的数量，本例为 3；QQ：T1D，存储方程组的解；OUTL、OUTLV 变量如下所示：

$$OUTL[1,1]:=1;OUTL[1,2]:=1;OUTLV[1]=1;$$
$$OUTL[2,1]:=1;OUTL[2,2]:=3;OUTLV[2]=1;$$
$$OUTL[3,1]:=2;OUTL[3,2]:=2;OUTLV[3]=-1;$$
$$OUTL[4,1]:=2;OUTL[4,2]:=3;OUTLV[4]:=1;$$
$$OUTL[5,1]:=3;OUTL[5,2]:=1;OUTLV[5]:=1;$$
$$OUTL[6,1]:=3;OUTL[6,2]:=2;OUTLV[6]=-3;$$

表 1.3-1　案例方程组系数矩阵列表

行号 ＼ 列号	1	2	3
1	1	0	1
2	0	－1	1
3	1	－3	0

```
    function SolveFun(var OUTL: T2I; var OUTLV, OUTRV, QQ: T1D; var sizep: integer):
boolean;
    var
    n,i,j,row,col:integer;
    Value:double;
    str,Reason:string;
    ErrNo1，ErrNo2，ErrNo3：Integer;
    label
    Fail，EndProg;
    begin
    result:=false;
    N:=sizep;
    setlength(QQ,n+1);
    if not InitStruc(N) then goto Fail;
    for i:=1 to length(OUTL)-1 do
        begin
        Row:=OUTL[i,1];
```

```
            Col:=OUTL[i,2];
            Value:=OUTLV[i];
            if not AddLHS(Row, Col, Value) then goto Fail;
            end;
    for i:= 1 to N do
            begin
            Row:=i;
            Value:=OUTRV[i];
            if not AddRHS(Row, Value) then goto Fail;
            end;
    if not Solve1 then goto Fail;
    for i := 1 to N do
            begin
            Row:=i;
            if not GetAnswer(Row, Value) then goto Fail;
            QQ[i]:=Value;
            end;
    goto EndProg;

Fail:
    GetErrorMsg(Reason, ErrNo1, ErrNo2, ErrNo3);
    exit;
EndProg:
ReleaseStruc;
result:=true;
end;
```

3) 通过按钮单击事件,展示方程组的求解过程。本例中,结算结果为:QQ[1] $=-7$、QQ[2]$=-1$、QQ[3]$=7$。

```
procedure TForm1. Button1Click(Sender: TObject);
var
OUTL:T2I;
OUTLV,OUTRV,QQ:T1D;
i,n:integer;
filename:string;
outdata:textfile;
label
tttt;
```

```
begin
setlength(OUTL,7,3); setlength(OUTLV,7); setlength(OUTRV,4); setlength(QQ,4);
OUTL[1,1]:=1;OUTL[1,2]:=1;OUTLV[1]=1;
OUTL[2,1]:=1;OUTL[2,2]:=3;OUTLV[2]=1;
OUTL[3,1]:=2;OUTL[3,2]:=2;OUTLV[3]=-1;
OUTL[4,1]:=2;OUTL[4,2]:=3;OUTLV[4]:=1;
OUTL[5,1]:=3;OUTL[5,2]:=1;OUTLV[5]:=1;
OUTL[6,1]:=3;OUTL[6,2]:=2;OUTLV[6]=-3;
OUTRV[1]:=0;OUTRV[2]:=8;OUTRV[3]:=-4;
if not SolveFun(TL,TLV,TRV,QQ,n) thenexit;
end;
```

1.3.3 非线性方程组求解

1. 目的

很多工程问题可以用非线性方程组来表示,一般采用牛顿迭代法或其衍生的改进方法来求解。粒子群优化(PSO)算法是求解非线性方程组的另一种优化技术,其思想来源于人工生命和演化计算理论。PSO 算法简单易实现,可调参数少,在非线性问题上已得到广泛研究和应用。本节案例非线性方程组(将右端项全部调整为 0)如下:

$$\begin{cases} F_1(x,y,z) = x^y + y^x - 5xyz - 85 = 0 \\ F_2(x,y,z) = x^3 - y^z - z^y - 60 = 0 \\ F_3(x,y,z) = x^z + z^x - y - 2 = 0 \end{cases} \tag{1.3-2}$$

2. 方法

粒子群优化算法由 Kennedy 和 Eberhart 在 1995 年提出,该算法模拟鸟群飞行觅食的行为。设想一群鸟在随机搜寻食物,这个区域里只有一块食物,所有的鸟都不知道食物在哪里,但他们知道目前距离食物还有多远,那么找到食物的最简单方法就是找寻距离食物最近的鸟的周围区域,及根据自身飞行经验判断食物的所在。寻找非线性方程组的最优解时,其算法流程如下:

(1) 初始化:假设粒子(鸟)数量为 n,本例取 100,以随机的方式求出每一个粒子(鸟)的初始位置与速度。本例中,假设变量 x、y、z 的取值范围分别为[3,5]、[2,4]、[0.5,2],设置二维实数型方程组 xx,行数 100,列数 3,用来存储 100 个粒子的初始位置:

$$\begin{cases} xx[i,1] = rand() \times (5-3) + 3 \\ xx[i,2] = rand() \times (4-2) + 2 \\ xx[i,3] = rand() \times (2-0.5) + 0.5 \end{cases} \tag{1.3-3}$$

式中:$xx[i,1]$代表第 1 列第 i 个粒子的位置,即变量 x 的数值;$xx[i,2]$代表第 2 列第 i 个粒子的位置,即变量 y 的数值;$xx[i,3]$代表第 3 列第 i 个粒子的位置,即变量 z 的数值。

对于变量 x、y、z,100 个粒子的初始速度可以分别设置为:

$$\begin{cases} v[i,1] = rand() \times (5-3)/2 \\ v[i,2] = rand() \times (4-2)/2 \\ v[i,3] = rand() \times (2-0.5)/2 \end{cases} \tag{1.3-4}$$

(2) 评估:设置一个目标函数,将粒子 i 的位置 $xx[i,1]$、$xx[i,2]$、$xx[i,3]$带入目标函数,计算目标值,将其作为判断该粒子位置优劣的依据。前述中,将非线性方程组的右端项全部调整为 0,所以本例目标函数可以设置为:

$$\min F = \sum_{m=1}^{3} |F_m(xx[i,1], xx[i,2], xx[i,3])| \tag{1.3-5}$$

式中:$\min F$ 越小,粒子 i 的位置越优。

(3) 查找粒子个体的最优值:找出每一个粒子到目前为止搜寻过程中的最优解,本例中 3 个变量,分别记为 pbest[i,1]、pbest[i,2]、pbest[i,3];

(4) 查找全局极值:找出所有粒子到目前为止所搜寻到的整体最优解,记为 gbest[1]、gbest[2]、gbest[3]。

(5) 更新粒子速度和位置:本例中,粒子 i 的速度和位置更新等式可表示为:

$$\begin{cases} v^{t+1}[i,1] = wv^t[i,1] + c_1r_1(pbest[i,1] - xx^t[i,1]) + c_2r_2(gbest[1] - xx^t[i,1]) \\ v^{t+1}[i,2] = wv^t[i,2] + c_1r_1(pbest[i,2] - xx^t[i,2]) + c_2r_2(gbest[2] - xx^t[i,2]) \\ v^{t+1}[i,3] = wv^t[i,3] + c_1r_1(pbest[i,3] - xx^t[i,3]) + c_2r_2(gbest[3] - xx^t[i,3]) \end{cases}$$

$$\tag{1.3-6}$$

$$\begin{cases} xx^{t+1}[i,1] = xx^t[i,1] + v^{t+1}[i,1] \\ xx^{t+1}[i,2] = xx^t[i,2] + v^{t+1}[i,2] \\ xx^{t+1}[i,3] = xx^t[i,3] + v^{t+1}[i,3] \end{cases} \tag{1.3-7}$$

(6) 循环终止:循环执行步骤(2)~(5),直到满足循环终止条件。循环终止条件可以设置为循环次数或者高的目标值,本例循环次数 1 000 次,如果按目标值终止,则可以设置一个极小的 $\min F$ 阈值。

3. 程序

1) 函数 f 用于计算目标函数值,本例为 $\min F$,说明:x,y,z:real,代表本例的 3 个待求变量。

```
function f(var x,y,z:real):real;
```

```
var
minF:real;
begin
f:=100;
try
   minF:=abs(power(x,y)+power(y,x)-5*x*y*z-85);
   minF:= minF+abs(power(x,3)-power(y,z)-power(z,y)-60);
   minF:= minF+abs(power(x,z)+power(z,x)-y-2);
   except
   exit;
   end;
f:=z;
end;
```

2）程序 getf 用于求解本例非线性方程组，并通过 Memo 组件显示计算结果，本例非线性方程组的 PSO 算法解是 $x=4$、$y=3$、$z=1$。

```
procedure TForm1.getf;
var
xx:T2D;
v:T2D;
fpbest:real;
gbest:T1D;
pbest:T2D;
fvalue,svalue:T1D;
c1,c2:real;
w:real;
r1,r2:real;
i,j,num:integer;
lizishu:integer;//粒子数
xunhuan:integer;
begin
//学习常数
c1:=2;
c2:=2;
w:=0.8;   //惯性常数
randomize;
lizishu:=100;//粒子数
xunhuan:=1000;//循环次数
```

```
setlength(xx,101,4);
//初始化粒子个初始位置
for i:=1 to lizishu do
    begin
    xx[i,1]:=random * (5-3)+3;
    xx[i,2]:=random * (4-2)+2;
    xx[i,3]:=random * (2-0.5)+0.5;
    end;
//初始化粒子速度
setlength(v,101,4);
for i:=1 to lizishu do
    begin
    v[i,1]:=random * (5-3)/2;
    v[i,2]:=random * (4-2)/2;
    v[i,3]:=random * (2-0.5)/2;
    end;
setlength(fvalue,lizishu+1);
setlength(svalue,lizishu+1);
setlength(gbest,4);
for i:=1 to lizishu do
    begin
    application.ProcessMessages;
    fvalue[i]:=f(xx[i,1], xx[i,2], xx[i,3]);
    svalue[i]:=fvalue[i];
    if(i=1) then fpbest:=fvalue[1]
    else
        begin
        //初始化全局极值
        if fvalue[i]<fpbest  then
            begin
            fpbest:=fvalue[i];
            for j:=1 to3 do
            gbest[j]:=xx[i,j];
            end;
        end;
    end;
//初始化个体极值
```

```
setlength(pbest,lizishu+1,4);
for i:=1 to lizishu do
for j:=1 to3 do
pbest[i,j]:=xx[i,j];
//循环 lizishu 次求最优解
for num:=2 to xunhuan do
  begin
  for i:=1 to lizishu do
    begin
    application. ProcessMessages;
    //更新粒子 i 位置
    for j:=1 to3 do
      begin
      r1:=random;
      r2:=random;
      randomize;
      v[i,j]:=w*v[i,j]+c1*r1*(pbest[i,j]-xx[i,j])+c2*r2*(gbest[j]-xx[i,j]);
      xx[i,j]:=xx[i,j]+v[i,j];
      end;
    if xx[i,1]<3 then xx[i,1]:=3; if xx[i,1]>5 then xx[i,1]:=5;
    if xx[i,2]<2 then xx[i,2]:=2; if xx[i,2]>4 then xx[i,1]:=4;
    if xx[i,3]<0.5 then xx[i,3]:=0.5; if xx[i,3]>2 then xx[i,1]:=2;
    svalue[i]:= f(xx[i,1], xx[i,2], xx[i,3]);
    //更新粒子 i 的最佳位置
    if(fvalue[i]>svalue[i]) then
    for j:=1 to3 do pbest[i,j]:=xx[i,j];
    //更新全局最佳位置
    if(svalue[i]<fpbest)    then
      begin
      for j:=1 to3 do gbest[j]:=xx[i,j];
      fpbest:=svalue[i];
      end;
    fvalue[i]:=svalue[i];
    end;
  end;
Memo1. Clear;
Memo1. Lines. Add('x'+'='+floattostr(gbest[1]));
```

Memo1. Lines. Add($'y'+'='+$floattostr(gbest[2]));
Memo1. Lines. Add($'z'+'='+$floattostr(gbest[3]));
Memo1. Lines. Add('总体误差'$+'='+$floattostr(fpbest));
end;

1.4 数值积分计算

本节参考何光渝、雷群《Delphi 常用数值算法集》中的"高斯(Gauss)求积法"（详见该书 147 页），介绍了高斯(Gauss)法单重、二重和三重数值积分方法。

1.4.1 单重积分

1. 目的

对于一个给定的实函数 $f(x)$，在区间 $[a,b]$ 上求解其定积分。本节案例采用《Delphi 常用数值算法集》中的函数"$f(x)=xe^{-x}$"。

2. 方法

高斯求积公式是通过选择适当的求积节点和求积系数，使得求积公式的代数精度尽可能得高。高斯积分表达式如下：

$$
\begin{cases}
\displaystyle\int_a^b f(x)\mathrm{d}x \approx \frac{b-a}{2}\sum_{i=1}^n \omega_i f(x_i) \\
x_i = \dfrac{b-a}{2}t_i + \dfrac{b+a}{2}
\end{cases}
\tag{1.4-1}
$$

其中，a 是积分下限，b 是积分上限；ω_i、t_i（$i=1\cdots n$）是权系数和节点，定值，随着 n 的不同而变化。例如，当 $n=10$ 时：$t_1=-0.973\,906\,528\,5$、$w_1=0.066\,671\,344\,3$；$t_2=-0.865\,063\,367\,7$、$w_2=0.149\,451\,349\,2$；$t_3=-0.679\,409\,568\,3$、$w_3=0.219\,086\,362\,5$；$t_4=-0.433\,395\,394\,1$，$w_4=0.269\,266\,719\,3$；$t_5=-0.148\,874\,339\,0$、$w_5=0.295\,524\,224\,7$；$t_6=0.148\,874\,339\,0$、$w_6=0.295\,524\,224\,7$；$t_7=0.433\,395\,394\,1$、$w_7=0.269\,266\,719\,3$；$t_8=0.679\,409\,568\,3$、$w_8=0.219\,086\,362\,5$；$t_9=0.865\,063\,367\,7$、$w_9=0.149\,451\,349\,2$；$t_{10}=0.973\,906\,528\,5$、$w_{10}=0.066\,671\,344\,3$。

为进一步提升计算精度，特别是在"$b-a$"数值较大的情况下，采用分区间高斯(Gauss)求积法，就是把 $[a,b]$ 划分成数个区间，在每个小区间内单独应用高斯法求积分，最后累加所有区间的积分得到整个区间内的积分。

3. 程序

1) 函数 FUNC_1 用于计算被积函数值，本例为"$f(x)=xe^{-x}$"，说明：x, outf：real，x 是输入参数变量，outf 是输出的函数值。

```
function FUNC_1(varx,outf:real):boolean;
begin
result:=false;
try
    outf:=x * exp(-1 * x);
    except
    MessageBox(application. handle,'存在奇异点','提示', MB_ICONEXCLAMATION);
    exit;
    end;
result:=true;
end;
```

2) 函数 QGAUS_1 用于计算被积函数的积分,说明:a,b:real,分别代表积分的下限和上限;ss:real,存储积分结果。

```
function TForm1. QGAUS_1(vara,b:real;var ss:real):boolean;
var
t,w:array[0..10] of real;
i:integer;
x,f:real;
begin
result:=false;
t[1]:=-0.9739065285;     t[2]:=-0.8650633677;
t[3]:=-0.6794095683;     t[4]:=-0.4333953941;
t[5]:=-0.1488743390;     t[6]:= 0.1488743390;
t[7]:= 0.4333953941;     t[8]:= 0.6794095683;
t[9]:= 0.8650633677;     t[10]:= 0.9739065285;
w[1]:= 0.0666713443;     w[2]:= 0.1494513492;
w[3]:= 0.2190863625;     w[4]:= 0.2692667193;
w[5]:= 0.2955242247;     w[6]:= 0.2955242247;
w[7]:= 0.2692667193;     w[8]:= 0.2190863625;
w[9]:= 0.1494513492;     w[10]:= 0.0666713443;
ss:=0;
For i:=1 To 10 do
    begin
    x:=0.5 * (b-a) * t[i]+0.5 * (a+b);
    if not FUNC_1(x,f) then exit;
    ss:=ss+w[i] * f;
    end;
```

```
ss:= 0.5 * (b-a) * ss;

result:=true;

end;
```

3）通过按钮单击事件，展示高斯积分的计算过程。

```
procedure TForm1. Button1Click(Sender: TObject);

var

str:string;

n,i:integer;

a,b,ss,dx,x1,x2,rr:real;

begin

n:=100;//分 100 组区间

a:=0;b:=5;

memo1. Clear;

dx:=(b-a)/n;

rr:=0;

for i:=1 to n do

  begin

  application. ProcessMessages;

  x1:=a+(i-1) * dx;

  x2:=x1+dx;

  if not QGAUS_1(x1, x2,ss) then exit;

  rr:=rr+ss;

  end;

memo1. Lines. Add('单重积分结果='+floattostr(rr));

end;
```

1.4.2 二重积分

1. 目的

对于一个给定的实函数 $f(x,y)$，其二重定积分表达式如下：

$$I = \int_a^b dx \int_{y_1(x)}^{y_2(x)} f(x,y) dy \qquad (1.4\text{-}2)$$

其中，a 是积分下限，b 是积分上限，$y_1(x)$ 是第二层积分的下限，$y_2(x)$ 是第二层积分的上限。本节案例中，函数 $f(x,y) = \sqrt{1-x^2-y^2}$，在区间 $[0,0.5;0,0.5]$ 上积分。

2. 方法

将公式（1.4-2）二重积分转化为单重积分：

$$\begin{cases} I = \int_a^b H(x)\mathrm{d}x \\ H(x) = \int_{y_1(x)}^{y_2(x)} f(x,y)\mathrm{d}y \end{cases} \qquad (1.4\text{-}3)$$

对于 $H(x)$，每次计算时，x 是已知的，这样 $H(x)$ 就能通过高斯积分求出。

3. 程序

1）函数 FUNC_2 用于计算被积函数值，本例为 $f(x,y) = \sqrt{1-x^2-y^2}$，说明：$x,y$ 是输入参数变量，f 是输出的函数值。

```
function FUNC_2(var x,y,f:real):boolean;
begin
result:=false;
try
  f:=srqrt(1-x*x-y*y);
  except
  MessageBox(application. handle,'存在奇异点','提示', MB_ICONEXCLAMATION);
  exit;
  end;
result:=true;
end;
```

2）函数 Y1 用于计算公式(1.4-3)的下限，本例为常数 0，说明：x 是输入参数变量，y 是输出的函数值。

```
Function Y1(var x,y:real):boolean;
var
v:real;
begin
result:=false;
try
  y:=0;
  except
  MessageBox(application. handle,'存在奇异点','提示', MB_ICONEXCLAMATION);
  exit;
  end;
result:=true;
end;
```

3）函数 Y2 用于计算公式(1.4-3)的上限，本例为常数 0.5，说明：x 是输入参数变量，y 是输出的函数值。

```
Function Y2(var x,y:real):boolean;
var
v:real;
begin
result:=false;
try
  y:=0.5;
  except
  MessageBox(application. handle,'存在奇异点','提示', MB_ICONEXCLAMATION);
  exit;
  end;
result:=true;
end;
```

4) 函数 QGAUS_2y 用于计算被积函数的第二层积分,说明:x 已知,并假定积分的区间为 a 和 b,即可根据高斯积分公式进行积分;ss 存储积分结果。

```
function TForml. QGAUS_2y(var a,b,x:real;var ss:real):boolean;
var
t,w:array[0..10] of real;
i:integer;
y,f:real;
begin
result:=false;
t[1]:=-0.9739065285;    t[2]:=-0.8650633677;
t[3]:=-0.6794095683;    t[4]:=-0.4333953941;
t[5]:=-0.1488743390;    t[6]:= 0.1488743390;
t[7]:= 0.4333953941;    t[8]:= 0.6794095683;
t[9]:= 0.8650633677;    t[10]:= 0.9739065285;
w[1]:= 0.0666713443;    w[2]:= 0.1494513492;
w[3]:= 0.2190863625;    w[4]:= 0.2692667193;
w[5]:= 0.2955242247;    w[6]:= 0.2955242247;
w[7]:= 0.2692667193;    w[8]:= 0.2190863625;
w[9]:= 0.1494513492;    w[10]:= 0.0666713443;
ss:=0;
Fori:=1 To 10 do
  begin
  y:=0.5 * (b-a) * t[i]+0.5 * (a+b);
  if not FUNC_2(x,y,f) then exit;
```

```
ss:=ss+w[i] * f;
  end;
ss:= 0.5 * (b-a) * ss;
result:=true;
end;
```

5) 函数 H 用于计算公式(1.4-3)的 H(x),和单重积分一样,把积分区间细划分成数个小区间,在每个小区间内单独应用高斯法求积分,最后累加所有区间的积分得到整个区间内的积分。说明:已知输入参数变量 x,求 H(x),并将结果存在输出变量 HH 中。

```
Function H(var x,HH:real):boolean;
var
A1,A2,SS,y,dy,yy1,yy2,rr:real;
n,i:integer;
begin
result:=false;
if not Y1(x,y) then exit;
A1 := y;
if not Y2(x,y) then exit;
A2 := y;
n:=100;//分 100 组区间
dy:=(A2-A1)/n;
rr:=0;
for i:=1 to n do
  begin
  yy1:=A1+dy*(i-1);
  yy2:=yy1+dy;
  if not QGAUS_2y(yy1,yy2,x,ss) then exit;
  rr:=rr+ss;
  end;
HH := rr;
result:=true;
end;
```

6) 函数 QGAUS_2x 用于计算被积函数的第一层积分,说明:已知积分的区间为 a 和 b,即可根据高斯积分公式进行积分;ss 存储积分结果。

```
function TForm1. QGAUS_2x(var a,b:real;var ss:real):boolean;
var
```

```
t,w:array[0..10] of real;
i:integer;
x,f:real;
begin
result:=false;
t[1]:=-0.9739065285;     t[2]:=-0.8650633677;
t[3]:=-0.6794095683;     t[4]:=-0.4333953941;
t[5]:=-0.1488743390;     t[6]:=0.1488743390;
t[7]:=0.4333953941;      t[8]:=0.6794095683;
t[9]:=0.8650633677;      t[10]:=0.9739065285;
w[1]:=0.0666713443;      w[2]:=0.1494513492;
w[3]:=0.2190863625;      w[4]:=0.2692667193;
w[5]:=0.2955242247;      w[6]:=0.2955242247;
w[7]:=0.2692667193;      w[8]:=0.2190863625;
w[9]:=0.1494513492;      w[10]:=0.0666713443;
ss:=0;
For i:=1 To 10 do
  begin
  x:=0.5 * (b-a) * t[i]+0.5 * (a+b);
  if not H(x,f) then exit;
  ss:=ss+w[i] * f;
  end;
ss:= 0.5 * (b-a) * ss;
result:=true;
end;
```

7) 通过按钮单击事件,展示二重高斯积分的计算过程。

```
procedure TForm1.Button1Click(Sender:TObject);
var
str:string;
n,i:integer;
a,b,ss,dx,x1,x2,rr:real;
begin
n:=100;//分100组区间
a:=0;b:=5;
memo1.Clear;
dx:=(b-a)/n;
rr:=0;
```

```
for i: = 1 to n do
  begin
  application. ProcessMessages;
  x1: = a+(i-1) * dx;
  x2: = x1+dx;
  if not QGAUS_2x(x1, x2,ss) then exit;
  rr: = rr+ss;
  end;
memo1. Lines. Add('二重积分结果='+floattostr(rr));
end;
```

1.4.3 三重积分

1. 目的

对于一个给定的实函数 $f(x,y,z)$，其三重定积分表达式如下：

$$I = \int_a^b \mathrm{d}x \int_{y_1(x)}^{y_2(x)} \mathrm{d}y \int_{z_1(x,y)}^{z_2(x,y)} f(x,y,z)\mathrm{d}z \tag{1.4-4}$$

其中，a 是积分下限，b 是积分上限，$y_1(x)$ 是第二层积分的下限，$y_2(x)$ 是第二层积分的上限，$z_1(x)$ 是第三层积分的下限，$z_2(x)$ 是第三层积分的上限。

2. 方法

将公式(1.4-4)三重积分转化为单重积分：

$$\begin{cases} I = \int_a^b H(x)\mathrm{d}x \\ H(x) = \int_{y_1(x)}^{y_2(x)} G(x,y)\mathrm{d}y \\ G(x,y) = \int_{z_1(x,y)}^{z_2(x,y)} f(x,y,z)\mathrm{d}y \end{cases} \tag{1.4-5}$$

分步利用高斯积分方法求解公式(1.4-5)中的各个单重积分，即可求得最终的积分结果，所以，本例的程序可参照双重积分编写。

1.5 面积计算公式

面积计算是科研、设计、施工中常见的工作内容，以下仅列出一些常用类型的面积计算公式，方便读者编程使用。

1.5.1 三角形

1. 锐角三角形

$$S = \frac{1}{2}bh = \frac{1}{2}bc\sin\alpha \qquad (1.5\text{-}1)$$

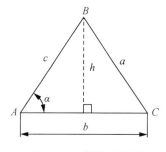

图 1.5-1 锐角三角形

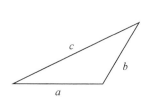

图 1.5-2 三角形(已知三条边)

2. 任意三角形

1) 已知三条边长

$$\begin{cases} S = \sqrt{P(P-a)(P-b)(P-c)} \\ P = 0.5(a+b+c) \end{cases} \qquad (1.5\text{-}2)$$

2) 已知三个顶点坐标

$$S = \begin{vmatrix} x_1 & x_2 & x_3 \\ y_1 & y_2 & y_3 \\ 1 & 1 & 1 \end{vmatrix} = 0.5\left[(x_1-x_3)(y_2-y_3) - (x_2-x_3)(y_1-y_3)\right]$$

$$(1.5\text{-}3)$$

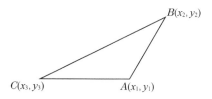

图 1.5-3 三角形(已知三个顶点坐标)

3) 已知两条边长及其夹角

$$\begin{cases} S = 0.5ab\sin\theta \\ c^2 = a^2 + b^2 - 2ab\cos\theta \end{cases} \qquad (1.5\text{-}4)$$

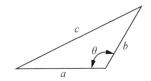

图 1.5-4　三角形(已知两条边长及其夹角)

1.5.2　四边形

1. 平行四边形

$$S = ab\sin\theta_1 = \frac{1}{2}f_1 \cdot f_2\sin\theta_2 \qquad (1.5\text{-}5)$$

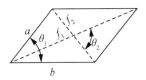

图 1.5-5　平行四边形

2. 任意四边形(已知 4 条边和 2 个夹角)

$$S = 0.5ab\sin\theta_1 + 0.5cd\sin\theta_2 \qquad (1.5\text{-}6)$$

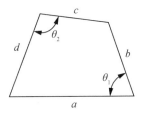

图 1.5-6　任意四边形(已知 4 条边和 2 个夹角)

3. 任意四边形(已知 4 个顶点坐标)

$$S = 0.5abs\left(\begin{vmatrix} x_1 & y_1 \\ x_2 & y_2 \end{vmatrix} + \begin{vmatrix} x_2 & y_2 \\ x_3 & y_3 \end{vmatrix} + \begin{vmatrix} x_3 & y_3 \\ x_4 & y_4 \end{vmatrix} + \begin{vmatrix} x_4 & y_4 \\ x_1 & y_1 \end{vmatrix}\right) \qquad (1.5\text{-}7)$$

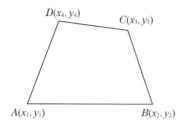

图 1.5-7 任意四边形(已知 4 个顶点坐标)

1.5.3 多边形

1. 任意多边形(已知顶点坐标)

$$S = 0.5abs\left(\begin{vmatrix} x_1 & y_1 \\ x_2 & y_2 \end{vmatrix} + \begin{vmatrix} x_2 & y_2 \\ x_3 & y_3 \end{vmatrix} + \cdots + \begin{vmatrix} x_n & y_n \\ x_1 & y_1 \end{vmatrix}\right) \tag{1.5-8}$$

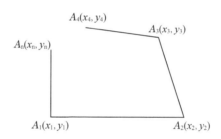

图 1.5-8 任意多边形(已知顶点坐标)

2. 任意多边形(已知边长和内角)

具体推导公式参考张道明,王运昌的方法[①]。

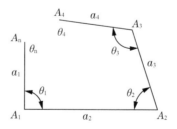

图 1.5-8 任意多边形(已知顶点坐标)

---

① 张道明,王运昌. 多边形面积的直接计算法[J]. 黑龙江测绘,1997.

代码附后：数组变量 s 存储如图 1.5-8 所示边长，依次为 a_1、a_2……；angle 数组变量存储如图 1.5-8 所示夹角，依次为 θ_1、θ_2……。

```
function poly2(var s,angle:T1D):real;  //多边形面积函数，已知边长和内角
var
g:real;
n,i:integer;
x,y,b:T1D;
begin
n:=length(s)-1;
setlength(b,n+1);
for i:=1 to n do
b[i]:=angle[i]/180 * pi;
setlength(x,n+1);
setlength(y,n+1);
x[1]:=s[1];y[1]:=0;
x[n]:=0;y[n]:=0;
g:=b[1];
for i:=2 to n-1 do
  begin
  x[i]:=x[i-1]+power(-1,i-1) * s[i] * cos(g);
  y[i]:=y[i-1]+power(-1,i-1) * s[i] * sin(g);
  g:=g+b[i];
  end;
g:=0;
for i:=1 to n-1 do
g:=g+x[i] * y[i+1]-y[i] * x[i+1];
g:=g+x[n] * y[1]-y[n] * x[1];
g:=0.5 * abs(g);
poly2:=g;
end;
```

2

数据前处理部分

本章介绍日常工作可能会经常用到的几个数据前处理程序,包括:坐标转换计算;AutoCAD文件中高程数据的提取;AutoCAD文件中多段线节点坐标的提取。

2.1 坐标转换计算

工程应用中采用的坐标系统繁杂,既有国家坐标系(北京54、西安80坐标系),又有地方独立坐标系,还存在WGS84坐标,常需要对这些坐标进行互相转换。数学上,将已知点从一个坐标系统映射到另外一个坐标系统时,若两坐标系统原点不一致,则该点应该首先进行坐标平移;若坐标轴间互不平行,再进行坐标旋转;最后如果两个坐标系尺度不一样,还要进行一次比例缩放,才能获得其在另一个坐标系统下的对应坐标,坐标之间是一种非线性的映射关系。本节基于Bursa模型进行相关坐标转换程序设计。

2.1.1 Bursa非线性坐标转换模型

常用的非线性空间坐标转换模型,包括布尔莎(Bursa)模型、莫洛金斯基(Molodensky)模型和武测模型等,都采用7参数的转换方法,以下仅介绍作者常用的Bursa模型。设任意点P在坐标系1中的坐标为X_1、Y_1、Z_1,在坐标系2中的坐标为X_2、Y_2、Z_2;ε_x、ε_y和ε_z分别为X_2、Y_2、Z_2轴绕X_1、Y_1、Z_1轴的旋转角,也称欧拉角;ΔX、ΔY、ΔZ分别为两坐标系原点在X、Y、Z方向上的平移量;k为尺度变化系数。根据以上7个参数,Bursa非线性模型可以表达为:

$$\begin{bmatrix} X_2 \\ Y_2 \\ Z_2 \end{bmatrix} = \begin{bmatrix} \Delta X \\ \Delta Y \\ \Delta Z \end{bmatrix} + (1+k)$$

$$\begin{bmatrix} \cos\varepsilon_y \cos\varepsilon_z & \cos\varepsilon_x \sin\varepsilon_z + \sin\varepsilon_x \sin\varepsilon_y \cos\varepsilon_z & \sin\varepsilon_x \sin\varepsilon_z - \cos\varepsilon_x \sin\varepsilon_y \cos\varepsilon_z \\ -\cos\varepsilon_y \sin\varepsilon_z & \cos\varepsilon_x \cos\varepsilon_z - \sin\varepsilon_x \sin\varepsilon_y \sin\varepsilon_z & \sin\varepsilon_x \cos\varepsilon_z + \cos\varepsilon_x \sin\varepsilon_y \sin\varepsilon_z \\ \sin\varepsilon_y & -\sin\varepsilon_x \cos\varepsilon_y & \cos\varepsilon_x \cos\varepsilon_y \end{bmatrix} \begin{bmatrix} X_1 \\ Y_1 \\ Z_1 \end{bmatrix}$$

$$(2.1\text{-}1)$$

特殊情况下,如果旋转角都为 0,则公式(2.1-1)可以简化为线性模型:

$$\begin{bmatrix} X_2 \\ Y_2 \\ Z_2 \end{bmatrix} = \begin{bmatrix} \Delta X \\ \Delta Y \\ \Delta Z \end{bmatrix} + (1+k) \begin{bmatrix} 1 & 0 & 0 \\ 0 & 1 & 0 \\ 0 & 0 & 1 \end{bmatrix} \begin{bmatrix} X_1 \\ Y_1 \\ Z_1 \end{bmatrix} \qquad (2.1\text{-}2)$$

2.1.2 高斯-克吕格地图投影定义

坐标转换首先要弄清楚地球椭球体、大地基准面及地图投影三者的基本概念及它们之间的关系。北京 54 坐标系指的是大地基准面,北京 54 坐标系利用克拉索夫斯基椭球体建立,是对该球体特定地区地球表面的逼近,某点北京 54 坐标值即该点在克拉索夫斯基椭球体经纬度坐标在直角平面坐标上的投影结果。同样,西安 80 坐标系也指的是大地基准面,西安 80 坐标系利用国际大地测量协会推荐的 1975 地球椭球体建立,西安 80 坐标值即 1975 地球椭球体下的经纬度坐标在直角平面坐标上的投影结果。

椭球体与基准面之间并不是一一对应关系,也就是说,同样的椭球体能定义不同的基准面。另外,同一点在不同的椭球体上的经纬度是有差异的,这是造成同一点在不同大地基准面下平面坐标不一样的重要原因。地图投影算法也是造成此类差异的主要原因,简单地说,地图投影是将地图从球面转换到平面的数学变换。本节只介绍我国常用的高斯-克吕格投影,简称"高斯投影"。高斯-克吕格投影按分带方法进行投影,各带坐标独立,中央经线投影为纵轴(习惯上用 x 表示),赤道投影为横轴(习惯上用 y 表示),两轴交点为各带的坐标原点。如图 2.1-1 所示。

6°带自 0°子午线起每隔经差 6°自西向东分为 1~60 带,3°带自 1.5°子午线起每隔经差 3°自西向东分为 1~120 带。我国经度范围 73°~135°,6°带 11 个,中央经线依次为 75°、81°、……、129°、135°,或 3°带 22 个,中央经线依次为 75°、78°、…、132°、135°。按照规则,纵坐标零点位于赤道上,赤道北面为正值,南面为负值。我国位于北半球,纵坐标均为正值,但横坐标如以各中央经线为零点,以东为正、西为

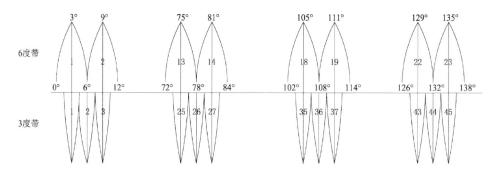

图 2.1-1　高斯投影分度带示意图

负时,会出现负值,实际工作中,为方便使用(不出现负值),将每个带内坐标纵轴向西移 500 km 当作起始轴,即带内的横坐标值均加 500 km。

2.1.3　WGS84 转北京 54 的案例

1. 目的

如图 2.1-2 所示,本书在假设 7 参数已知的情况下(7 参数的计算程序已经很多),提供 WGS84 经纬度坐标转换成北京 54 坐标平面坐标的代码。注意:7 参数是针对不同椭球体的空间直角坐标转换的。

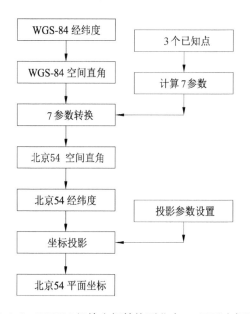

图 2.1-2　WGS84 经纬坐标转换到北京 54 平面坐标流程

2. 方法

经纬坐标(大地坐标)转换为空间坐标的计算公式如下:

$$\begin{cases} X = (N+H)\cos B\cos L \\ Y = (N+H)\cos B\sin L \\ Z = [N(1-e^2)+H]\sin B \end{cases} \quad (2.1\text{-}3)$$

$$\begin{cases} e = \dfrac{\sqrt{a^2-b^2}}{a} \\ N = \dfrac{a}{\sqrt{1-e^2\sin^2 B}} \end{cases} \quad (2.1\text{-}4)$$

式中,B 为大地纬度,°;L 为大地经度,°;H 为大地高;地面点的大地坐标点位用 (B,L,H) 表示;a,b 为椭球体的长短半轴;e 为椭球第一偏心率;地面点的空间直角坐标点位用 (X,Y,Z) 表示。

空间坐标转换为经纬坐标(大地坐标)的计算公式如下:

$$\begin{cases} L = \arctan\left(\dfrac{Y}{X}\right) \\ B = \arctan\left(\dfrac{Z+Ne^2\sin B}{\sqrt{(X^2+Y^2)}}\right) \\ H = \dfrac{\sqrt{X^2+Y^2}}{\cos B} - N \end{cases} \quad (2.1\text{-}5)$$

确定中央子午线($L0$,单位°,参考图 2.1-1)、投影面高程、北向或东向平移量等投影参数(px、py),由式(2.1-6)~式(2.1-8)进行高斯投影计算:

$$\begin{cases} \begin{aligned} x ={}& px + X_0 + \dfrac{N}{2}\sin B\cos Bl^2 + \dfrac{N}{24}\sin B\cos^3 B(5-t^2+9\eta^2+4\eta^4)l^4 \\ & + \dfrac{N}{720}\sin B\cos^5 B(61-58t^2+t^4)l^6 \end{aligned} \\ \begin{aligned} y ={}& py + N\cos Bl + \dfrac{N}{6}\cos^3 B(1-t^2+\eta^2)l^3 \\ & + \dfrac{N}{120}\cos^5 B(5-18t^2+t^4+14\eta^2-58t^2\eta^2)l^5 \end{aligned} \end{cases} \quad (2.1\text{-}6)$$

$$\begin{cases} t^2 = \tan^2 B \\ l = (L-L0)\times\pi/180 \\ \eta^2 = e'^2\cos^2 B \\ X_0 = a(1-e^2)[a_x\times B\pi/180 - b_x\sin(2B)/2 + c_x\sin(4B)/4 - d_x\sin(6B)/6] \end{cases}$$

$$(2.1\text{-}7)$$

$$
\begin{cases}
e' = \dfrac{\sqrt{a^2-b^2}}{b} \\[2mm]
a_x = 1 + \dfrac{3e^2}{4} + \dfrac{45e^4}{64} + \dfrac{175e^6}{256} + \dfrac{11\,025e^8}{16\,384} \\[2mm]
b_x = \dfrac{3e^2}{4} + \dfrac{15e^4}{16} + \dfrac{525e^6}{512} + \dfrac{2\,205e^8}{2\,048} \\[2mm]
c_x = \dfrac{15e^4}{64} + \dfrac{105e^6}{256} + \dfrac{2\,205e^8}{4\,096} \\[2mm]
d_x = \dfrac{35e^6}{512} + \dfrac{315e^8}{2\,048}
\end{cases}
\tag{2.1-8}
$$

式中，X_0 表示子午线长度，本书采用杨国清和李晓研究的公式[①]。

3. 程序

1) 程序 getAAXY 根据公式(2.1-3)和公式(2.1-4)，计算 WGS84 经纬度坐标(也可以是其他坐标系的经纬度)对应的空间坐标，说明：AA：T2D，二维实数型变量数组，行数为样本数、列数 3，依次存放纬度、经度和大地高，例如，B＝AA[1,0]、L＝AA[1,1]、H＝AA[1,2]；AAXY：T2D，二维实数型变量数组，行数为样本数、列数 3，依次存放对应纬度、经度和大地高的空间直角坐标 X、Y、Z，例如第一个样本数据的 x＝AAXY[1,0]、y＝AAXY[1,1]、z＝AAXY[1,2]；a、e：Extended，实数型，分别代表椭球的长半轴和椭球第一偏心率。

```
procedure TForm1.getAAXY(var AA,AAXY:T2D;var a,e:Extended);//获得 WGS84 坐标的空间坐标
var
i:integer;
hang:integer;
x,y,z,n:Extended;
b,l,h,Arc_B,Arc_L:Extended;
begin
hang:=length(AA);
for i:=0 to hang-1 do
  begin
    b:=aa[i,0];
    l:=aa[i,1];
    h:=aa[i,2];
    Arc_B:=b*Pi/180;
```

① 杨国清,李晓.子午线长度正反算公式及相应系数值[J].测绘通报,2010(6):36-37,40.

```
Arc_L:=L * Pi/180;
n:=a/sqrt(1-e * e * sin(Arc_B) * sin(Arc_B));
x:=(n+h) * cos(Arc_B) * cos(Arc_L);
y:=(n+h) * cos(Arc_B) * sin(Arc_L);
z:=(n * (1-e * e)+h) * sin(Arc_B);
AAXY[i,0]:=x;AAXY[i,1]:=y;AAXY[i,2]:=z;
end;
end;
```

2) 程序 cal 根据公式(2.1-5)和 1.3.1 节的方法,计算空间坐标对应的纬度,说明:kx,ky,kz:Extended,代表空间坐标;a,e:Extended,实数型,分别代表椭球的长半轴和椭球第一偏心率;b:Extended,实数型,存储输出的纬度。另外,函数 fun 用来替换 ZBRAK 和 RTBIS 中的 FUN 函数(参考 1.3.1 节)。

```
procedure cal(var kx,ky,kz,a,e,b:Extended);
var
N,nb,i:integer;
xb1,xb2:array of Extended;
xacc,root:Extended;
xdian:array of Extended;
begin
N:=100;
nb:=10;
setlength(xb1,n+1);
setlength(xb2,n+1);
ZBRAK(kx,ky,kz,a,e,b,N,XB1, XB2, NB);
setlength(xdian,nb+1);
for i:=1 to nb do
   begin
   xacc:=0.00000001 * (xb1[i]+xb2[i])/2;
   root:= RTBIS (kx,ky,kz,a,e,b,xb1[i],xb2[i],XACC);
   xdian[i]:=root;
   end;
IF NB=1 THEN
b:=xdian[1]
ELSE
b:=0;
end;
```

```
function fun(var kx,ky,kz,a,e,b:Extended):Extended; //b 是弧度
var
n,p:Extended;
begin
n:=a/sqrt(1-e * e * sin(b) * sin(b));
p:=kz+n * e * e * sin(b);
p:=p/sqrt(kx * kx+ky * ky);
result:=arctan(p)-b;
end;
```

3) 程序 geo 根据公式(2.1-6)～(2.1-8)进行高斯投影计算,说明:b，L，mx，my:Extended,代表输入参数纬度、经度;mx,my:Extended,代表输出的纵轴坐标 X、横轴坐标 Y;j,dai:Integer,输入参数,j=3 或者 6,代表 3 度带或者 6 度带,dai 是高斯投影分度带的带号(参考图 2.1-1);px,py:Extended,分别是北向、东向平移量,通常 px=0,py=500000。

```
procedure TForm1.geo(var b, L,mx,my:Extended; var j,dai:Integer; var px,py:Extended);
var
e2,el2:Extended;// 椭球第一偏心率 e², 椭球第二偏心率 e′²
f,Parac:Extended;// 椭球扁率 f ,极点曲率半径 c
Ax,Bx,Cx,Dx,t,n2,V,n,x0,t2,Arc_B,Arc_L,Dl,L0,X,Y:Extended;
num:integer;
begin
e2:=(Power(Ra, 2)−Power(Rb, 2)) / Power(Ra, 2);
el2:=(Power(Ra, 2)−Power(Rb, 2)) / Power(Rb, 2);
Ax:= 1+e2 * 3/4+Power(e2, 2) * 45/64+Power(e2, 3) * 175/256+Power(e2, 4) * 11025/16384;
Bx:= e2 * 3/4+Power(e2, 2) * 15 / 16+Power(e2, 3) * 525 / 512+Power(e2, 4) * 2205/2048;
Cx:= Power(e2, 2) * 15/64+Power(e2, 3) * 105/256+Power(e2, 4) * 2205/4096;
Dx:= Power(e2, 3) * 35/512+Power(e2, 4) * 315/2048;
Arc_B:=b * Pi/180;
Arc_L:=L * Pi/180;
If j = 3 Then //3 度带
  begin
  num:= dai;
  L0:= 3 * num * PI/ 180;
  End;
```

```
If j ＝ 6 Then //6 度带
  begin
  num：＝ dai；
  L0：＝（6 ＊ num－3）＊ PI / 180；
  End；
Dl：＝Arc_L－L0；
t2：＝ Power(Tan(Arc_B)，2)；
n2：＝ el2 ＊ Power(Cos(Arc_B)，2)；
V：＝ Sqrt(1＋n2)；
n：＝ Ra / Sqrt(1－e2 ＊ Power(Sin(Arc_B)，2))；
X0：＝ Ra ＊ (1－e2) ＊ (Ax ＊ Arc_B－Bx ＊ Sin(2 ＊ Arc_B) / 2＋Cx ＊ Sin(4 ＊ Arc
_B) / 4－Dx ＊ Sin(6 ＊ Arc_B) / 6)；
X：＝ px＋X0＋n ＊ Sin(Arc_B) ＊ Cos(Arc_B) ＊ Power(Dl，2) ＊ (0.5＋(5－t2＋9 ＊
n2＋4 ＊ Power(n2，2)) ＊ Power(Cos(Arc_B)，2) ＊ Power(Dl，2) / 24＋((61－58 ＊ t2＋
Power(t2，2)) ＊ Power(Cos(Arc_B)，4) ＊ Power(Dl，4)) / 720)；
Y：＝ py＋n ＊ Cos(Arc_B) ＊ Dl ＊ (1＋(1－t2＋n2) ＊ Power(Cos(Arc_B)，2) ＊ Pow-
er(Dl，2) / 6＋(5－18 ＊ t2＋Power(t2，2)＋14 ＊ n2－58 ＊ n2 ＊ t2) ＊ Power(Cos(Arc_
B)，4) ＊ Power(Dl，4) / 120)；
mx：＝X；
my：＝Y；
End；
```

4）程序 z84_7_mubiao 集合前述程序或函数,用于将 WGS84 经纬坐标转换为北京 54 坐标,说明：YAA：T2D,二维实数型变量数值,存储输入的样本纬度、经度、大地高；MAA：T2D,二维实数型变量数值,输出纬度、经度、大地高对应的北京 54 坐标 x、y 和高程(可以是 56、85 或者其他高程,和 7 参数有关)；canshu7：T1D,7 参数,参考 2.1.1 节,canshu[0]＝ ΔX、canshu[1]＝ ΔY、canshu[2]＝ ΔZ、canshu[3]＝ k、canshu[4]＝ ε_x、canshu[5]＝ ε_y、canshu[6]＝ ε_z。

```
procedure TForm1. z84_7_mubiao(var YAA，MAA：T2D；var canshu7：T1D)；
var
hang，lie，i，j：integer；
n，e：Extended；
AAXY，midXY，midBL：T2D；
dx，dy，dz，a1，a2，a3，a4：Extended；
kx，ky，kz，b：Extended；
px，py，mx，my，l，h：Extended；
begin
```

```
//第一步 转换 84 经纬到空间坐标
hang：＝length(YAA)；
lie：＝length(YAA[0])；
setlength(AAXY,hang,lie)；
Ra：＝6378137；
Rb：＝6356752.31424518；
e：＝sqrt(Ra * Ra-Rb * Rb) / Ra；//椭圆的第二偏心率
getAAXY(YAA,AAXY,Ra,e)；
for i：＝0 to hang-1 do
AAXY[i,0]：＝AAXY[i,0]-zx1；AAXY[i,1]：＝AAXY[i,1]-zy1；AAXY[i,2]：＝AAXY
[i,2]-zz1；
//第二步,7 参数求地方坐标的空间坐标
dx：＝canshu7[0];dy：＝canshu7[1];dz：＝canshu7[2]；
a1：＝1＋canshu7[3]；
a2：＝a1 * canshu7[4]；
a3：＝a1 * canshu7[5]；
a4：＝a1 * canshu7[6]；
setlength(midXY,hang,lie)；
for i：＝0 to hang-1   do
   begin
   midXY[i,0]：＝1 * dx＋a1 * AAXY[i,0]－a3 * AAXY[i,2]＋a4 * AAXY[i,1]；
   midXY[i,1]：＝1 * dy＋a1 * AAXY[i,1]＋a2 * AAXY[i,2]－a4 * AAXY[i,0]；
   midXY[i,2]：＝1 * dz＋a1 * AAXY[i,2]－a2 * AAXY[i,1]＋a3 * AAXY[i,0]；
   end；
for i：＝0 to hang-1 do
midXY[i,0]：＝midXY[i,0]＋zx2；midXY[i,1]：＝midXY[i,1]＋zy2；midXY[i,2]：＝
midXY[i,2]＋zz2；
//第三步,54 地方坐标的空间坐标转换成经纬度坐标
Ra：＝6378245；//长半轴
Rb：＝6356863.01877305；//短半轴
e：＝sqrt(Ra * Ra-Rb * Rb)/Ra；//椭圆的第二偏心率
setlength(midBL,hang,lie)；
for i：＝0 to hang-1   do
   begin
   kx：＝midXY[i,0];ky：＝midXY[i,1];kz：＝midXY[i,2]；
   cal(kx,ky,kz,ra,e,b)；
   midBL[i,0]：＝b；
```

```
    midBL[i,0]:=midBL[i,0]*180/pi;
    midBL[i,1]:=arctan(ky/kx)*180/pi;
    if midBL[i,1]<0 then midBL[i,1]:=midBL[i,1]+180;
    n:=ra/sqrt(1-e*e*sin(b)*sin(b));
    midBL[i,2]:=sqrt(kx*kx+ky*ky)*sec(b)-n;
    end;
//第四步,计算高斯投影
tj:=3;//3 度带
daicenter:=114;//中央子午线度数
if tj=3 then daihao:=round(daicenter/3);
if tj=6 then daihao:=round((daicenter+3)/6);
px:=0;
py:=500000;
j:=3;//3 度带
setlength(MAA,hang,lie);
for i:=0 to hang-1    do
    begin
    b:=midBL[i,0];l:=midBL[i,1];h:=midBL[i,2];
    geo(b,L,mx,my,j,daihao,px,py);
    MAA[i,0]:=mx;
    MAA[i,1]:=my;
    MAA[i,2]:=h;
    end;
end;
```

2.2　基于 VeCAD 的 CAD 基础程序开发

Auto CAD 文件是港口海岸工程规划、科研、设计、施工等常需要处理的文件类型,熟练掌握一定的 Auto CAD 文件计算机自动处理方法,具有重要的意义,为此,作者先后出版了《Auto CAD 2004 的二次开发(VB 版)及在海工模型试验数据中的应用》《Auto CAD 2004 的二次开发(Delphi 版)及在海工模型试验数据中的应用》,系统介绍了基于 Auto CAD 的 VB 和 Delphi 二次开发方法,以帮助读者方便快捷的建立 Auto CAD 的应用场景,有兴趣的读者可以阅读上述书籍。

区别以上技术,本书介绍 VeCAD 矢量图形开发平台提供 DLL 动态链接库,封装了类似与 Auto CAD 的操作函数,使得应用 VeCAD 开展 CAD/GIS 的绘图程序开发变得简单、方便和快捷。常见的具有可视化操作界面的编程语言,例如 VB、

Delphi、C++等，都可借助 VeCAD 处理 Auto CAD 的 DWG、DXF 格式文件。不同版本的 VeCAD 功能略有差异，本书介绍的版本是 6.1.5。遗憾的是，VeCAD 已经停止更新。另外，还有一些控件，例如 MxCAD，因为是国内开发，有持续的更新，使用也很方便，值得读者一试。Auto CAD 二次开发的平台有很多相似的地方，所以，掌握其中一个，有助于进一步学习掌握其他的二次开发平台。

2.2.1　VeCAD 在 Delphi 中的开发方法

Delphi 项目中使用 VeCAD，必须将 VeCAD.DLL 和 CadApi.pas 模块（VeCAD 头文件之一）结合使用，首先将 CadApi.pas 添加到项目中，之后可以使用 VeCAD.DLL 中公开的程序或函数进行 Auto CAD 应用场景的开发。

2.2.2　VeCAD 动态链接库封装的程序或函数

VeCAD 动态链接库封装的程序和函数中，最重要的三类是：

1) VeCAD 对象和窗口。开发者必须在应用程序中至少创建一个 VeCAD 对象实例，以便将 DWG 或 DXF 文件加载到 VeCAD 对象中，也可以通过编程方式创建新的图形。VeCAD 窗口是 VeCAD 对象的子类，该窗口是客户端窗口，通过它可以进行查看和编辑 VeCAD 对象中包含的各类图形。

使用 VeCAD 对象完成操作后，必须删除其句柄以释放分配给它的系统内存。

2) 实体绘制。实体是组成工程图的可见图形对象（线、圆、栅格图像等）。图形对象具有典型的属性，例如"图层""线型""颜色"等。它们还具有特定的属性，具体取决于其对象类型，例如"中心""半径"和"面积"等。

3) 事件处理。允许程序开发者在用户运行应用程序时控制用户的操作。VeCAD 具有几种类型的事件，对于这些事件中的每一个，开发者都可以在应用程序中创建一个"事件过程"。事件过程具有已定义的语法，该语法取决于事件类型。

下面列出 VeCAD 动态链接库封装的程序和函数，具体用法结合后续的案例进行简单讲解。

```
Function   CadRegistration (RegCode：Integer)：Integer；stdcall；external ′vecad.dll′；
Function   CadGetVersion (szVer：Pointer)：Integer；stdcall；external ′vecad.dll′；
Procedure CadOnEventMouseMove (pFunc：Pointer)；stdcall；external ′vecad.dll′；
Procedure CadOnEventMouseDown (pFunc：Pointer)；stdcall；external ′vecad.dll′；
Procedure CadOnEventMouseUp (pFunc：Pointer)；stdcall；external ′vecad.dll′；
Procedure CadOnEventMouseDblClk (pFunc：Pointer)；stdcall；external ′vecad.dll′；
Procedure CadOnEventMouseWheel (pFunc：Pointer)；stdcall；external ′vecad.dll′；
Procedure CadOnEventMouseSnap (pFunc：Pointer)；stdcall；external ′vecad.dll′；
Procedure CadOnEventKeyDown (pFunc：Pointer)；stdcall；external ′vecad.dll′；
```

Procedure CadOnEventRegen (pFunc: Pointer); stdcall; external 'vecad. dll';

Procedure CadOnEventLoadSave (pFunc: Pointer); stdcall; external 'vecad. dll';

Procedure CadOnEventDistance (pFunc: Pointer); stdcall; external 'vecad. dll';

Procedure CadOnEventArea (pFunc: Pointer); stdcall; external 'vecad. dll';

Procedure CadOnEventPrompt (pFunc: Pointer); stdcall; external 'vecad. dll';

Procedure CadOnEventSelPage (pFunc: Pointer); stdcall; external 'vecad. dll';

Procedure CadOnEventSelCodepage (pFunc: Pointer); stdcall; external 'vecad. dll';

Procedure CadOnEventFontReplace (pFunc: Pointer); stdcall; external 'vecad. dll';

Procedure CadOnEventPaint (pFunc: Pointer); stdcall; external 'vecad. dll';

Procedure CadOnEventView (pFunc: Pointer); stdcall; external 'vecad. dll';

Procedure CadOnEventDrawImage (pFunc: Pointer); stdcall; external 'vecad. dll';

Procedure CadOnEventSaveDib (pFunc: Pointer); stdcall; external 'vecad. dll';

Procedure CadOnEventEntCreate (pFunc: Pointer); stdcall; external 'vecad. dll';

Procedure CadOnEventEntLoad (pFunc: Pointer); stdcall; external 'vecad. dll';

Procedure CadOnEventEntCopy (pFunc: Pointer); stdcall; external 'vecad. dll';

Procedure CadOnEventEntErase (pFunc: Pointer); stdcall; external 'vecad. dll';

Procedure CadOnEventEntMove (pFunc: Pointer); stdcall; external 'vecad. dll';

Procedure CadOnEventEntRotate (pFunc: Pointer); stdcall; external 'vecad. dll';

Procedure CadOnEventEntScale (pFunc: Pointer); stdcall; external 'vecad. dll';

Procedure CadOnEventEntChange (pFunc: Pointer); stdcall; external 'vecad. dll';

Procedure CadOnEventEntSelect (pFunc: Pointer); stdcall; external 'vecad. dll';

Procedure CadOnEventPlineInsVer (pFunc: Pointer); stdcall; external 'vecad. dll';

Procedure CadOnEventPlineDelVer (pFunc: Pointer); stdcall; external 'vecad. dll';

Procedure CadOnEventPlineEditVer (pFunc: Pointer); stdcall; external 'vecad. dll';

Procedure CadOnEventExecute (pFunc: Pointer); stdcall; external 'vecad. dll';

Procedure CadOnEventGripDrag (pFunc: Pointer); stdcall; external 'vecad. dll';

Procedure CadOnEventGripMove (pFunc: Pointer); stdcall; external 'vecad. dll';

Procedure CadOnEventCmdStart (pFunc: Pointer); stdcall; external 'vecad. dll';

Procedure CadOnEventCmdLBDown (pFunc: Pointer); stdcall; external 'vecad. dll';

Procedure CadOnEventCmdFinish (pFunc: Pointer); stdcall; external 'vecad. dll';

Procedure CadOnEventEngrave (pFunc: Pointer); stdcall; external 'vecad. dll';

Procedure CadOnEventPolyFill (pFunc: Pointer; bText: Integer); stdcall; external 'vecad. dll';

Procedure CadOnEventBlockCreate (pFunc: Pointer); stdcall; external 'vecad. dll';

Procedure CadOnEventCEntGetName (pFunc: Pointer); stdcall; external 'vecad. dll';

Procedure CadOnEventCEntGetProps (pFunc: Pointer); stdcall; external 'vecad. dll';

Procedure CadOnEventCEntPutProp (pFunc: Pointer); stdcall; external 'vecad. dll';

Procedure CadOnEventCEntGetExts（pFunc：Pointer）；stdcall；external 'vecad. dll'；

Procedure CadOnEventCEntNumGrips（pFunc：Pointer）；stdcall；external 'vecad. dll'；

Procedure CadOnEventCEntGetGrip（pFunc：Pointer）；stdcall；external 'vecad. dll'；

Procedure CadOnEventCEntMoveGrip（pFunc：Pointer）；stdcall；external 'vecad. dll'；

Procedure CadOnEventCEntMove（pFunc：Pointer）；stdcall；external 'vecad. dll'；

Procedure CadOnEventCEntRotate（pFunc：Pointer）；stdcall；external 'vecad. dll'；

Procedure CadOnEventCEntScale（pFunc：Pointer）；stdcall；external 'vecad. dll'；

Procedure CadOnEventCEntMirror（pFunc：Pointer）；stdcall；external 'vecad. dll'；

Procedure CadOnEventCEntDisplay（pFunc：Pointer）；stdcall；external 'vecad. dll'；

Procedure CadOnEventCCmdExecute（pFunc：Pointer）；stdcall；external 'vecad. dll'；

Procedure CadOnEventCCmdDrag（pFunc：Pointer）；stdcall；external 'vecad. dll'；

Procedure CadSetReturnStr（szText：Pchar）；stdcall；external 'vecad. dll'；

Procedure CadSetReturnInt（val：Integer）；stdcall；external 'vecad. dll'；

Procedure CadSetReturnDbl（val：Double）；stdcall；external 'vecad. dll'；

Function CadGetReturnX：Double；stdcall；external 'vecad. dll'；

Function CadGetReturnY：Double；stdcall；external 'vecad. dll'；

Function CadGetReturnZ：Double；stdcall；external 'vecad. dll'；

Function CadGetReturnVar：Double；stdcall；external 'vecad. dll'；

Function CadSetParam（Param：Integer；Value：Integer）：Integer；stdcall；external 'vecad. dll'；

Function CadGetParam（Param：Integer）：Integer；stdcall；external 'vecad. dll'；

Procedure CadSetDefaultDir（szDir：Pchar）；stdcall；external 'vecad. dll'；

Procedure CadGetDefaultDir（szDir：Pointer）；stdcall；external 'vecad. dll'；

Function CadSetDefaultFont（szFontFile：Pchar）：Integer；stdcall；external 'vecad. dll'；

Procedure CadGetDefaultFont（szFontFile：Pointer）；stdcall；external 'vecad. dll'；

Procedure CadSetMsgTitle（szTitle：Pchar）；stdcall；external 'vecad. dll'；

Procedure CadSetViewCoefs（ZoomVal：Double；PanHor：Double；PanVer：Double）；stdcall；external 'vecad. dll'；

Procedure CadGetViewCoefs（pZoomVal：Pdouble；pPanHor：Pdouble；pPanVer：Pdouble）；stdcall；external 'vecad. dll'；

Function CadProfileLoad（szName：Pchar）：Integer；stdcall；external 'vecad. dll'；

Function CadProfileSave（szName：Pchar）：Integer；stdcall；external 'vecad. dll'；

Procedure CadProfileGetName（szName：Pointer）；stdcall；external 'vecad. dll'；

Function CadSetColor（iColor：Integer；ColorRGB：COLORREF）：COLORREF；stdcall；external 'vecad. dll'；

Function CadGetColor（iColor：Integer）：COLORREF；stdcall；external 'vecad. dll'；

Function CadSeekColor（ColorRGB：COLORREF）：Integer；stdcall；external 'vecad. dll'；

Function　CadLoadColors（szFileName：Pchar）：Integer；stdcall；external 'vecad. dll'；

Function　CadSaveColors（szFileName：Pchar）：Integer；stdcall；external 'vecad. dll'；

Function　CadColorPutRGB（iColor：Integer；ColorRGB：COLORREF）：COLORREF；stdcall；external'vecad. dll'；

Function　CadColorGetRGB（iColor：Integer）：COLORREF；stdcall；external 'vecad. dll'；

Function　CadColorSeek（ColorRGB：COLORREF）：Integer；stdcall；external 'vecad. dll'；

Function　CadGetBrush（iColor：Integer）：HBRUSH；stdcall；external 'vecad. dll'；

Function　CadGetPen（iColor：Integer；Width：Integer）：HPEN；stdcall；external 'vecad. dll'；

Function　CadGetLayerWndVisible：Integer；stdcall；external 'vecad. dll'；

Procedure CadSetShowSysCursor（bShow：Integer）；stdcall；external 'vecad. dll'；

Function　CadGetShowSysCursor：Integer；stdcall；external 'vecad. dll'；

Procedure CadSetCrossSize（Size：Integer）；stdcall；external 'vecad. dll'；

Function　CadGetCrossSize：Integer；stdcall；external 'vecad. dll'；

Procedure CadSetShowCross（bShow：Integer）；stdcall；external 'vecad. dll'；

Function　CadGetShowCross：Integer；stdcall；external 'vecad. dll'；

Procedure CadSetCurveQuality（Quality：Integer）；stdcall；external 'vecad. dll'；

Function　CadGetCurveQuality：Integer；stdcall；external 'vecad. dll'；

Procedure CadSetCharQuality（Quality：Integer）；stdcall；external 'vecad. dll'；

Function　CadGetCharQuality：Integer；stdcall；external 'vecad. dll'；

Procedure CadSetDrawCheckStep（Step：Integer）；stdcall；external 'vecad. dll'；

Function　CadGetDrawCheckStep：Integer；stdcall；external 'vecad. dll'；

Procedure CadSetMinCharSize（Size：Integer）；stdcall；external 'vecad. dll'；

Function　CadGetMinCharSize：Integer；stdcall；external 'vecad. dll'；

Procedure CadSetMinCharFSize（Size：Integer）；stdcall；external 'vecad. dll'；

Function　CadGetMinCharFSize：Integer；stdcall；external 'vecad. dll'；

Procedure CadSetMinEntSize（Size：Integer）；stdcall；external 'vecad. dll'；

Function　CadGetMinEntSize：Integer；stdcall；external 'vecad. dll'；

Procedure CadSetMiterLimit（MLimit：Integer）；stdcall；external 'vecad. dll'；

Function　CadGetMiterLimit：Integer；stdcall；external 'vecad. dll'；

Procedure CadSetAutoSel（bAutoSel：Integer）；stdcall；external 'vecad. dll'；

Function　CadGetAutoSel：Integer；stdcall；external 'vecad. dll'；

Procedure CadSetAutoSelRect（bAutoSelRect：Integer）；stdcall；external 'vecad. dll'；

Function　CadGetAutoSelRect：Integer；stdcall；external 'vecad. dll'；

Procedure CadSetSelShiftAdd（bSelShiftAdd：Integer）；stdcall；external 'vecad. dll'；

Function　CadGetSelShiftAdd：Integer；stdcall；external 'vecad. dll'；

Procedure CadSetSelInside（bSelInside：Integer）；stdcall；external 'vecad. dll'；

Function   CadGetSelInside : Integer; stdcall; external 'vecad. dll';

Procedure CadSetSelByLayer (bSelByLayer: Integer); stdcall; external 'vecad. dll';

Function   CadGetSelByLayer : Integer; stdcall; external 'vecad. dll';

Procedure CadSetUnselAfterEdit (bUnselAfterEdit: Integer); stdcall; external 'vecad. dll';

Function   CadGetUnselAfterEdit : Integer; stdcall; external 'vecad. dll';

Function   CadSetSelColor (SelColor: COLORREF): COLORREF; stdcall; external 'vecad. dll';

Function   CadGetSelColor : COLORREF; stdcall; external 'vecad. dll';

Procedure CadSetSelLine (SelLine: Integer); stdcall; external 'vecad. dll';

Function   CadGetSelLine : Integer; stdcall; external 'vecad. dll';

Procedure CadSetPickboxSize (PickboxSize: Integer); stdcall; external 'vecad. dll';

Function   CadGetPickboxSize : Integer; stdcall; external 'vecad. dll';

Procedure CadSetUseGrips (bUseGrips: Integer); stdcall; external 'vecad. dll';

Function   CadGetUseGrips : Integer; stdcall; external 'vecad. dll';

Function   CadSetGripColor (GripColor: COLORREF): COLORREF; stdcall; external 'vecad. dll';

Function   CadGetGripColor : COLORREF; stdcall; external 'vecad. dll';

Procedure CadSetGripSize (GripSize: Integer); stdcall; external 'vecad. dll';

Function   CadGetGripSize : Integer; stdcall; external 'vecad. dll';

Procedure CadSetImageBorder (bImgBorder: Integer); stdcall; external 'vecad. dll';

Function   CadGetImageBorder : Integer; stdcall; external 'vecad. dll';

Procedure CadSetDxfDecPrec (dec: Integer); stdcall; external 'vecad. dll';

Function   CadGetDxfDecPrec : Integer; stdcall; external 'vecad. dll';

Procedure CadSetDxfVersion (ver: Integer); stdcall; external 'vecad. dll';

Function   CadGetDxfVersion : Integer; stdcall; external 'vecad. dll';

Procedure CadSetDwgVersion (ver: Integer); stdcall; external 'vecad. dll';

Function   CadGetDwgVersion : Integer; stdcall; external 'vecad. dll';

Procedure CadSetAngleUnit (uang: Integer); stdcall; external 'vecad. dll';

Function   CadGetAngleUnit : Integer; stdcall; external 'vecad. dll';

Procedure CadSetFileFilter (ExtType: Integer); stdcall; external 'vecad. dll';

Function   CadGetFileFilter : Integer; stdcall; external 'vecad. dll';

Procedure CadShowEmptyRect (bShow: Integer); stdcall; external 'vecad. dll';

Procedure CadSetBlinkTime (nMSec: Integer); stdcall; external 'vecad. dll';

Function   CadCreate : Integer; stdcall; external 'vecad. dll';

Procedure CadDelete (hDwg: Integer); stdcall; external 'vecad. dll';

Procedure CadPurge (hDwg: Integer; Mode: Integer); stdcall; external 'vecad. dll';

Procedure CadFileNew (hDwg: Integer; hWin: HWND); stdcall; external 'vecad. dll';

Function　CadFileOpen（hDwg：Integer；hWin：HWND；szFileName：Pchar）：Integer；stdcall；external 'vecad. dll'；

Function　CadFileOpenMem（hDwg：Integer；hWin：HWND；pMem：Pointer）：Integer；stdcall；external 'vecad. dll'；

Function　CadFileSave（hDwg：Integer；hWin：HWND）：Integer；stdcall；external 'vecad. dll'；

Function　CadFileSaveAs（hDwg：Integer；hWin：HWND；szFileName：Pchar）：Integer；stdcall；external 'vecad. dll'；

Function　CadFileSaveMem（hDwg：Integer；hWin：HWND；pMem：Pointer；MaxSize：Integer）：Integer；stdcall；external 'vecad. dll'；

Function　CadRasterize（hDwg：Integer；szFileName：Pchar；Left：Double；Bottom：Double；Right：Double；Top：Double；Res：Double）：Integer；stdcall；external 'vecad. dll'；

Procedure CadFireLoadSaveEvent（hDwg：Integer；Mode：Integer；Step：Integer；Percent：Integer）；stdcall；external 'vecad. dll'；

Procedure CadPutOwner（hDwg：Integer；pObject：Pointer）；stdcall；external 'vecad. dll'；

Function　CadGetOwner（hDwg：Integer）：Integer；stdcall；external 'vecad. dll'；

Function　CadGetWindow（hDwg：Integer）：HWND；stdcall；external 'vecad. dll'；

Procedure CadPutWindow（hDwg：Integer；hWnd：HWND）；stdcall；external 'vecad. dll'；

Procedure CadPutFileName（hDwg：Integer；szFileName：Pchar）；stdcall；external 'vecad. dll'；

Procedure CadGetFileName（hDwg：Integer；szFileName：Pointer）；stdcall；external 'vecad. dll'；

Procedure CadGetShortFileName（hDwg：Integer；szFileName：Pointer）；stdcall；external 'vecad. dll'；

Function　CadGetExtentXmin（hDwg：Integer）：Double；stdcall；external 'vecad. dll'；

Function　CadGetExtentYmin（hDwg：Integer）：Double；stdcall；external 'vecad. dll'；

Function　CadGetExtentZmin（hDwg：Integer）：Double；stdcall；external 'vecad. dll'；

Function　CadGetExtentXmax（hDwg：Integer）：Double；stdcall；external 'vecad. dll'；

Function　CadGetExtentYmax（hDwg：Integer）：Double；stdcall；external 'vecad. dll'；

Function　CadGetExtentZmax（hDwg：Integer）：Double；stdcall；external 'vecad. dll'；

Function　CadGetExtentLeft（hDwg：Integer）：Double；stdcall；external 'vecad. dll'；

Function　CadGetExtentRight（hDwg：Integer）：Double；stdcall；external 'vecad. dll'；

Function　CadGetExtentTop（hDwg：Integer）：Double；stdcall；external 'vecad. dll'；

Function　CadGetExtentBottom（hDwg：Integer）：Double；stdcall；external 'vecad. dll'；

Procedure CadGetExtentRect（hDwg：Integer；pLeft：Pdouble；pBottom：Pdouble；pRight：Pdouble；pTop：Pdouble）；stdcall；external 'vecad. dll'；

Function　CadGetWinLeft（hDwg：Integer）：Double；stdcall；external 'vecad. dll'；

Function CadGetWinRight (hDwg: Integer): Double; stdcall; external 'vecad. dll';

Function CadGetWinTop (hDwg: Integer): Double; stdcall; external 'vecad. dll';

Function CadGetWinBottom (hDwg: Integer): Double; stdcall; external 'vecad. dll';

Procedure CadGetWinRect (hDwg: Integer; pLeft: Pdouble; pBottom: Pdouble; pRight: Pdouble; pTop: Pdouble); stdcall; external 'vecad. dll';

Procedure CadPutDrawOnlyCurLayer (hDwg: Integer; b: Integer); stdcall; external 'vecad. dll';

Function CadGetDrawOnlyCurLayer (hDwg: Integer): Integer; stdcall; external 'vecad. dll';

Procedure CadPutReadOnly (hDwg: Integer; b: Integer); stdcall; external 'vecad. dll';

Function CadGetReadOnly (hDwg: Integer): Integer; stdcall; external 'vecad. dll';

Procedure CadPutDirty (hDwg: Integer; b: Integer); stdcall; external 'vecad. dll';

Function CadGetDirty (hDwg: Integer): Integer; stdcall; external 'vecad. dll';

Procedure CadPutExData (hDwg: Integer; pData: Pointer; nBytes: Integer); stdcall; external 'vecad. dll';

Function CadGetExDataSize (hDwg: Integer): Integer; stdcall; external 'vecad. dll';

Procedure CadGetExData (hDwg: Integer; pData: Pointer); stdcall; external 'vecad. dll';

Function CadGetExDataPtr (hDwg: Integer): Integer; stdcall; external 'vecad. dll';

Procedure CadPutDescr (hDwg: Integer; Str: Pchar; nChars: Integer); stdcall; external 'vecad. dll';

Function CadGetDescrLen (hDwg: Integer): Integer; stdcall; external 'vecad. dll';

Procedure CadGetDescr (hDwg: Integer; pStr: Pointer); stdcall; external 'vecad. dll';

Procedure CadPutPaintMark (hDwg: Integer; b: Integer); stdcall; external 'vecad. dll';

Procedure CadPutPointMode (hDwg: Integer; mode: Integer); stdcall; external 'vecad. dll';

Function CadGetPointMode (hDwg: Integer): Integer; stdcall; external 'vecad. dll';

Procedure CadPutPointSize (hDwg: Integer; size: Double); stdcall; external 'vecad. dll';

Function CadGetPointSize (hDwg: Integer): Double; stdcall; external 'vecad. dll';

Procedure CadPutDistScale (hDwg: Integer; Scal: Double); stdcall; external 'vecad. dll';

Function CadGetDistScale (hDwg: Integer): Double; stdcall; external 'vecad. dll';

Function CadGetNumEntities (hDwg: Integer): Integer; stdcall; external 'vecad. dll';

Procedure CadGridPutShow (hDwg: Integer; bShow: Integer); stdcall; external 'vecad. dll';

Function CadGridGetShow (hDwg: Integer): Integer; stdcall; external 'vecad. dll';

Procedure CadGridPutSnap (hDwg: Integer; bSnap: Integer); stdcall; external 'vecad. dll';

Function CadGridGetSnap (hDwg: Integer): Integer; stdcall; external 'vecad. dll';

Procedure CadGridPutSize (hDwg: Integer; dx: Double; dy: Double; dz: Double); stdcall; external 'vecad. dll';

Procedure CadGridGetSize (hDwg: Integer; pdx: Pdouble; pdy: Pdouble; pdz: Pdouble); stdcall; external 'vecad. dll';

Procedure CadGridPutBoldStep (hDwg: Integer; cx: Integer; cy: Integer; cz: Integer); stdcall; external 'vecad. dll';

Procedure CadGridGetBoldStep (hDwg: Integer; pcx: Pinteger; pcy: Pinteger; pcz: Pinteger); stdcall; external 'vecad. dll';

Procedure CadGridPutColor (hDwg: Integer; bBold: Integer; Color: COLORREF); stdcall; external 'vecad. dll';

Function CadGridGetColor (hDwg: Integer; bBold: Integer): COLORREF; stdcall; external 'vecad. dll';

Procedure CadGridPutType (hDwg: Integer; bBold: Integer; Typ: Integer); stdcall; external 'vecad. dll';

Function CadGridGetType (hDwg: Integer; bBold: Integer): Integer; stdcall; external 'vecad. dll';

Procedure CadGridPutLevel (hDwg: Integer; Level: Integer); stdcall; external 'vecad. dll';

Function CadGridGetLevel (hDwg: Integer): Integer; stdcall; external 'vecad. dll';

Procedure CadPutLwDefault (hDwg: Integer; Lweight: Integer); stdcall; external 'vecad. dll';

Function CadGetLwDefault (hDwg: Integer): Integer; stdcall; external 'vecad. dll';

Procedure CadPutLwScale (hDwg: Integer; Scal: Integer); stdcall; external 'vecad. dll';

Function CadGetLwScale (hDwg: Integer): Integer; stdcall; external 'vecad. dll';

Procedure CadPutLwDisplay (hDwg: Integer; bDisplay: Integer); stdcall; external 'vecad. dll';

Function CadGetLwDisplay (hDwg: Integer): Integer; stdcall; external 'vecad. dll';

Procedure CadSetCurLweight (hDwg: Integer; Lweight: Integer); stdcall; external 'vecad. dll';

Function CadGetCurLweight (hDwg: Integer): Integer; stdcall; external 'vecad. dll';

Procedure CadSetCurColor (hDwg: Integer; Color: Integer); stdcall; external 'vecad. dll';

Function CadGetCurColor (hDwg: Integer): Integer; stdcall; external 'vecad. dll';

Procedure CadSetSystemCursor (hDwg: Integer; hCurs: HCURSOR); stdcall; external 'vecad. dll';

Procedure CadPolarPutOn (hDwg: Integer; bOn: Integer); stdcall; external 'vecad. dll';

Function CadPolarGetOn (hDwg: Integer): Integer; stdcall; external 'vecad. dll';

Procedure CadPolarPutInc (hDwg: Integer; Angle: Integer); stdcall; external 'vecad. dll';

Function CadPolarGetInc (hDwg: Integer): Integer; stdcall; external 'vecad. dll';

Function CadPolarAddAngle (hDwg: Integer; Angle: Double): Integer; stdcall; external 'vecad. dll';

Function　CadPolarDelAngle（hDwg：Integer；iAngle：Integer）：Integer；stdcall；external 'vecad. dll';

Function　CadPolarGetAngle（hDwg：Integer；iAngle：Integer）：Double；stdcall；external 'vecad. dll';

Function　CadPolarGetNumAng（hDwg：Integer）：Integer；stdcall；external 'vecad. dll';

Procedure CadPolarPutAbs（hDwg：Integer；bAbs：Integer）；stdcall；external 'vecad. dll';

Function　CadPolarGetAbs（hDwg：Integer）：Integer；stdcall；external 'vecad. dll';

Procedure CadPolarPutDist（hDwg：Integer；Dist：Double）；stdcall；external 'vecad. dll';

Function　CadPolarGetDist（hDwg：Integer）：Double；stdcall；external 'vecad. dll';

Procedure CadPolarPutDistOn （hDwg： Integer； bDist： Integer ）； stdcall； external 'vecad. dll';

Function　CadPolarGetDistOn（hDwg：Integer）：Integer；stdcall；external 'vecad. dll';

Procedure CadSnapPutOn（hDwg：Integer；bOn：Integer）；stdcall；external 'vecad. dll';

Function　CadSnapGetOn（hDwg：Integer）：Integer；stdcall；external 'vecad. dll';

Procedure CadSnapPutMode （ hDwg： Integer； Mode： Integer ）； stdcall； external 'vecad. dll';

Function　CadSnapGetMode（hDwg：Integer）：Integer；stdcall；external 'vecad. dll';

Function　CadSnapGetIndMode（hDwg：Integer）：Integer；stdcall；external 'vecad. dll';

Function　CadSetPlineMark（hDwg：Integer；Id：Integer；hEnt：Integer；Start：Double；Length：Double；Color：COLORREF；Width：Integer；bBlink：Integer）：Integer；stdcall；external 'vecad. dll';

Function　CadAddPlineMark（hDwg：Integer；hEnt：Integer；Start：Double；Length：Double）：Integer；stdcall；external 'vecad. dll';

Procedure CadWinCreate（hDwg：Integer；hWin：HWND）；stdcall；external 'vecad. dll';

Procedure CadWinPaint（hDwg：Integer；hWin：HWND）；stdcall；external 'vecad. dll';

Procedure CadWinDraw（hDwg：Integer；hWin：HWND；dc：HDC；Left：Integer；Top：Integer；Right：Integer；Bottom：Integer）；stdcall；external 'vecad. dll';

Procedure CadWinKeyDown（hDwg：Integer；hWin：HWND；Char：Integer；Flags：Integer）；stdcall；external 'vecad. dll';

Procedure CadWinKeyUp（hDwg：Integer；hWin：HWND；Char：Integer；Flags：Integer）；stdcall；external 'vecad. dll';

Procedure CadWinMouseMove（hDwg：Integer；hWin：HWND；Flags：Integer；x：Integer；y：Integer）；stdcall；external 'vecad. dll';

Procedure CadWinMouseLeave（hDwg：Integer；hWnd：HWND）；stdcall；external 'vecad. dll';

Procedure CadWinMouseWheel（hDwg：Integer；hWin：HWND；Flags：Integer；zDelta：Integer；x：Integer；y：Integer）；stdcall；external 'vecad. dll';

Procedure CadWinLButtonDown (hDwg: Integer; hWin: HWND; Flags: Integer; x: Integer; y: Integer); stdcall; external 'vecad. dll';

Procedure CadWinLButtonUp (hDwg: Integer; hWin: HWND; Flags: Integer; x: Integer; y: Integer); stdcall; external 'vecad. dll';

Procedure CadWinLButtonDblClk (hDwg: Integer; hWin: HWND; Flags: Integer; x: Integer; y: Integer); stdcall; external 'vecad. dll';

Procedure CadWinRButtonDown (hDwg: Integer; hWin: HWND; Flags: Integer; x: Integer; y: Integer); stdcall; external 'vecad. dll';

Procedure CadWinRButtonUp (hDwg: Integer; hWin: HWND; Flags: Integer; x: Integer; y: Integer); stdcall; external 'vecad. dll';

Procedure CadWinMButtonDown (hDwg: Integer; hWin: HWND; Flags: Integer; x: Integer; y: Integer); stdcall; external 'vecad. dll';

Procedure CadWinMButtonUp (hDwg: Integer; hWin: HWND; Flags: Integer; x: Integer; y: Integer); stdcall; external 'vecad. dll';

Procedure CadWinHScroll (hDwg: Integer; hWin: HWND; SBCode: Integer; Pos: Integer); stdcall; external 'vecad. dll';

Procedure CadWinVScroll (hDwg: Integer; hWin: HWND; SBCode: Integer; Pos: Integer); stdcall; external 'vecad. dll';

Procedure CadWinSize (hDwg: Integer; hWin: HWND; SizeType: Integer; cx: Integer; cy: Integer); stdcall; external 'vecad. dll';

Procedure CadWinSetFocus (hDwg: Integer; hWin: HWND); stdcall; external 'vecad. dll';

Procedure CadWinKillFocus (hDwg: Integer; hWin: HWND); stdcall; external 'vecad. dll';

Procedure CadWinDestroy (hDwg: Integer; hWin: HWND); stdcall; external 'vecad. dll';

Function CadWinClose (hDwg: Integer; hWin: HWND): Integer; stdcall; external 'vecad. dll';

Function CadWinTimer (hDwg: Integer; hWin: HWND; Id: Integer): Integer; stdcall; external 'vecad. dll';

Procedure CadExecute (hDwg: Integer; hWin: HWND; Command: Integer); stdcall; external 'vecad. dll';

Procedure CadSetCmdParam (hDwg: Integer; Command: Integer; pData: Pointer); stdcall; external 'vecad. dll';

Procedure CadGetCmdParam (hDwg: Integer; Command: Integer; pData: Pointer); stdcall; external 'vecad. dll';

Procedure CadSetCmdPoint (hDwg: Integer; X: Double; Y: Double; Z: Double); stdcall; external 'vecad. dll';

Function CadAddLayer (hDwg: Integer; szName: Pchar; Color: Integer; IdLtype: Integer；Lweight：Integer）：Integer；stdcall；external 'vecad. dll'；

Function CadDeleteLayer（hDwg：Integer；hLayer：Integer）：Integer；stdcall；external 'vecad. dll'；

Function CadCountLayers（hDwg：Integer）：Integer；stdcall；external 'vecad. dll'；

Function CadGetCurLayer（hDwg：Integer）：Integer；stdcall；external 'vecad. dll'；

Function CadSetCurLayer（hDwg：Integer；hLayer：Integer）：Integer；stdcall；external 'vecad. dll'；

Function CadSetCurLayerByID（hDwg：Integer；Id：Integer）：Integer；stdcall；external 'vecad. dll'；

Function CadSetCurLayerByName（hDwg：Integer；szLayerName：Pchar）：Integer；stdcall；external 'vecad. dll'；

Function CadGetFirstLayer（hDwg：Integer）：Integer；stdcall；external 'vecad. dll'；

Function CadGetNextLayer（hDwg：Integer；hLayer：Integer）：Integer；stdcall；external 'vecad. dll'；

Function CadGetLayerByID（hDwg：Integer；Id：Integer）：Integer；stdcall；external 'vecad. dll'；

Function CadGetLayerByName（hDwg：Integer；szName：Pchar）：Integer；stdcall；external 'vecad. dll'；

Procedure CadSortLayers（hDwg：Integer）；stdcall；external 'vecad. dll'；

Function CadLayerGetID（hLayer：Integer）：Integer；stdcall；external 'vecad. dll'；

Procedure CadLayerGetName（hLayer：Integer；szName：Pointer）；stdcall；external 'vecad. dll'；

Procedure CadLayerPutName（hLayer：Integer；szName：Pchar）；stdcall；external 'vecad. dll'；

Function CadLayerGetColor（hLayer：Integer）：Integer；stdcall；external 'vecad. dll'；

Procedure CadLayerPutColor（hLayer：Integer；Color：Integer）；stdcall；external 'vecad. dll'；

Function CadLayerGetLineweight（hLayer：Integer）：Integer；stdcall；external 'vecad. dll'；

Procedure CadLayerPutLineweight（hLayer：Integer；lw：Integer）；stdcall；external 'vecad. dll'；

Function CadLayerGetLinetypeID（hLayer：Integer）：Integer；stdcall；external 'vecad. dll'；

Procedure CadLayerPutLinetypeID（hLayer：Integer；Id：Integer）；stdcall；external 'vecad. dll'；

Function CadLayerGetLevel（hLayer：Integer）：Integer；stdcall；external 'vecad. dll'；

Procedure CadLayerPutLevel（hLayer：Integer；Level：Integer）；stdcall；external

'vecad. dll';

　　Function　CadLayerGetUserData（hLayer：Integer）：Integer；stdcall；external 'vecad. dll';

　　Procedure CadLayerPutUserData（hLayer：Integer；Val：Integer）；stdcall；external 'vecad. dll';

　　Function　CadLayerGetLock（hLayer：Integer）：Integer；stdcall；external 'vecad. dll';

　　Procedure CadLayerPutLock（hLayer：Integer；bLock：Integer）；stdcall；external 'vecad. dll';

　　Function　CadLayerGetVisible（hLayer：Integer）：Integer；stdcall；external 'vecad. dll';

　　Procedure CadLayerPutVisible（hLayer：Integer；bVisible：Integer）；stdcall；external 'vecad. dll';

　　Function　CadLayerGetPrintable（hLayer：Integer）：Integer；stdcall；external 'vecad. dll';

　　Procedure CadLayerPutPrintable（hLayer：Integer；bPrintable：Integer）；stdcall；external 'vecad. dll';

　　Function　　CadLayerCountEntities　（hLayer：　Integer）：　Integer；　stdcall；　external 'vecad. dll';

　　Function　　CadLayerGetFirstEntity　（hLayer：　Integer）：　Integer；　stdcall；　external 'vecad. dll';

　　Function　CadLayerGetNextEntity（hLayer：Integer；hEnt：Integer）：Integer；stdcall；external 'vecad. dll';

　　Procedure CadLayerPutDescr（hLayer：Integer；Str：Pchar；nChars：Integer）；stdcall；external 'vecad. dll';

　　Function　CadLayerGetDescrLen（hLayer：Integer）：Integer；stdcall；external 'vecad. dll';

　　Procedure　CadLayerGetDescr　（hLayer：　Integer；　pStr：　Pointer）；　stdcall；　external 'vecad. dll';

　　Function　CadLayerGetDeleted（hLayer：Integer）：Integer；stdcall；external 'vecad. dll';

　　Procedure CadLayerPurge（hLayer：Integer）；stdcall；external 'vecad. dll';

　　Function　CadAddLinetype（hDwg：Integer；szName：Pchar；szFormat：Pchar；szPict：Pchar）：Integer；stdcall；external 'vecad. dll';

　　Function　CadAddLinetypeF（hDwg：Integer；szName：Pchar；szFileName：Pchar）：Integer；stdcall；external 'vecad. dll';

　　Function　CadDeleteLinetype（hDwg：Integer；hLtype：Integer）：Integer；stdcall；external 'vecad. dll';

　　Function　CadCountLinetypes（hDwg：Integer）：Integer；stdcall；external 'vecad. dll';

　　Function　CadGetCurLinetype（hDwg：Integer）：Integer；stdcall；external 'vecad. dll';

　　Function　CadSetCurLinetype（hDwg：Integer；hLtype：Integer）：Integer；stdcall；external 'vecad. dll';

　　Function　CadSetCurLinetypeByID（hDwg：Integer；Id：Integer）：Integer；stdcall；external ′vecad. dll′；

Function CadSetCurLinetypeByName (hDwg：Integer；szLtypeName：Pchar)：Integer；stdcall；external ′vecad. dll′；

Function CadGetFirstLinetype (hDwg：Integer)：Integer；stdcall；external ′vecad. dll′；

Function CadGetNextLinetype (hDwg：Integer；hLtype：Integer)：Integer；stdcall；external ′vecad. dll′；

Function CadGetLinetypeByID (hDwg：Integer；Id：Integer)：Integer；stdcall；external ′vecad. dll′；

Function CadGetLinetypeByName (hDwg：Integer；szName：Pchar)：Integer；stdcall；external ′vecad. dll′；

Function CadGetLinetypeByLayer (hDwg： Integer)： Integer； stdcall； external ′vecad. dll′；

Function CadGetLinetypeByBlock (hDwg：Integer)：Integer；stdcall；external ′vecad. dll′；

Function CadGetLinetypeContinuous (hDwg： Integer)： Integer； stdcall； external ′vecad. dll′；

Function CadLinetypeGetID (hLtype：Integer)：Integer；stdcall；external ′vecad. dll′；

Procedure CadLinetypeGetName (hLtype：Integer；szName：Pointer)；stdcall；external ′vecad. dll′；

Procedure CadLinetypePutName (hLtype：Integer；szName：Pchar)；stdcall；external ′vecad. dll′；

Procedure CadLinetypeGetData (hLtype：Integer；szData：Pointer)；stdcall；external ′vecad. dll′；

Procedure CadLinetypePutData (hLtype：Integer；szData：Pchar)；stdcall；external ′vecad. dll′；

Function CadLinetypePutDataF (hLtype：Integer；szFileName：Pchar)：Integer；stdcall；external ′vecad. dll′；

Procedure CadLinetypeGetDescr (hLtype：Integer；szDescr：Pointer)；stdcall；external ′vecad. dll′；

Procedure CadLinetypePutDescr (hLtype：Integer；szDescr：Pchar)；stdcall；external ′vecad. dll′；

Function CadLinetypeGetScale (hLtype：Integer)：Double；stdcall；external ′vecad. dll′；

Procedure CadLinetypePutScale (hLtype： Integer； Scal： Double)； stdcall； external ′vecad. dll′；

Function CadLinetypeIsByLayer (hLtype：Integer)：Integer；stdcall；external ′vecad. dll′；

Function CadLinetypeIsByBlock (hLtype：Integer)：Integer；stdcall；external ′vecad. dll′；

Function CadLinetypeIsContinuous (hLtype： Integer)： Integer； stdcall； external ′vecad. dll′；

Function CadAddPage (hDwg: Integer; szName: Pchar; Size: Integer; Orient: Integer; Width: Integer; Height: Integer): Integer; stdcall; external 'vecad. dll';

Function CadDeletePage (hDwg: Integer; hPage: Integer): Integer; stdcall; external 'vecad. dll';

Function CadCountPages (hDwg: Integer): Integer; stdcall; external 'vecad. dll';

Function CadGetCurPage (hDwg: Integer): Integer; stdcall; external 'vecad. dll';

Function CadSetCurPage (hDwg: Integer; hPage: Integer): Integer; stdcall; external 'vecad. dll';

Function CadSetCurPageByID (hDwg: Integer; Id: Integer): Integer; stdcall; external 'vecad. dll';

Function CadSetCurPageByName (hDwg: Integer; szName: Pchar): Integer; stdcall; external 'vecad. dll';

Function CadGetFirstPage (hDwg: Integer): Integer; stdcall; external 'vecad. dll';

Function CadGetNextPage (hDwg: Integer; hPage: Integer): Integer; stdcall; external 'vecad. dll';

Function CadGetPageByID (hDwg: Integer; Id: Integer): Integer; stdcall; external 'vecad. dll';

Function CadGetPageByName (hDwg: Integer; szName: Pchar): Integer; stdcall; external 'vecad. dll';

Function CadPageGetID (hPage: Integer): Integer; stdcall; external 'vecad. dll';

Procedure CadPageGetName (hPage: Integer; szName: Pointer); stdcall; external 'vecad. dll';

Procedure CadPagePutName (hPage: Integer; szName: Pchar); stdcall; external 'vecad. dll';

Function CadPageGetSize (hPage: Integer): Integer; stdcall; external 'vecad. dll';

Procedure CadPagePutSize (hPage: Integer; Size: Integer); stdcall; external 'vecad. dll';

Function CadPageGetOrient (hPage: Integer): Integer; stdcall; external 'vecad. dll';

Procedure CadPagePutOrient (hPage: Integer; Orient: Integer); stdcall; external 'vecad. dll';

Function CadPageGetWidth (hPage: Integer): Integer; stdcall; external 'vecad. dll';

Procedure CadPagePutWidth (hPage: Integer; Width: Integer); stdcall; external 'vecad. dll';

Function CadPageGetHeight (hPage: Integer): Integer; stdcall; external 'vecad. dll';

Procedure CadPagePutHeight (hPage: Integer; Height: Integer); stdcall; external 'vecad. dll';

Function CadPageSave (hDwg: Integer; hPage: Integer; szFileName: Pchar): Integer; stdcall; external 'vecad. dll';

Function CadPageCopy (hSrcDwg: Integer; hSrcPage: Integer; hDestDwg: Integer; hDestPage: Integer): Integer; stdcall; external 'vecad. dll';

Function CadAddTStyle (hDwg: Integer; szName: Pchar; szFontName: Pchar): Integer; stdcall; external 'vecad. dll';

Function CadDeleteTStyle (hDwg: Integer; hTStyle: Integer): Integer; stdcall; external 'vecad. dll';

Function CadCountTStyles (hDwg: Integer): Integer; stdcall; external 'vecad. dll';

Function CadGetCurTStyle (hDwg: Integer): Integer; stdcall; external 'vecad. dll';

Function CadSetCurTStyle (hDwg: Integer; hTStyle: Integer): Integer; stdcall; external 'vecad. dll';

Function CadSetCurTStyleByID (hDwg: Integer; Id: Integer): Integer; stdcall; external 'vecad. dll';

Function CadSetCurTStyleByName (hDwg: Integer; szName: Pchar): Integer; stdcall; external 'vecad. dll';

Function CadGetFirstTStyle (hDwg: Integer): Integer; stdcall; external 'vecad. dll';

Function CadGetNextTStyle (hDwg: Integer; hTStyle: Integer): Integer; stdcall; external 'vecad. dll';

Function CadGetTStyleByID (hDwg: Integer; Id: Integer): Integer; stdcall; external 'vecad. dll';

Function CadGetTStyleByName (hDwg: Integer; szName: Pchar): Integer; stdcall; external 'vecad. dll';

Function CadTStyleGetID (hTStyle: Integer): Integer; stdcall; external 'vecad. dll';

Procedure CadTStyleGetName (hTStyle: Integer; szName: Pointer); stdcall; external 'vecad. dll';

Procedure CadTStylePutName (hTStyle: Integer; szName: Pchar); stdcall; external 'vecad. dll';

Function CadTStyleGetOblique (hTStyle: Integer): Double; stdcall; external 'vecad. dll';

Procedure CadTStylePutOblique (hTStyle: Integer; Angle: Double); stdcall; external 'vecad. dll';

Function CadTStyleGetWidth (hTStyle: Integer): Double; stdcall; external 'vecad. dll';

Procedure CadTStylePutWidth (hTStyle: Integer; Width: Double); stdcall; external 'vecad. dll';

Function CadTStyleGetHeight (hTStyle: Integer): Double; stdcall; external 'vecad. dll';

Procedure CadTStylePutHeight (hTStyle: Integer; Height: Double); stdcall; external 'vecad. dll';

Function CadTStyleGetUpsideDown (hTStyle: Integer): Integer; stdcall; external 'vecad. dll';

Procedure CadTStylePutUpsideDown (hTStyle: Integer; bUpsideDown: Integer); stdcall; external 'vecad. dll';

Function CadTStyleGetBackward (hTStyle: Integer): Integer; stdcall; external 'vecad. dll';

Procedure CadTStylePutBackward (hTStyle: Integer; bBackward: Integer); stdcall; external 'vecad. dll';

Procedure CadTStyleGetFont (hTStyle: Integer; szFontName: Pointer); stdcall; external 'vecad. dll';

Procedure CadTStylePutFont (hTStyle: Integer; szFontName: Pchar); stdcall; external 'vecad. dll';

Procedure CadTStyleGetTTFName (hTStyle: Integer; szTTFName: Pointer); stdcall; external 'vecad. dll';

Procedure CadTStylePutTTFName (hTStyle: Integer; szTTFName: Pchar); stdcall; external 'vecad. dll';

Function CadAddBlock (hDwg: Integer; szName: Pchar; X: Double; Y: Double; Z: Double): Integer; stdcall; external 'vecad. dll';

Function CadAddBlockFromFile (hDwg: Integer; szFileName: Pchar; szName: Pchar): Integer; stdcall; external 'vecad. dll';

Function CadAddBlockFromDrw (hDwgDest: Integer; hDwgSrc: Integer; szName: Pchar): Integer; stdcall; external 'vecad. dll';

Function CadAddBlockFile (hDwg: Integer; szFileName: Pchar): Integer; stdcall; external 'vecad. dll';

Function CadAddBlockXref (hDwg: Integer; szFileName: Pchar): Integer; stdcall; external 'vecad. dll';

Function CadAddBlockClip (hDwg: Integer; szName: Pchar; Lef: Double; Bot: Double; W: Double; H: Double): Integer; stdcall; external 'vecad. dll';

Function CadDeleteBlock (hDwg: Integer; hBlock: Integer): Integer; stdcall; external 'vecad. dll';

Function CadCountBlocks (hDwg: Integer): Integer; stdcall; external 'vecad. dll';

Function CadGetFirstBlock (hDwg: Integer): Integer; stdcall; external 'vecad. dll';

Function CadGetNextBlock (hDwg: Integer; hBlock: Integer): Integer; stdcall; external 'vecad. dll';

Function CadGetBlockByID (hDwg: Integer; idBlock: Integer): Integer; stdcall; external 'vecad. dll';

Function CadGetBlockByName (hDwg: Integer; szName: Pchar): Integer; stdcall; external 'vecad. dll';

Function CadGetCurBlock (hDwg: Integer): Integer; stdcall; external 'vecad. dll';

Function　CadSetCurBlock（hDwg：Integer；hBlock：Integer）：Integer；stdcall；external 'vecad. dll';

Function　CadBlockGetID (hBlock：Integer)：Integer；stdcall；external 'vecad. dll';

Procedure CadBlockGetName (hBlock：Integer；szName：Pointer)；stdcall；external 'vecad. dll';

Function　CadBlockPutName (hBlock：Integer；szName：Pchar)：Integer；stdcall；external 'vecad. dll';

Function　CadBlockGetBaseX (hBlock：Integer)：Double；stdcall；external 'vecad. dll';

Procedure CadBlockPutBaseX (hBlock：Integer；X：Double)；stdcall；external 'vecad. dll';

Function　CadBlockGetBaseY (hBlock：Integer)：Double；stdcall；external 'vecad. dll';

Procedure CadBlockPutBaseY (hBlock：Integer；Y：Double)；stdcall；external 'vecad. dll';

Function　CadBlockGetBaseZ (hBlock：Integer)：Double；stdcall；external 'vecad. dll';

Procedure CadBlockPutBaseZ (hBlock：Integer；Z：Double)；stdcall；external 'vecad. dll';

Procedure CadBlockGetBase (hBlock：Integer；pX：Pdouble；pY：Pdouble；pZ：Pdouble)；stdcall；external 'vecad. dll';

Procedure CadBlockPutBase (hBlock：Integer；X：Double；Y：Double；Z：Double)；stdcall；external 'vecad. dll';

Function　CadBlockCountEntities (hBlock：Integer)：Integer；stdcall；external 'vecad. dll';

Procedure CadBlockClear (hBlock：Integer)；stdcall；external 'vecad. dll';

Procedure　CadBlockAddEntity（hBlock：Integer；hEnt：Integer）；stdcall；external 'vecad. dll';

Function　CadBlockGetFirstPtr (hBlock：Integer)：Integer；stdcall；external 'vecad. dll';

Function　CadBlockGetNextPtr (hBlock：Integer；hPtr：Integer)：Integer；stdcall；external 'vecad. dll';

Function　CadBlockHasAttribs (hBlock：Integer)：Integer；stdcall；external 'vecad. dll';

Function　CadBlockGetAttrib (hBlock：Integer；szTag：Pchar)：Integer；stdcall；external 'vecad. dll';

Function　CadBlockIsXref (hBlock：Integer)：Integer；stdcall；external 'vecad. dll';

Procedure CadXrefGetPath (hBlock：Integer；szPathName：Pointer)；stdcall；external 'vecad. dll';

Function　CadXrefPutPath (hBlock：Integer；szPathName：Pchar)：Integer；stdcall；external 'vecad. dll';

Function　CadXrefReload (hBlock：Integer)：Integer；stdcall；external 'vecad. dll';

Function　CadXrefGetStatus (hBlock：Integer)：Integer；stdcall；external 'vecad. dll';

Procedure CadBlockPutExData (hBlock：Integer；pData：Pointer；nBytes：Integer)；stdcall；external 'vecad. dll';

Function　CadBlockGetExDataSize（hBlock：Integer）：Integer；stdcall；external

'vecad. dll';

　　Procedure CadBlockGetExData (hBlock: Integer; pData: Pointer); stdcall; external 'vecad. dll';

　　Function　CadAddPntStyle (hDwg: Integer; szName: Pchar; BlockId: Integer; BlockScale: Double; szFontName: Pchar; TxtH: Double; TxtW: Double): Integer; stdcall; external 'vecad. dll';

　　Function　CadDeletePntStyle (hDwg: Integer; hPntStyle: Integer): Integer; stdcall; external 'vecad. dll';

　　Function　CadCountPntStyles (hDwg: Integer): Integer; stdcall; external 'vecad. dll';

　　Function　CadGetCurPntStyle (hDwg: Integer): Integer; stdcall; external 'vecad. dll';

　　Function　CadSetCurPntStyle (hDwg: Integer; hPntStyle: Integer): Integer; stdcall; external 'vecad. dll';

　　Function　CadSetCurPntStyleByID (hDwg: Integer; Id: Integer): Integer; stdcall; external 'vecad. dll';

　　Function　CadSetCurPntStyleByName (hDwg: Integer; szName: Pchar): Integer; stdcall; external 'vecad. dll';

　　Function　CadGetFirstPntStyle (hDwg: Integer): Integer; stdcall; external 'vecad. dll';

　　Function　CadGetNextPntStyle (hDwg: Integer; hPntStyle: Integer): Integer; stdcall; external 'vecad. dll';

　　Function　CadGetPntStyleByID (hDwg: Integer; Id: Integer): Integer; stdcall; external 'vecad. dll';

　　Function　CadGetPntStyleByName (hDwg: Integer; szName: Pchar): Integer; stdcall; external 'vecad. dll';

　　Function　CadPntStyleGetID (hPntStyle: Integer): Integer; stdcall; external 'vecad. dll';

　　Procedure CadPntStyleGetName (hPntStyle: Integer; szName: Pointer); stdcall; external 'vecad. dll';

　　Procedure CadPntStylePutName (hPntStyle: Integer; szName: Pchar); stdcall; external 'vecad. dll';

　　Function　CadPntStyleGetBlockID (hPntStyle: Integer): Integer; stdcall; external 'vecad. dll';

　　Procedure CadPntStylePutBlockID (hPntStyle: Integer; IdBlock: Integer); stdcall; external 'vecad. dll';

　　Function　CadPntStyleGetBlockScale (hPntStyle: Integer): Double; stdcall; external 'vecad. dll';

　　Procedure CadPntStylePutBlockScale (hPntStyle: Integer; Scal: Double); stdcall; external 'vecad. dll';

　　Procedure CadPntStyleGetFont (hPntStyle: Integer; szFontName: Pointer); stdcall; external 'vecad. dll';

Procedure CadPntStylePutFont (hPntStyle: Integer; szFontName: Pchar); stdcall; external 'vecad. dll';

Function CadPntStyleGetTextHeight (hPntStyle: Integer): Double; stdcall; external 'vecad. dll';

Procedure CadPntStylePutTextHeight (hPntStyle: Integer; TxtH: Double); stdcall; external 'vecad. dll';

Function CadPntStyleGetTextWidth (hPntStyle: Integer): Double; stdcall; external 'vecad. dll';

Procedure CadPntStylePutTextWidth (hPntStyle: Integer; TxtW: Double); stdcall; external 'vecad. dll';

Function CadPntStyleGetDrawMode (hPntStyle: Integer): Integer; stdcall; external 'vecad. dll';

Procedure CadPntStylePutDrawMode (hPntStyle: Integer; Mode: Integer); stdcall; external 'vecad. dll';

Function CadPntStyleGetSnap (hPntStyle: Integer): Integer; stdcall; external 'vecad. dll';

Procedure CadPntStylePutSnap (hPntStyle: Integer; bSnap: Integer); stdcall; external 'vecad. dll';

Function CadPntStyleGetFixed (hPntStyle: Integer): Integer; stdcall; external 'vecad. dll';

Procedure CadPntStylePutFixed (hPntStyle: Integer; bFixed: Integer); stdcall; external 'vecad. dll';

Function CadAddMlineStyle (hDwg: Integer; szName: Pchar): Integer; stdcall; external 'vecad. dll';

Function CadDeleteMlineStyle (hDwg: Integer; hMStyle: Integer): Integer; stdcall; external 'vecad. dll';

Function CadCountMlineStyles (hDwg: Integer): Integer; stdcall; external 'vecad. dll';

Function CadGetCurMlineStyle (hDwg: Integer): Integer; stdcall; external 'vecad. dll';

Function CadSetCurMlineStyle (hDwg: Integer; hMStyle: Integer): Integer; stdcall; external 'vecad. dll';

Function CadSetCurMlineStyleByID (hDwg: Integer; Id: Integer): Integer; stdcall; external 'vecad. dll';

Function CadSetCurMlineStyleByName (hDwg: Integer; szName: Pchar): Integer; stdcall; external 'vecad. dll';

Function CadGetFirstMlineStyle (hDwg: Integer): Integer; stdcall; external 'vecad. dll';

Function CadGetNextMlineStyle (hDwg: Integer; hMStyle: Integer): Integer; stdcall;

external 'vecad. dll';

 Function   CadGetMlineStyleByID (hDwg: Integer; Id: Integer): Integer; stdcall; external 'vecad. dll';

 Function   CadGetMlineStyleByName (hDwg: Integer; szName: Pchar): Integer; stdcall; external 'vecad. dll';

 Function   CadMlineStyleGetID (hMStyle: Integer): Integer; stdcall; external 'vecad. dll';

 Procedure CadMlineStyleGetName (hMStyle: Integer; szName: Pointer); stdcall; external 'vecad. dll';

 Procedure CadMlineStylePutName (hMStyle: Integer; szName: Pchar); stdcall; external 'vecad. dll';

 Function   CadMlineStyleGetDrawMode (hMStyle: Integer): Integer; stdcall; external 'vecad. dll';

 Procedure CadMlineStylePutDrawMode (hMStyle: Integer; Mode: Integer); stdcall; external 'vecad. dll';

 Function   CadMlineStyleGetNumLines (hMStyle: Integer): Integer; stdcall; external 'vecad. dll';

 Procedure CadMlineStylePutNumLines (hMStyle: Integer; nLines: Integer); stdcall; external 'vecad. dll';

 Function   CadMlineStyleGetColor (hMStyle: Integer; iLine: Integer): Integer; stdcall; external 'vecad. dll';

 Procedure CadMlineStylePutColor (hMStyle: Integer; iLine: Integer; Color: Integer); stdcall; external 'vecad. dll';

 Function   CadMlineStyleGetLtypeID (hMStyle: Integer; iLine: Integer): Integer; stdcall; external 'vecad. dll';

 Procedure CadMlineStylePutLtypeID (hMStyle: Integer; iLine: Integer; Id: Integer); stdcall; external 'vecad. dll';

 Function   CadMlineStyleGetOffset (hMStyle: Integer; iLine: Integer): Double; stdcall; external 'vecad. dll';

 Procedure CadMlineStylePutOffset (hMStyle: Integer; iLine: Integer; Offset: Double); stdcall; external 'vecad. dll';

 Function   CadAddDimStyle (hDwg: Integer; szName: Pchar): Integer; stdcall; external 'vecad. dll';

 Function   CadDeleteDimStyle (hDwg: Integer; hStyle: Integer): Integer; stdcall; external 'vecad. dll';

 Function   CadCountDimStyles (hDwg: Integer): Integer; stdcall; external 'vecad. dll';

 Function   CadGetCurDimStyle (hDwg: Integer): Integer; stdcall; external 'vecad. dll';

 Function   CadSetCurDimStyle (hDwg: Integer; hStyle: Integer): Integer; stdcall; external

河流海岸动力学研究的辅助技术及辅助编程方法

'vecad. dll';

Function CadSetCurDimStyleByID (hDwg: Integer; Id: Integer): Integer; stdcall; external 'vecad. dll';

Function CadSetCurDimStyleByName (hDwg: Integer; szName: Pchar): Integer; stdcall; external 'vecad. dll';

Function CadGetFirstDimStyle (hDwg: Integer): Integer; stdcall; external 'vecad. dll';

Function CadGetNextDimStyle (hDwg: Integer; hStyle: Integer): Integer; stdcall; external 'vecad. dll';

Function CadGetDimStyleByID (hDwg: Integer; Id: Integer): Integer; stdcall; external 'vecad. dll';

Function CadGetDimStyleByName (hDwg: Integer; szName: Pchar): Integer; stdcall; external 'vecad. dll';

Function CadDimStyleGetID (hStyle: Integer): Integer; stdcall; external 'vecad. dll';

Procedure CadDimStyleGetName (hStyle: Integer; szName: Pointer); stdcall; external 'vecad. dll';

Procedure CadDimStylePutName (hStyle: Integer; szName: Pchar); stdcall; external 'vecad. dll';

Function CadDimStyleGetColor (hStyle: Integer; Item: Integer): Integer; stdcall; external 'vecad. dll';

Procedure CadDimStylePutColor (hStyle: Integer; Item: Integer; Color: Integer); stdcall; external 'vecad. dll';

Function CadDimStyleGetLweight (hStyle: Integer; Item: Integer): Integer; stdcall; external 'vecad. dll';

Procedure CadDimStylePutLweight (hStyle: Integer; Item: Integer; Lweight: Integer); stdcall; external 'vecad. dll';

Function CadDimStyleGetExtBeyond (hStyle: Integer): Double; stdcall; external 'vecad. dll';

Procedure CadDimStylePutExtBeyond (hStyle: Integer; val: Double); stdcall; external 'vecad. dll';

Function CadDimStyleGetExtOffset (hStyle: Integer): Double; stdcall; external 'vecad. dll';

Procedure CadDimStylePutExtOffset (hStyle: Integer; val: Double); stdcall; external 'vecad. dll';

Function CadDimStyleGetArrow (hStyle: Integer; Place: Integer): Integer; stdcall; external 'vecad. dll';

Procedure CadDimStylePutArrow (hStyle: Integer; Place: Integer; ArrType: Integer); stdcall; external 'vecad. dll';

Function CadDimStyleGetArrowSize （hStyle：Integer）：Double；stdcall；external 'vecad. dll'；

Procedure CadDimStylePutArrowSize （hStyle：Integer；Size：Double）；stdcall；external 'vecad. dll'；

Function CadDimStyleGetCenMark （hStyle：Integer）：Double；stdcall；external 'vecad. dll'；

Procedure CadDimStylePutCenMark （hStyle：Integer；Size：Double）；stdcall；external 'vecad. dll'；

Function CadDimStyleGetTextHeight （hStyle：Integer）：Double；stdcall；external 'vecad. dll'；

Procedure CadDimStylePutTextHeight （hStyle：Integer；Height：Double）；stdcall；external 'vecad. dll'；

Function CadDimStyleGetTextGap （hStyle：Integer）：Double；stdcall；external 'vecad. dll'；

Procedure CadDimStylePutTextGap （hStyle：Integer；Gap：Double）；stdcall；external 'vecad. dll'；

Function CadDimStyleGetTextStyleID （hStyle：Integer）：Integer；stdcall；external 'vecad. dll'；

Procedure CadDimStylePutTextStyleID （hStyle：Integer；Id：Integer）；stdcall；external 'vecad. dll'；

Function CadDimStyleGetTextPlace （hStyle：Integer）：Integer；stdcall；external 'vecad. dll'；

Procedure CadDimStylePutTextPlace （hStyle：Integer；Placement：Integer）；stdcall；external 'vecad. dll'；

Function CadDimStyleGetScale （hStyle：Integer）：Double；stdcall；external 'vecad. dll'；

Procedure CadDimStylePutScale （hStyle：Integer；Scal：Double）；stdcall；external 'vecad. dll'；

Function CadDimStyleGetRound （hStyle：Integer）：Double；stdcall；external 'vecad. dll'；

Procedure CadDimStylePutRound （hStyle：Integer；RoundOff：Double）；stdcall；external 'vecad. dll'；

Function CadDimStyleGetUnits （hStyle：Integer；bAngular：Integer）：Integer；stdcall；external 'vecad. dll'；

Procedure CadDimStylePutUnits （hStyle：Integer；bAngular：Integer；UnitsType：Integer）；stdcall；external 'vecad. dll'；

Function CadDimStyleGetPrecision （hStyle：Integer；bAngular：Integer）：Integer；stdcall；external 'vecad. dll'；

Procedure CadDimStylePutPrecision （hStyle：Integer；bAngular：Integer；Prec：Integer）；

stdcall; external 'vecad. dll';

Function CadDimStyleGetZeroSup (hStyle: Integer; bAngular: Integer): Integer; stdcall; external 'vecad. dll';

Procedure CadDimStylePutZeroSup (hStyle: Integer; bAngular: Integer; bSuppress: Integer); stdcall; external 'vecad. dll';

Function CadDimStyleGetSeparator (hStyle: Integer): Integer; stdcall; external 'vecad. dll';

Procedure CadDimStylePutSeparator (hStyle: Integer; DecSep: Integer); stdcall; external 'vecad. dll';

Procedure CadDimStyleGetPrefix (hStyle: Integer; szPrefix: Pointer); stdcall; external 'vecad. dll';

Procedure CadDimStylePutPrefix (hStyle: Integer; szPrefix: Pchar); stdcall; external 'vecad. dll';

Procedure CadDimStyleGetSuffix (hStyle: Integer; szSuffix: Pointer); stdcall; external 'vecad. dll';

Procedure CadDimStylePutSuffix (hStyle: Integer; szSuffix: Pchar); stdcall; external 'vecad. dll';

Function CadGetEntityByCursor (hDwg: Integer): Integer; stdcall; external 'vecad. dll';

Procedure CadGetEntitiesByPoint (hDwg: Integer; Xwin: Integer; Ywin: Integer; phEnt: Pinteger; pnEnts: Pinteger; iMax: Integer); stdcall; external 'vecad. dll';

Procedure CadGetEntitiesByRect (hDwg: Integer; Lwin: Integer; Twin: Integer; Rwin: Integer; Bwin: Integer; phEnt: Pinteger; pnEnts: Pinteger; nMax: Integer); stdcall; external 'vecad. dll';

Function CadGetEntityByPoint (hDwg: Integer; Xwin: Integer; Ywin: Integer): Integer; stdcall; external 'vecad. dll';

Function CadGetEntityByPointIn (hDwg: Integer; Xdisp: Double; Ydisp: Double): Integer; stdcall; external 'vecad. dll';

Function CadGetEntityByID (hDwg: Integer; Id: Integer): Integer; stdcall; external 'vecad. dll';

Function CadGetEntityByUserData (hDwg: Integer; UserData: Integer): Integer; stdcall; external 'vecad. dll';

Function CadGetEntityByPtr (hPtr: Integer): Integer; stdcall; external 'vecad. dll';

Function CadGetFirstEntity (hDwg: Integer): Integer; stdcall; external 'vecad. dll';

Function CadGetNextEntity (hDwg: Integer; hEnt: Integer): Integer; stdcall; external 'vecad. dll';

Function CadGetPickEntity (hDwg: Integer): Integer; stdcall; external 'vecad. dll';

Function CadEntityGetID (hEnt: Integer): Integer; stdcall; external 'vecad. dll';

Function   CadEntityGetType (hEnt: Integer): Integer; stdcall; external 'vecad. dll';

Function   CadEntityGetLeft (hEnt: Integer): Double; stdcall; external 'vecad. dll';

Function   CadEntityGetBottom (hEnt: Integer): Double; stdcall; external 'vecad. dll';

Function   CadEntityGetRight (hEnt: Integer): Double; stdcall; external 'vecad. dll';

Function   CadEntityGetTop (hEnt: Integer): Double; stdcall; external 'vecad. dll';

Function   CadEntityGetNumPaths (hEnt: Integer): Integer; stdcall; external 'vecad. dll';

Function   CadEntityGetPathSize (hEnt: Integer; iPath: Integer): Integer; stdcall; external 'vecad. dll';

Procedure CadEntityGetVer (hEnt: Integer; iVer: Integer; pX: Pdouble; pY: Pdouble); stdcall; external 'vecad. dll';

Function   CadEntityGetGrip (hEnt: Integer; iGrip: Integer; pX: Pdouble; pY: Pdouble; pZ: Pdouble): Integer; stdcall; external 'vecad. dll';

Function   CadEntityGetLayerID (hEnt: Integer): Integer; stdcall; external 'vecad. dll';

Function   CadEntityPutLayerID (hEnt: Integer; hDwg: Integer; LayerID: Integer): Integer; stdcall; external 'vecad. dll';

Function   CadEntityGetPageID (hEnt: Integer): Integer; stdcall; external 'vecad. dll';

Procedure CadEntityPutPageID (hEnt: Integer; PageID: Integer); stdcall; external 'vecad. dll';

Function   CadEntityGetLinetypeID (hEnt: Integer): Integer; stdcall; external 'vecad. dll';

Procedure CadEntityPutLinetypeID (hEnt: Integer; Id: Integer); stdcall; external 'vecad. dll';

Function   CadEntityGetLtScale (hEnt: Integer): Double; stdcall; external 'vecad. dll';

Procedure CadEntityPutLtScale (hEnt: Integer; lts: Double); stdcall; external 'vecad. dll';

Function   CadEntityGetColor (hEnt: Integer): Integer; stdcall; external 'vecad. dll';

Procedure CadEntityPutColor (hEnt: Integer; Color: Integer); stdcall; external 'vecad. dll';

Function   CadEntityGetLineweight (hEnt: Integer): Integer; stdcall; external 'vecad. dll';

Procedure CadEntityPutLineweight (hEnt: Integer; lw: Integer); stdcall; external 'vecad. dll';

Function   CadEntityGetUserData (hEnt: Integer): Integer; stdcall; external 'vecad. dll';

Procedure CadEntityPutUserData (hEnt: Integer; val: Integer); stdcall; external 'vecad. dll';

Function   CadEntityGetFilled (hEnt: Integer): Integer; stdcall; external 'vecad. dll';

Procedure CadEntityPutFilled (hEnt: Integer; bFilled: Integer); stdcall; external 'vecad. dll';

Function   CadEntityGetBorder (hEnt: Integer): Integer; stdcall; external 'vecad. dll';

Procedure CadEntityPutBorder (hEnt: Integer; bBorder: Integer); stdcall; external 'vecad.

dll′;

Function CadEntityGetBordColor (hEnt: Integer): Integer; stdcall; external ′vecad. dll′;

Procedure CadEntityPutBordColor (hEnt: Integer; Color: Integer); stdcall; external ′vecad. dll′;

Function CadEntityGetBlink (hEnt: Integer): Integer; stdcall; external ′vecad. dll′;

Procedure CadEntityPutBlink (hEnt: Integer; bBlink: Integer); stdcall; external ′vecad. dll′;

Function CadEntityGetVisible (hEnt: Integer): Integer; stdcall; external ′vecad. dll′;

Procedure CadEntityPutVisible (hEnt: Integer; bVisible: Integer); stdcall; external ′vecad. dll′;

Function CadEntityGetDeleted (hEnt: Integer): Integer; stdcall; external ′vecad. dll′;

Function CadEntityGetSelected (hDwg: Integer; hEnt: Integer): Integer; stdcall; external ′vecad. dll′;

Function CadEntityGetLocked (hEnt: Integer): Integer; stdcall; external ′vecad. dll′;

Procedure CadEntityPutLocked (hEnt: Integer; bLock: Integer); stdcall; external ′vecad. dll′;

Procedure CadEntityPutExData (hEnt: Integer; pData: Pointer; nBytes: Integer); stdcall; external ′vecad. dll′;

Function CadEntityGetExDataSize (hEnt: Integer): Integer; stdcall; external ′vecad. dll′;

Procedure CadEntityGetExData (hEnt: Integer; pData: Pointer); stdcall; external ′vecad. dll′;

Function CadEntityGetExDataPtr (hEnt: Integer): Integer; stdcall; external ′vecad. dll′;

Procedure CadEntityPutParkData (hEnt: Integer; szPark: Pchar; szWay: Pchar); stdcall; external ′vecad. dll′;

Function CadEntityGetParkData (hEnt: Integer; szPark: Pointer; szWay: Pointer): Integer; stdcall; external ′vecad. dll′;

Procedure CadEntityErase (hEnt: Integer; bErase: Integer); stdcall; external ′vecad. dll′;

Function CadEntityCopy (hEnt: Integer): Integer; stdcall; external ′vecad. dll′;

Procedure CadEntityMove (hEnt: Integer; dx: Double; dy: Double; dz: Double); stdcall; external ′vecad. dll′;

Procedure CadEntityMoveGrip (hEnt: Integer; iGrip: Integer; dx: Double; dy: Double; dz: Double); stdcall; external ′vecad. dll′;

Procedure CadEntityScale (hEnt: Integer; x0: Double; y0: Double; z0: Double; Scal: Double); stdcall; external ′vecad. dll′;

Procedure CadEntityRotate (hEnt: Integer; x0: Double; y0: Double; z0: Double; Angle: Double); stdcall; external ′vecad. dll′;

Procedure CadEntityMirror (hEnt: Integer; x0: Double; y0: Double; z0: Double; x1: Double; y1: Double; z1: Double); stdcall; external ′vecad. dll′;

Function CadEntityExplode (hEnt: Integer; pnOutEnts: Pinteger; pFirstID: Pinteger):

Integer; stdcall; external 'vecad. dll';

Function CadAddEdge (hEnt: Integer): Integer; stdcall; external 'vecad. dll';

Function CadEntityTrim (hEnt: Integer; x: Double; y: Double): Integer; stdcall; external 'vecad. dll';

Function CadEntityExtend (hEnt: Integer; x: Double; y: Double): Integer; stdcall; external 'vecad. dll';

Procedure CadEntityToTop (hEnt: Integer); stdcall; external 'vecad. dll';

Procedure CadEntityToBottom (hEnt: Integer); stdcall; external 'vecad. dll';

Procedure CadEntitySwap (hEnt1: Integer; hEnt2: Integer); stdcall; external 'vecad. dll';

Function CadAddPoint (hDwg: Integer; X: Double; Y: Double; Z: Double): Integer; stdcall; external 'vecad. dll';

Function CadPointGetStyleID (hEnt: Integer): Integer; stdcall; external 'vecad. dll';

Procedure CadPointPutStyleID (hEnt: Integer; Id: Integer); stdcall; external 'vecad. dll';

Function CadPointGetX (hEnt: Integer): Double; stdcall; external 'vecad. dll';

Procedure CadPointPutX (hEnt: Integer; X: Double); stdcall; external 'vecad. dll';

Function CadPointGetY (hEnt: Integer): Double; stdcall; external 'vecad. dll';

Procedure CadPointPutY (hEnt: Integer; Y: Double); stdcall; external 'vecad. dll';

Function CadPointGetZ (hEnt: Integer): Double; stdcall; external 'vecad. dll';

Procedure CadPointPutZ (hEnt: Integer; Z: Double); stdcall; external 'vecad. dll';

Procedure CadPointGetCoord (hEnt: Integer; pX: Pdouble; pY: Pdouble; pZ: Pdouble); stdcall; external 'vecad. dll';

Procedure CadPointPutCoord (hEnt: Integer; X: Double; Y: Double; Z: Double); stdcall; external 'vecad. dll';

Procedure CadPointGetTextOffset (hEnt: Integer; pDX: Pdouble; pDY: Pdouble; pDZ: Pdouble); stdcall; external 'vecad. dll';

Procedure CadPointPutTextOffset (hEnt: Integer; DX: Double; DY: Double; DZ: Double); stdcall; external 'vecad. dll';

Function CadPointGetTextX (hEnt: Integer): Double; stdcall; external 'vecad. dll';

Procedure CadPointPutTextX (hEnt: Integer; X: Double); stdcall; external 'vecad. dll';

Function CadPointGetTextY (hEnt: Integer): Double; stdcall; external 'vecad. dll';

Procedure CadPointPutTextY (hEnt: Integer; Y: Double); stdcall; external 'vecad. dll';

Procedure CadPointGetText (hEnt: Integer; szText: Pointer); stdcall; external 'vecad. dll';

Procedure CadPointPutText (hEnt: Integer; szText: Pchar); stdcall; external 'vecad. dll';

Function CadPointGetTextAngle (hEnt: Integer): Double; stdcall; external 'vecad. dll';

Procedure CadPointPutTextAngle (hEnt: Integer; Angle: Double); stdcall; external 'vecad. dll';

Function CadPointGetBlockAngle (hEnt: Integer): Double; stdcall; external 'vecad. dll';

Procedure CadPointPutBlockAngle (hEnt: Integer; Angle: Double); stdcall; external 'vecad. dll';

Function CadAddLine (hDwg: Integer; x1: Double; y1: Double; z1: Double; x2: Double; y2: Double; z2: Double): Integer; stdcall; external 'vecad. dll';

Function CadAddXLine (hDwg: Integer; x: Double; y: Double; z: Double; dx: Double; dy: Double; dz: Double): Integer; stdcall; external 'vecad. dll';

Function CadAddRay (hDwg: Integer; x: Double; y: Double; z: Double; dx: Double; dy: Double; dz: Double): Integer; stdcall; external 'vecad. dll';

Function CadLineGetX1 (hEnt: Integer): Double; stdcall; external 'vecad. dll';

Procedure CadLinePutX1 (hEnt: Integer; X: Double); stdcall; external 'vecad. dll';

Function CadLineGetY1 (hEnt: Integer): Double; stdcall; external 'vecad. dll';

Procedure CadLinePutY1 (hEnt: Integer; Y: Double); stdcall; external 'vecad. dll';

Function CadLineGetZ1 (hEnt: Integer): Double; stdcall; external 'vecad. dll';

Procedure CadLinePutZ1 (hEnt: Integer; Z: Double); stdcall; external 'vecad. dll';

Function CadLineGetX2 (hEnt: Integer): Double; stdcall; external 'vecad. dll';

Procedure CadLinePutX2 (hEnt: Integer; X: Double); stdcall; external 'vecad. dll';

Function CadLineGetY2 (hEnt: Integer): Double; stdcall; external 'vecad. dll';

Procedure CadLinePutY2 (hEnt: Integer; Y: Double); stdcall; external 'vecad. dll';

Function CadLineGetZ2 (hEnt: Integer): Double; stdcall; external 'vecad. dll';

Procedure CadLinePutZ2 (hEnt: Integer; Z: Double); stdcall; external 'vecad. dll';

Procedure CadLineGetPoint1 (hEnt: Integer; pX: Pdouble; pY: Pdouble; pZ: Pdouble); stdcall; external 'vecad. dll';

Procedure CadLinePutPoint1 (hEnt: Integer; X: Double; Y: Double; Z: Double); stdcall; external 'vecad. dll';

Procedure CadLineGetPoint2 (hEnt: Integer; pX: Pdouble; pY: Pdouble; pZ: Pdouble); stdcall; external 'vecad. dll';

Procedure CadLinePutPoint2 (hEnt: Integer; X: Double; Y: Double; Z: Double); stdcall; external 'vecad. dll';

Function CadLineIsX (hEnt: Integer): Integer; stdcall; external 'vecad. dll';

Function CadLineIsRay (hEnt: Integer): Integer; stdcall; external 'vecad. dll';

Function CadAddCircle (hDwg: Integer; X: Double; Y: Double; Z: Double; Radius: Double): Integer; stdcall; external 'vecad. dll';

Function CadAddCircle3P (hDwg: Integer; X1: Double; Y1: Double; Z: Double; X2: Double; Y2: Double; X3: Double; Y3: Double): Integer; stdcall; external 'vecad. dll';

Function CadAddArc (hDwg: Integer; X: Double; Y: Double; Z: Double; Radius: Double; StartAngle: Double; ArcAngle: Double): Integer; stdcall; external 'vecad. dll';

Function CadAddArc3P (hDwg: Integer; X1: Double; Y1: Double; Z: Double; X2:

Double; Y2: Double; X3: Double; Y3: Double): Integer; stdcall; external 'vecad. dll';

Function CadAddArcCSE (hDwg: Integer; Xc: Double; Yc: Double; Z: Double; Xs: Double; Ys: Double; Xe: Double; Ye: Double; bCCW: Integer): Integer; stdcall; external 'vecad. dll';

Function CadAddArcSED (hDwg: Integer; Xs: Double; Ys: Double; Z: Double; Xe: Double; Ye: Double; DirAngle: Double): Integer; stdcall; external 'vecad. dll';

Function CadAddArcContinue (hDwg: Integer; hEnt: Integer; Xe: Double; Ye: Double; Z: Double): Integer; stdcall; external 'vecad. dll';

Function CadAddEllipse (hDwg: Integer; X: Double; Y: Double; Z: Double; RadH: Double; RadV: Double; RotAngle: Double): Integer; stdcall; external 'vecad. dll';

Function CadArcGetType (hEnt: Integer): Integer; stdcall; external 'vecad. dll';

Function CadArcGetCenterX (hEnt: Integer): Double; stdcall; external 'vecad. dll';

Procedure CadArcPutCenterX (hEnt: Integer; X: Double); stdcall; external 'vecad. dll';

Function CadArcGetCenterY (hEnt: Integer): Double; stdcall; external 'vecad. dll';

Procedure CadArcPutCenterY (hEnt: Integer; Y: Double); stdcall; external 'vecad. dll';

Function CadArcGetCenterZ (hEnt: Integer): Double; stdcall; external 'vecad. dll';

Procedure CadArcPutCenterZ (hEnt: Integer; Z: Double); stdcall; external 'vecad. dll';

Procedure CadArcGetCenter (hEnt: Integer; pX: Pdouble; pY: Pdouble; pZ: Pdouble); stdcall; external 'vecad. dll';

Procedure CadArcPutCenter (hEnt: Integer; X: Double; Y: Double; Z: Double); stdcall; external 'vecad. dll';

Function CadArcGetRadius (hEnt: Integer): Double; stdcall; external 'vecad. dll';

Procedure CadArcPutRadius (hEnt: Integer; R: Double); stdcall; external 'vecad. dll';

Function CadArcGetRadHor (hEnt: Integer): Double; stdcall; external 'vecad. dll';

Procedure CadArcPutRadHor (hEnt: Integer; R: Double); stdcall; external 'vecad. dll';

Function CadArcGetRadVer (hEnt: Integer): Double; stdcall; external 'vecad. dll';

Procedure CadArcPutRadVer (hEnt: Integer; R: Double); stdcall; external 'vecad. dll';

Function CadArcGetStartAngle (hEnt: Integer): Double; stdcall; external 'vecad. dll';

Procedure CadArcPutStartAngle (hEnt: Integer; Ang: Double); stdcall; external 'vecad. dll';

Function CadArcGetAngle (hEnt: Integer): Double; stdcall; external 'vecad. dll';

Procedure CadArcPutAngle (hEnt: Integer; Ang: Double); stdcall; external 'vecad. dll';

Function CadArcGetRotAngle (hEnt: Integer): Double; stdcall; external 'vecad. dll';

Procedure CadArcPutRotAngle (hEnt: Integer; Ang: Double); stdcall; external 'vecad. dll';

Function CadArcGetSector (hEnt: Integer): Integer; stdcall; external 'vecad. dll';

Procedure CadArcPutSector (hEnt: Integer; bSector: Integer); stdcall; external 'vecad. dll';

Procedure CadArcGetStartPt (hEnt: Integer; pX: Pdouble; pY: Pdouble; pZ: Pdouble); stdcall; external 'vecad. dll';

Function　CadArcPutStartPt（hEnt：Integer；X：Double；Y：Double；Z：Double）：Integer；stdcall；external 'vecad. dll'；

Procedure CadArcGetEndPt（hEnt：Integer；pX：Pdouble；pY：Pdouble；pZ：Pdouble）；stdcall；external 'vecad. dll'；

Function　CadArcPutEndPt（hEnt：Integer；X：Double；Y：Double；Z：Double）：Integer；stdcall；external 'vecad. dll'；

Procedure CadArcGetMidPt（hEnt：Integer；pX：Pdouble；pY：Pdouble；pZ：Pdouble）；stdcall；external 'vecad. dll'；

Function　CadArcPutMidPt（hEnt：Integer；X：Double；Y：Double；Z：Double）：Integer；stdcall；external 'vecad. dll'；

Procedure CadArcGet3Pt（hEnt：Integer；pXsta：Pdouble；pYsta：Pdouble；pZ：Pdouble；pXmid：Pdouble；pYmid：Pdouble；pXend：Pdouble；pYend：Pdouble）；stdcall；external 'vecad. dll'；

Function　CadArcPut3Pt（hEnt：Integer；Xsta：Double；Ysta：Double；Z：Double；Xmid：Double；Ymid：Double；Xe：Double；Ye：Double）：Integer；stdcall；external 'vecad. dll'；

Procedure CadArcDivide（hEnt：Integer；nPoints：Integer；X：Pdouble；Y：Pdouble）；stdcall；external 'vecad. dll'；

Procedure CadClearVertices；stdcall；external 'vecad. dll'；

Procedure CadAddVertex（X：Double；Y：Double；Z：Double）；stdcall；external 'vecad. dll'；

Procedure CadAddVertex2（X：Double；Y：Double；Z：Double；Prm：Double；StartW：Double；EndW：Double）；stdcall；external 'vecad. dll'；

Function　CadAddPolyline（hDwg：Integer；FitType：Integer；bClosed：Integer）：Integer；stdcall；external 'vecad. dll'；

Function　CadAddPolylineW（hDwg：Integer；FitType：Integer；bClosed：Integer；Width：Double）：Integer；stdcall；external 'vecad. dll'；

Function　CadAddPolygon（hDwg：Integer；Color：Integer；bBorder：Integer）：Integer；stdcall；external 'vecad. dll'；

Function　CadAddBoundPolygon（hDwg：Integer；X：Double；Y：Double；Z：Double）：Integer；stdcall；external 'vecad. dll'；

Function　CadAddBoundary（hDwg：Integer；X：Double；Y：Double；Z：Double）：Integer；stdcall；external 'vecad. dll'；

Function　CadPlineInsertVer（hEnt：Integer；iVer：Integer）：Integer；stdcall；external 'vecad. dll'；

Function　CadPlineDeleteVer（hEnt：Integer；iVer：Integer）：Integer；stdcall；external 'vecad. dll'；

Function　CadPlineGetNumVers（hEnt：Integer）：Integer；stdcall；external 'vecad. dll'；

Procedure CadPlinePutNumVers（hEnt：Integer；nVers：Integer）；stdcall；external 'vecad. dll'；

Function CadPlineGetX (hEnt: Integer; iVer: Integer): Double; stdcall; external 'vecad. dll';

Procedure CadPlinePutX (hEnt: Integer; iVer: Integer; X: Double); stdcall; external 'vecad. dll';

Function CadPlineGetY (hEnt: Integer; iVer: Integer): Double; stdcall; external 'vecad. dll';

Procedure CadPlinePutY (hEnt: Integer; iVer: Integer; Y: Double); stdcall; external 'vecad. dll';

Function CadPlineGetZ (hEnt: Integer; iVer: Integer): Double; stdcall; external 'vecad. dll';

Procedure CadPlinePutZ (hEnt: Integer; iVer: Integer; Z: Double); stdcall; external 'vecad. dll';

Procedure CadPlineGetVer (hEnt: Integer; iVer: Integer; pX: Pdouble; pY: Pdouble; pZ: Pdouble); stdcall; external 'vecad. dll';

Procedure CadPlinePutVer (hEnt: Integer; iVer: Integer; X: Double; Y: Double; Z: Double); stdcall; external 'vecad. dll';

Function CadPlineGetPrm (hEnt: Integer; iVer: Integer): Double; stdcall; external 'vecad. dll';

Procedure CadPlinePutPrm (hEnt: Integer; iVer: Integer; Prm: Double); stdcall; external 'vecad. dll';

Function CadPlineGetStartW (hEnt: Integer; iVer: Integer): Double; stdcall; external 'vecad. dll';

Procedure CadPlinePutStartW (hEnt: Integer; iVer: Integer; Width: Double); stdcall; external 'vecad. dll';

Function CadPlineGetEndW (hEnt: Integer; iVer: Integer): Double; stdcall; external 'vecad. dll';

Procedure CadPlinePutEndW (hEnt: Integer; iVer: Integer; Width: Double); stdcall; external 'vecad. dll';

Procedure CadPlinePutZ1 (hEnt: Integer; Z: Double); stdcall; external 'vecad. dll';

Function CadPlineGetRadius (hEnt: Integer): Double; stdcall; external 'vecad. dll';

Procedure CadPlinePutRadius (hEnt: Integer; Rad: Double); stdcall; external 'vecad. dll';

Function CadPlineGetWidth (hEnt: Integer): Double; stdcall; external 'vecad. dll';

Procedure CadPlinePutWidth (hEnt: Integer; Width: Double); stdcall; external 'vecad. dll';

Function CadPlineGetClosed (hEnt: Integer): Integer; stdcall; external 'vecad. dll';

Procedure CadPlinePutClosed (hEnt: Integer; bClosed: Integer); stdcall; external 'vecad. dll';

Function CadPlineGetFit (hEnt: Integer): Integer; stdcall; external 'vecad. dll';

Procedure CadPlinePutFit (hEnt: Integer; FitType: Integer); stdcall; external 'vecad. dll';

Procedure CadPlineGetStartTan（hEnt：Integer；pX：Pdouble；pY：Pdouble；pZ：Pdouble）；stdcall；external 'vecad. dll'；

Procedure CadPlinePutStartTan（hEnt：Integer；X：Double；Y：Double；Z：Double）；stdcall；external 'vecad. dll'；

Procedure CadPlineGetEndTan（hEnt：Integer；pX：Pdouble；pY：Pdouble；pZ：Pdouble）；stdcall；external 'vecad. dll'；

Procedure CadPlinePutEndTan（hEnt：Integer；X：Double；Y：Double；Z：Double）；stdcall；external 'vecad. dll'；

Function CadPlineGetLength（hEnt：Integer）：Double；stdcall；external 'vecad. dll'；

Function CadPlineGetArea（hEnt：Integer）：Double；stdcall；external 'vecad. dll'；

Function CadPlineContainPoint（hEnt：Integer；X：Double；Y：Double）：Integer；stdcall；external 'vecad. dll'；

Function CadPlineGetNearPoint（hEnt：Integer；X：Double；Y：Double；Z：Double；pX：Pdouble；pY：Pdouble；pZ：Pdouble；pDist：Pdouble）：Double；stdcall；external 'vecad. dll'；

Function CadPlineGetDistPoint（hEnt：Integer；Dist：Double；pX：Pdouble；pY：Pdouble；pZ：Pdouble；pDirAngle：Pdouble）：Integer；stdcall；external 'vecad. dll'；

Function CadPlineGetInterPoint（hEnt：Integer；x1：Double；y1：Double；x2：Double；y2：Double；pX：Pdouble；pY：Pdouble；pDist：Pdouble）：Integer；stdcall；external 'vecad. dll'；

Function CadAddRect（hDwg：Integer；X：Double；Y：Double；Z：Double；Width：Double；Height：Double；Angle：Double）：Integer；stdcall；external 'vecad. dll'；

Procedure CadRectGetCenter（hEnt：Integer；pX：Pdouble；pY：Pdouble；pZ：Pdouble）；stdcall；external 'vecad. dll'；

Procedure CadRectPutCenter（hEnt：Integer；X：Double；Y：Double；Z：Double）；stdcall；external 'vecad. dll'；

Function CadRectGetWidth（hEnt：Integer）：Double；stdcall；external 'vecad. dll'；

Procedure CadRectPutWidth（hEnt：Integer；Width：Double）；stdcall；external 'vecad. dll'；

Function CadRectGetHeight（hEnt：Integer）：Double；stdcall；external 'vecad. dll'；

Procedure CadRectPutHeight（hEnt：Integer；Height：Double）；stdcall；external 'vecad. dll'；

Function CadRectGetAngle（hEnt：Integer）：Double；stdcall；external 'vecad. dll'；

Procedure CadRectPutAngle（hEnt：Integer；Angle：Double）；stdcall；external 'vecad. dll'；

Function CadRectGetRadius（hEnt：Integer）：Double；stdcall；external 'vecad. dll'；

Procedure CadRectPutRadius（hEnt：Integer；Radius：Double）；stdcall；external 'vecad. dll'；

Function CadRectGetPrint（hEnt：Integer）：Integer；stdcall；external 'vecad. dll'；

Procedure CadRectPutPrint（hEnt：Integer；bPrnRect：Integer）；stdcall；external 'vecad. dll'；

Procedure CadRectGetName (hEnt: Integer; szName: Pointer); stdcall; external 'vecad. dll';

Procedure CadRectPutName (hEnt: Integer; szName: Pchar); stdcall; external 'vecad. dll';

Function CadRectPrint (hDwg: Integer; hEnt: Integer; hDC: HDC): Integer; stdcall; external 'vecad. dll';

Function CadAddMline (hDwg: Integer; bClosed: Integer): Integer; stdcall; external 'vecad. dll';

Function CadMlineInsertVer (hEnt: Integer; iVer: Integer): Integer; stdcall; external 'vecad. dll';

Function CadMlineDeleteVer (hEnt: Integer; iVer: Integer): Integer; stdcall; external 'vecad. dll';

Function CadMlineGetNumVers (hEnt: Integer): Integer; stdcall; external 'vecad. dll';

Procedure CadMlinePutNumVers (hEnt: Integer; nVers: Integer); stdcall; external 'vecad. dll';

Procedure CadMlineGetVer (hEnt: Integer; iVer: Integer; pX: Pdouble; pY: Pdouble; pZ: Pdouble); stdcall; external 'vecad. dll';

Procedure CadMlinePutVer (hEnt: Integer; iVer: Integer; X: Double; Y: Double; Z: Double); stdcall; external 'vecad. dll';

Procedure CadMlinePutZ1 (hEnt: Integer; Z: Double); stdcall; external 'vecad. dll';

Function CadMlineGetClosed (hEnt: Integer): Integer; stdcall; external 'vecad. dll';

Procedure CadMlinePutClosed (hEnt: Integer; bClosed: Integer); stdcall; external 'vecad. dll';

Procedure CadMlinePutScale (hEnt: Integer; Scal: Double); stdcall; external 'vecad. dll';

Function CadMlineGetScale (hEnt: Integer): Double; stdcall; external 'vecad. dll';

Procedure CadMlinePutJust (hEnt: Integer; Just: Integer); stdcall; external 'vecad. dll';

Function CadMlineGetJust (hEnt: Integer): Integer; stdcall; external 'vecad. dll';

Function CadMlineGetLength (hEnt: Integer): Double; stdcall; external 'vecad. dll';

Function CadMlineGetStyleID (hEnt: Integer): Integer; stdcall; external 'vecad. dll';

Procedure CadMlinePutStyleID (hEnt: Integer; Id: Integer); stdcall; external 'vecad. dll';

Function CadSetTextAlign (hDwg: Integer; Align: Integer): Integer; stdcall; external 'vecad. dll';

Function CadSetTextHeight (hDwg: Integer; Height: Double): Double; stdcall; external 'vecad. dll';

Function CadSetTextWidth (hDwg: Integer; Width: Double): Double; stdcall; external 'vecad. dll';

Function CadSetTextRotAngle (hDwg: Integer; Angle: Double): Double; stdcall; external 'vecad. dll';

Function CadSetTextOblique (hDwg: Integer; Angle: Double): Double; stdcall; external

'vecad. dll';

Function　CadSetTextUpsideDown（hDwg：Integer；bUpDown：Integer）：Integer；stdcall；external 'vecad. dll';

Function　CadSetTextBackward（hDwg：Integer；bBack：Integer）：Integer；stdcall；external 'vecad. dll';

Function　CadAddText（hDwg：Integer；szText：Pchar；X：Double；Y：Double；Z：Double）：Integer；stdcall；external 'vecad. dll';

Function　CadAddText2（hDwg：Integer；szText：Pchar；X：Double；Y：Double；Z：Double；Align：Integer；H：Double；W：Double；RotAngle：Double；Oblique：Double）：Integer；stdcall；external 'vecad. dll';

Function　CadTextGetStyleID（hEnt：Integer）：Integer；stdcall；external 'vecad. dll';

Procedure CadTextPutStyleID（hEnt：Integer；Id：Integer）；stdcall；external 'vecad. dll';

Function　CadTextGetX（hEnt：Integer）：Double；stdcall；external 'vecad. dll';

Procedure CadTextPutX（hEnt：Integer；X：Double）；stdcall；external 'vecad. dll';

Function　CadTextGetY（hEnt：Integer）：Double；stdcall；external 'vecad. dll';

Procedure CadTextPutY（hEnt：Integer；Y：Double）；stdcall；external 'vecad. dll';

Function　CadTextGetZ（hEnt：Integer）：Double；stdcall；external 'vecad. dll';

Procedure CadTextPutZ（hEnt：Integer；Z：Double）；stdcall；external 'vecad. dll';

Procedure CadTextGetPoint（hEnt：Integer；pX：Pdouble；pY：Pdouble；pZ：Pdouble）；stdcall；external 'vecad. dll';

Procedure CadTextPutPoint（hEnt：Integer；X：Double；Y：Double；Z：Double）；stdcall；external 'vecad. dll';

Function　CadTextGetLen（hEnt：Integer）：Integer；stdcall；external 'vecad. dll';

Procedure CadTextGetText（hEnt：Integer；szText：Pointer；MaxChars：Integer）；stdcall；external 'vecad. dll';

Procedure CadTextPutText（hEnt：Integer；szText：Pchar）；stdcall；external 'vecad. dll';

Function　CadTextGetAngle（hEnt：Integer）：Double；stdcall；external 'vecad. dll';

Procedure CadTextPutAngle（hEnt：Integer；Angle：Double）；stdcall；external 'vecad. dll';

Function　CadTextGetHeight（hEnt：Integer）：Double；stdcall；external 'vecad. dll';

Procedure CadTextPutHeight（hEnt：Integer；Height：Double）；stdcall；external 'vecad. dll';

Function　CadTextGetWidth（hEnt：Integer）：Double；stdcall；external 'vecad. dll';

Procedure CadTextPutWidth（hEnt：Integer；Width：Double）；stdcall；external 'vecad. dll';

Function　CadTextGetOblique（hEnt：Integer）：Double；stdcall；external 'vecad. dll';

Procedure CadTextPutOblique（hEnt：Integer；Angle：Double）；stdcall；external 'vecad. dll';

Function　CadTextGetAlign (hEnt：Integer)：Integer; stdcall; external 'vecad. dll';

Procedure CadTextPutAlign (hEnt：Integer; Align：Integer); stdcall; external 'vecad. dll';

Function　CadTextGetBackward (hEnt：Integer)：Integer; stdcall; external 'vecad. dll';

Procedure CadTextPutBackward (hEnt：Integer; bBackward：Integer); stdcall; external 'vecad. dll';

Function　CadTextGetUpsideDown (hEnt：Integer)：Integer; stdcall; external 'vecad. dll';

Procedure CadTextPutUpsideDown (hEnt：Integer; bUpsideDown：Integer); stdcall; external 'vecad. dll';

Function　CadTextGetBoxWidth (hEnt：Integer)：Double; stdcall; external 'vecad. dll';

Procedure CadTextGetPoint0 (hEnt：Integer; pX：Pdouble; pY：Pdouble; pZ：Pdouble); stdcall; external 'vecad. dll';

Function　CadAddMText (hDwg：Integer; szText：Pchar; RectWidth：Double; X：Double; Y：Double; Z：Double; Align：Integer; RotAngle：Double)：Integer; stdcall; external 'vecad. dll';

Function　CadMTextGetStyleID (hEnt：Integer)：Integer; stdcall; external 'vecad. dll';

Procedure CadMTextPutStyleID (hEnt：Integer; Id：Integer); stdcall; external 'vecad. dll';

Procedure CadMTextGetPoint (hEnt：Integer; pX：Pdouble; pY：Pdouble; pZ：Pdouble); stdcall; external 'vecad. dll';

Procedure CadMTextPutPoint (hEnt：Integer; X：Double; Y：Double; Z：Double); stdcall; external 'vecad. dll';

Function　CadMTextGetLen (hEnt：Integer)：Integer; stdcall; external 'vecad. dll';

Procedure CadMTextGetText (hEnt：Integer; szText：Pointer; MaxChars：Integer); stdcall; external 'vecad. dll';

Procedure CadMTextPutText (hEnt：Integer; szText：Pchar); stdcall; external 'vecad. dll';

Function　CadMTextGetRectWidth (hEnt：Integer)：Double; stdcall; external 'vecad. dll';

Procedure CadMTextPutRectWidth (hEnt：Integer; RectWidth：Double); stdcall; external 'vecad. dll';

Function　CadMTextGetAlign (hEnt：Integer)：Integer; stdcall; external 'vecad. dll';

Procedure CadMTextPutAlign (hEnt：Integer; Align：Integer); stdcall; external 'vecad. dll';

Function　CadMTextGetHeight (hEnt：Integer)：Double; stdcall; external 'vecad. dll';

Procedure CadMTextPutHeight (hEnt：Integer; Height：Double); stdcall; external 'vecad. dll';

Function　CadMTextGetAngle (hEnt：Integer)：Double; stdcall; external 'vecad. dll';

Procedure CadMTextPutAngle (hEnt：Integer; Angle：Double); stdcall; external 'vecad. dll';

Function CadMTextGetWidth (hEnt: Integer): Double; stdcall; external 'vecad. dll';

Procedure CadMTextPutWidth (hEnt: Integer; Width: Double); stdcall; external 'vecad. dll';

Function CadMTextGetLineSpace (hEnt: Integer): Double; stdcall; external 'vecad. dll';

Procedure CadMTextPutLineSpace (hEnt: Integer; LineSpace: Double); stdcall; external 'vecad. dll';

Function CadMTextGetAW (hEnt: Integer): Double; stdcall; external 'vecad. dll';

Function CadMTextGetAH (hEnt: Integer): Double; stdcall; external 'vecad. dll';

Function CadAddWText (hDwg: Integer; szText: Pchar; X: Double; Y: Double; Z: Double): Integer; stdcall; external 'vecad. dll';

Function CadAddWText2 (hDwg: Integer; szText: Pchar; X: Double; Y: Double; Z: Double; Align: Integer; H: Double; RotAngle: Double; bItalic: Integer; bUnderline: Integer; bStrikeout: Integer): Integer; stdcall; external 'vecad. dll';

Function CadWTextGetStyleID (hEnt: Integer): Integer; stdcall; external 'vecad. dll';

Procedure CadWTextPutStyleID (hEnt: Integer; Id: Integer); stdcall; external 'vecad. dll';

Procedure CadWTextGetPoint (hEnt: Integer; pX: Pdouble; pY: Pdouble; pZ: Pdouble); stdcall; external 'vecad. dll';

Procedure CadWTextPutPoint (hEnt: Integer; X: Double; Y: Double; Z: Double); stdcall; external 'vecad. dll';

Function CadWTextGetLen (hEnt: Integer): Integer; stdcall; external 'vecad. dll';

Procedure CadWTextGetText (hEnt: Integer; szText: Pointer; MaxChars: Integer); stdcall; external 'vecad. dll';

Procedure CadWTextPutText (hEnt: Integer; szText: Pchar); stdcall; external 'vecad. dll';

Function CadWTextGetAngle (hEnt: Integer): Double; stdcall; external 'vecad. dll';

Procedure CadWTextPutAngle (hEnt: Integer; Angle: Double); stdcall; external 'vecad. dll';

Function CadWTextGetHeight (hEnt: Integer): Double; stdcall; external 'vecad. dll';

Procedure CadWTextPutHeight (hEnt: Integer; Height: Double); stdcall; external 'vecad. dll';

Function CadWTextGetAlign (hEnt: Integer): Integer; stdcall; external 'vecad. dll';

Procedure CadWTextPutAlign (hEnt: Integer; Align: Integer); stdcall; external 'vecad. dll';

Function CadWTextGetItalic (hEnt: Integer): Integer; stdcall; external 'vecad. dll';

Procedure CadWTextPutItalic (hEnt: Integer; bItalic: Integer); stdcall; external 'vecad. dll';

Function CadWTextGetStrikeout (hEnt: Integer): Integer; stdcall; external 'vecad. dll';

Procedure CadWTextPutStrikeout (hEnt: Integer; bStrikeout: Integer); stdcall; external 'vecad. dll';

Function CadWTextGetUnderline (hEnt: Integer): Integer; stdcall; external 'vecad. dll';

Procedure CadWTextPutUnderline (hEnt: Integer; bUnderline: Integer); stdcall; external

'vecad. dll';

　　Function　CadAddInsBlock (hDwg: Integer; idBlock: Integer; X: Double; Y: Double; Z: Double; Scal: Double; Angle: Double): Integer; stdcall; external 'vecad. dll';

　　Function　CadAddInsBlockM (hDwg: Integer; idBlock: Integer; X: Double; Y: Double; Z: Double; Scal: Double; Angle: Double; NumCols: Integer; NumRows: Integer; ColDist: Double; RowDist: Double): Integer; stdcall; external 'vecad. dll';

　　Function　CadInsBlockGetBlockID (hEnt: Integer): Integer; stdcall; external 'vecad. dll';

　　Procedure CadInsBlockPutBlockID (hEnt: Integer; Id: Integer); stdcall; external 'vecad. dll';

　　Function　CadInsBlockGetX (hEnt: Integer): Double; stdcall; external 'vecad. dll';

　　Procedure CadInsBlockPutX (hEnt: Integer; X: Double); stdcall; external 'vecad. dll';

　　Function　CadInsBlockGetY (hEnt: Integer): Double; stdcall; external 'vecad. dll';

　　Procedure CadInsBlockPutY (hEnt: Integer; Y: Double); stdcall; external 'vecad. dll';

　　Function　CadInsBlockGetZ (hEnt: Integer): Double; stdcall; external 'vecad. dll';

　　Procedure CadInsBlockPutZ (hEnt: Integer; Z: Double); stdcall; external 'vecad. dll';

　　Procedure CadInsBlockGetPoint (hEnt: Integer; pX: Pdouble; pY: Pdouble; pZ: Pdouble); stdcall; external 'vecad. dll';

　　Procedure CadInsBlockPutPoint (hEnt: Integer; X: Double; Y: Double; Z: Double); stdcall; external 'vecad. dll';

　　Function　CadInsBlockGetScale (hEnt: Integer): Double; stdcall; external 'vecad. dll';

　　Procedure CadInsBlockPutScale (hEnt: Integer; Scal: Double); stdcall; external 'vecad. dll';

　　Function　CadInsBlockGetScaleX (hEnt: Integer): Double; stdcall; external 'vecad. dll';

　　Procedure CadInsBlockPutScaleX (hEnt: Integer; Sx: Double); stdcall; external 'vecad. dll';

　　Function　CadInsBlockGetScaleY (hEnt: Integer): Double; stdcall; external 'vecad. dll';

　　Procedure CadInsBlockPutScaleY (hEnt: Integer; Sy: Double); stdcall; external 'vecad. dll';

　　Function　CadInsBlockGetScaleZ (hEnt: Integer): Double; stdcall; external 'vecad. dll';

　　Procedure CadInsBlockPutScaleZ (hEnt: Integer; Sz: Double); stdcall; external 'vecad. dll';

　　Function　CadInsBlockGetAngle (hEnt: Integer): Double; stdcall; external 'vecad. dll';

　　Procedure CadInsBlockPutAngle (hEnt: Integer; Angle: Double); stdcall; external 'vecad. dll';

　　Function　CadInsBlockGetNumRows (hEnt: Integer): Integer; stdcall; external 'vecad. dll';

　　Procedure CadInsBlockPutNumRows (hEnt: Integer; NumRows: Integer); stdcall; external 'vecad. dll';

　　Function　CadInsBlockGetNumCols (hEnt: Integer): Integer; stdcall; external 'vecad. dll';

　　Procedure CadInsBlockPutNumCols (hEnt: Integer; NumCols: Integer); stdcall; external 'vecad. dll';

　　Function　CadInsBlockGetRowDist (hEnt: Integer): Double; stdcall; external 'vecad. dll';

Procedure CadInsBlockPutRowDist (hEnt: Integer; RowDist: Double); stdcall; external 'vecad. dll';

Function CadInsBlockGetColDist (hEnt: Integer): Double; stdcall; external 'vecad. dll';

Procedure CadInsBlockPutColDist (hEnt: Integer; ColDist: Double); stdcall; external 'vecad. dll';

Function CadInsBlockHasAttribs (hEnt: Integer): Integer; stdcall; external 'vecad. dll';

Function CadInsBlockGetFirstAtt (hEnt: Integer): Integer; stdcall; external 'vecad. dll';

Function CadInsBlockGetNextAtt (hEnt: Integer; hAtt: Integer): Integer; stdcall; external 'vecad. dll';

Function CadAddAttrib (hDwg: Integer; szTag: Pchar; szDefValue: Pchar; X: Double; Y: Double; Z: Double): Integer; stdcall; external 'vecad. dll';

Function CadAttGetStyleID (hEnt: Integer): Integer; stdcall; external 'vecad. dll';

Procedure CadAttPutStyleID (hEnt: Integer; Id: Integer); stdcall; external 'vecad. dll';

Procedure CadAttGetPoint (hEnt: Integer; pX: Pdouble; pY: Pdouble; pZ: Pdouble); stdcall; external 'vecad. dll';

Procedure CadAttPutPoint (hEnt: Integer; X: Double; Y: Double; Z: Double); stdcall; external 'vecad. dll';

Procedure CadAttGetTag (hEnt: Integer; szText: Pointer; MaxChars: Integer); stdcall; external 'vecad. dll';

Procedure CadAttPutTag (hEnt: Integer; szText: Pchar); stdcall; external 'vecad. dll';

Procedure CadAttGetPrompt (hEnt: Integer; szText: Pointer; MaxChars: Integer); stdcall; external 'vecad. dll';

Procedure CadAttPutPrompt (hEnt: Integer; szText: Pchar); stdcall; external 'vecad. dll';

Procedure CadAttGetDefValue (hEnt: Integer; szText: Pointer; MaxChars: Integer); stdcall; external 'vecad. dll';

Procedure CadAttPutDefValue (hEnt: Integer; szText: Pchar); stdcall; external 'vecad. dll';

Procedure CadAttGetValue (hEnt: Integer; szText: Pointer; MaxChars: Integer); stdcall; external 'vecad. dll';

Procedure CadAttPutValue (hEnt: Integer; szText: Pchar); stdcall; external 'vecad. dll';

Function CadAttGetAngle (hEnt: Integer): Double; stdcall; external 'vecad. dll';

Procedure CadAttPutAngle (hEnt: Integer; Angle: Double); stdcall; external 'vecad. dll';

Function CadAttGetHeight (hEnt: Integer): Double; stdcall; external 'vecad. dll';

Procedure CadAttPutHeight (hEnt: Integer; Height: Double); stdcall; external 'vecad. dll';

Function CadAttGetWidth (hEnt: Integer): Double; stdcall; external 'vecad. dll';

Procedure CadAttPutWidth (hEnt: Integer; Width: Double); stdcall; external 'vecad. dll';

Function CadAttGetOblique (hEnt: Integer): Double; stdcall; external 'vecad. dll';

Procedure CadAttPutOblique (hEnt: Integer; Angle: Double); stdcall; external 'vecad. dll';

Function CadAttGetAlign (hEnt: Integer): Integer; stdcall; external 'vecad. dll';

Procedure CadAttPutAlign (hEnt: Integer; Align: Integer); stdcall; external 'vecad. dll';

Function CadAttGetBackward (hEnt: Integer): Integer; stdcall; external 'vecad. dll';

Procedure CadAttPutBackward (hEnt: Integer; bBackward: Integer); stdcall; external 'vecad. dll';

Function CadAttGetUpsideDown (hEnt: Integer): Integer; stdcall; external 'vecad. dll';

Procedure CadAttPutUpsideDown (hEnt: Integer; bUpsideDown: Integer); stdcall; external 'vecad. dll';

Function CadAttGetMode (hEnt: Integer): Integer; stdcall; external 'vecad. dll';

Procedure CadAttPutMode (hEnt: Integer; Mode: Integer); stdcall; external 'vecad. dll';

Function CadAddImage (hDwg: Integer; szFileName: Pchar; X: Double; Y: Double; Z: Double; Scal: Double): Integer; stdcall; external 'vecad. dll';

Function CadAddImagePlace (hDwg: Integer; Id: Integer; Width: Integer; Height: Integer; X: Double; Y: Double; Z: Double; Scal: Double): Integer; stdcall; external 'vecad. dll';

Procedure CadImageGetFile (hEnt: Integer; szFileName: Pointer); stdcall; external 'vecad. dll';

Procedure CadImagePutFile (hEnt: Integer; szFileName: Pchar); stdcall; external 'vecad. dll';

Function CadImageGetX (hEnt: Integer): Double; stdcall; external 'vecad. dll';

Procedure CadImagePutX (hEnt: Integer; X: Double); stdcall; external 'vecad. dll';

Function CadImageGetY (hEnt: Integer): Double; stdcall; external 'vecad. dll';

Procedure CadImagePutY (hEnt: Integer; Y: Double); stdcall; external 'vecad. dll';

Function CadImageGetZ (hEnt: Integer): Double; stdcall; external 'vecad. dll';

Procedure CadImagePutZ (hEnt: Integer; Z: Double); stdcall; external 'vecad. dll';

Procedure CadImageGetPoint (hEnt: Integer; pX: Pdouble; pY: Pdouble; pZ: Pdouble); stdcall; external 'vecad. dll';

Procedure CadImagePutPoint (hEnt: Integer; X: Double; Y: Double; Z: Double); stdcall; external 'vecad. dll';

Function CadImageGetScale (hEnt: Integer): Double; stdcall; external 'vecad. dll';

Procedure CadImagePutScale (hEnt: Integer; Scal: Double); stdcall; external 'vecad. dll';

Function CadImageGetScaleX (hEnt: Integer): Double; stdcall; external 'vecad. dll';

Procedure CadImagePutScaleX (hEnt: Integer; Sx: Double); stdcall; external 'vecad. dll';

Function CadImageGetScaleY (hEnt: Integer): Double; stdcall; external 'vecad. dll';

Procedure CadImagePutScaleY (hEnt: Integer; Sy: Double); stdcall; external 'vecad. dll';

Procedure CadImagePutSize (hEnt: Integer; Width: Integer; Height: Integer); stdcall; external 'vecad. dll';

Function CadImageGetTransparent (hEnt: Integer): Integer; stdcall; external 'vecad. dll';

Procedure CadImagePutTransparent (hEnt: Integer; bTransp: Integer); stdcall; external 'vecad. dll';

Function CadImageGetTColor (hEnt: Integer): COLORREF; stdcall; external 'vecad. dll';

Procedure CadImagePutTColor (hEnt: Integer; ColorRGB: COLORREF); stdcall; external 'vecad. dll';

Function CadAddHatchPoint (hDwg: Integer; X: Double; Y: Double): Integer; stdcall; external 'vecad. dll';

Function CadAddHatchPath (hDwg: Integer; hEnt: Integer): Integer; stdcall; external 'vecad. dll';

Function CadAddHatch (hDwg: Integer; szFileName: Pchar; szPatName: Pchar; Scal: Double; Angle: Double): Integer; stdcall; external 'vecad. dll';

Function CadEngrave (hDwg: Integer; bSelected: Integer; szBlockName: Pchar; Step: Double; Angle: Double): Integer; stdcall; external 'vecad. dll';

Procedure CadHatchPutPattern (hEnt: Integer; szFileName: Pchar; szPatName: Pchar); stdcall; external 'vecad. dll';

Procedure CadHatchGetName (hEnt: Integer; szName: Pointer); stdcall; external 'vecad. dll';

Function CadHatchGetPattern (hEnt: Integer; szPattern: Pointer): Integer; stdcall; external 'vecad. dll';

Procedure CadHatchPutScale (hEnt: Integer; Scal: Double); stdcall; external 'vecad. dll';

Function CadHatchGetScale (hEnt: Integer): Double; stdcall; external 'vecad. dll';

Procedure CadHatchPutAngle (hEnt: Integer; Angle: Double); stdcall; external 'vecad. dll';

Function CadHatchGetAngle (hEnt: Integer): Double; stdcall; external 'vecad. dll';

Function CadHatchGetSize (hEnt: Integer): Double; stdcall; external 'vecad. dll';

Function CadAddDimPoint (Index: Integer; X: Double; Y: Double; Z: Double): Integer; stdcall; external 'vecad. dll';

Function CadAddDim (hDwg: Integer; DimType: Integer): Integer; stdcall; external 'vecad. dll';

Function CadDimGetStyleID (hEnt: Integer): Integer; stdcall; external 'vecad. dll';

Procedure CadDimPutStyleID (hEnt: Integer; Id: Integer); stdcall; external 'vecad. dll';

Procedure CadDimPutText (hEnt: Integer; szText: Pchar); stdcall; external 'vecad. dll';

Procedure CadDimGetText (hEnt: Integer; szText: Pointer); stdcall; external 'vecad. dll';

Procedure CadDimGetPoint (hEnt: Integer; Index: Integer; pX: Pdouble; pY: Pdouble; pZ: Pdouble); stdcall; external 'vecad. dll';

Procedure CadDimPutPoint (hEnt: Integer; Index: Integer; X: Double; Y: Double; Z: Double); stdcall; external 'vecad. dll';

Function　CadDimGetType（hEnt：Integer）：Integer；stdcall；external 'vecad. dll'；

Function　CadDimGetValue（hEnt：Integer）：Double；stdcall；external 'vecad. dll'；

Function　CadAddLeader（hDwg：Integer；szText：Pchar）：Integer；stdcall；external 'vecad. dll'；

Function　CadLeaderGetNumVers（hEnt：Integer）：Integer；stdcall；external 'vecad. dll'；

Procedure CadLeaderPutNumVers（hEnt：Integer；nVers：Integer）；stdcall；external 'vecad. dll'；

Procedure CadLeaderGetVer（hEnt：Integer；iVer：Integer；pX：Pdouble；pY：Pdouble；pZ：Pdouble）；stdcall；external 'vecad. dll'；

Procedure CadLeaderPutVer（hEnt：Integer；iVer：Integer；X：Double；Y：Double；Z：Double）；stdcall；external 'vecad. dll'；

Function　CadLeaderGetSpline（hEnt：Integer）：Integer；stdcall；external 'vecad. dll'；

Procedure CadLeaderPutSpline（hEnt：Integer；bSpline：Integer）；stdcall；external 'vecad. dll'；

Function　CadLeaderGetTextLen（hEnt：Integer）：Integer；stdcall；external 'vecad. dll'；

Procedure CadLeaderGetText（hEnt：Integer；szText：Pointer；MaxChars：Integer）；stdcall；external 'vecad. dll'；

Procedure CadLeaderPutText（hEnt：Integer；szText：Pchar）；stdcall；external 'vecad. dll'；

Function　CadLeaderGetTextH（hEnt：Integer）：Double；stdcall；external 'vecad. dll'；

Procedure CadLeaderPutTextH（hEnt：Integer；Height：Double）；stdcall；external 'vecad. dll'；

Function　CadLeaderGetArrSize（hEnt：Integer）：Double；stdcall；external 'vecad. dll'；

Procedure CadLeaderPutArrSize（hEnt：Integer；Size：Double）；stdcall；external 'vecad. dll'；

Function　CadLeaderGetTextStyleID（hEnt：Integer）：Integer；stdcall；external 'vecad. dll'；

Procedure CadLeaderPutTextStyleID（hEnt：Integer；Id：Integer）；stdcall；external 'vecad. dll'；

Function　CadAddFace（hDwg：Integer）：Integer；stdcall；external 'vecad. dll'；

Function　CadFaceGetNumVers（hEnt：Integer）：Integer；stdcall；external 'vecad. dll'；

Procedure CadFaceGetVer（hEnt：Integer；iVer：Integer；pX：Pdouble；pY：Pdouble；pZ：Pdouble）；stdcall；external 'vecad. dll'；

Procedure CadFacePutVer（hEnt：Integer；iVer：Integer；X：Double；Y：Double；Z：Double）；stdcall；external 'vecad. dll'；

Function　CadFaceGetEdge（hEnt：Integer；iEdge：Integer）：Integer；stdcall；external 'vecad. dll'；

Procedure CadFacePutEdge（hEnt：Integer；iEdge：Integer；bVisible：Integer）；stdcall；external 'vecad. dll'；

Function　CadAddVport（hDwg：Integer；X：Double；Y：Double；W：Double；H：Double)：Integer；stdcall；external 'vecad. dll'；

Function CadAddCustom （hDwg：Integer；CustType：Integer；pData：Pointer；nBytes：Integer）：Integer；stdcall；external 'vecad. dll'；

Procedure CadCustomPutOwner （hEnt：Integer；pObject：Pointer）；stdcall；external 'vecad. dll'；

Function CadCustomGetOwner （hEnt：Integer）：Integer；stdcall；external 'vecad. dll'；

Function CadCustomGetType （hEnt：Integer）：Integer；stdcall；external 'vecad. dll'；

Procedure CadCustomPutData （hEnt：Integer；pData：Pointer；nBytes：Integer）；stdcall；external 'vecad. dll'；

Procedure CadCustomGetData （hEnt：Integer；pData：Pointer）；stdcall；external 'vecad. dll'；

Function CadCustomGetSize （hEnt：Integer）：Integer；stdcall；external 'vecad. dll'；

Function CadCustomGetDataPtr （hEnt：Integer）：Integer；stdcall；external 'vecad. dll'；

Procedure CadDrawSet （Mode：Integer；Value：Integer）；stdcall；external 'vecad. dll'；

Function CadDrawGetDC：HDC；stdcall；external 'vecad. dll'；

Procedure CadDrawAddVertex （X：Double；Y：Double；Z：Double）；stdcall；external 'vecad. dll'；

Function CadDrawGenArc （Xcen：Double；Ycen：Double；Zcen：Double；Radius：Double；AngStart：Double；AngArc：Double；nVers：Integer）：Integer；stdcall；external 'vecad. dll'；

Function CadDrawGenCircle （X：Double；Y：Double；Z：Double；Radius：Double；nVers：Integer）：Integer；stdcall；external 'vecad. dll'；

Function CadDrawGenChar （X：Double；Y：Double；Z：Double；Height：Double；Angle：Double；ScaleW：Double；UCode：Integer；szFont：Pchar；nVers：Integer）：Integer；stdcall；external 'vecad. dll'；

Procedure CadDrawPolyline ；stdcall；external 'vecad. dll'；

Procedure CadDrawPolygon ；stdcall；external 'vecad. dll'；

Procedure CadDrawPolyPolygon （PlineSize：Pinteger；nPline：Integer）；stdcall；external 'vecad. dll'；

Procedure CadDrawLine （X1：Double；Y1：Double；Z1：Double；X2：Double；Y2：Double；Z2：Double）；stdcall；external 'vecad. dll'；

Procedure CadDrawPoint （X：Double；Y：Double；Z：Double；PtMode：Integer；PtSize：Double）；stdcall；external 'vecad. dll'；

Procedure CadDrawText （hDwg：Integer；szText：Pchar；X：Double；Y：Double；Z：Double）；stdcall；external 'vecad. dll'；

Procedure CadDrawBlock （hDwg：Integer；hBlock：Integer；X：Double；Y：Double；Z：Double；ScaleX：Double；ScaleY：Double；ScaleZ：Double；RotAngle：Double）；stdcall；external 'vecad. dll'；

Procedure CadDrawObject （Xcen：Double；Ycen：Double；Zcen：Double；W：Double；H：

Double; fnDraw: Pointer; ptr: Pointer); stdcall; external 'vecad. dll';

Function CadAddCustProp (IdProp: Integer; szName: Pchar; szValue: Pchar; ValType: Integer): Integer; stdcall; external 'vecad. dll';

Function CadSetCustProp (IdProp: Integer; szValue: Pchar): Integer; stdcall; external 'vecad. dll';

Function CadSetCustPropMode (IdProp: Integer; bReadOnly: Integer): Integer; stdcall; external 'vecad. dll';

Function CadAddCommand (hDwg: Integer; Id: Integer; szCmdName: Pchar; szAlias: Pchar; hCurs: HCURSOR; pFunc1: Pointer; pFunc2: Pointer): Integer; stdcall; external 'vecad. dll';

Procedure CadCmdPutData (hDwg: Integer; pData: Pointer; nBytes: Integer); stdcall; external 'vecad. dll';

Procedure CadCmdGetData (hDwg: Integer; pData: Pointer); stdcall; external 'vecad. dll';

Function CadCmdGetSize (hDwg: Integer): Integer; stdcall; external 'vecad. dll';

Procedure CadCmdPrompt (hDwg: Integer; szText: Pchar; szDefaultVal: Pchar); stdcall; external 'vecad. dll';

Procedure CadCmdPromptAdd (hDwg: Integer; szValue: Pchar); stdcall; external 'vecad. dll';

Function CadCmdUserSelect (hDwg: Integer): Integer; stdcall; external 'vecad. dll';

Function CadCmdUserGetEntity (hDwg: Integer): Integer; stdcall; external 'vecad. dll';

Function CadCmdUserInput (hDwg: Integer): Integer; stdcall; external 'vecad. dll';

Procedure CadCmdGetInputPoint (hDwg: Integer; pX: Pdouble; pY: Pdouble; pZ: Pdouble); stdcall; external 'vecad. dll';

Procedure CadCmdGetInputStr (hDwg: Integer; szText: Pointer); stdcall; external 'vecad. dll';

Function CadCmdStrToPoint (hDwg: Integer; szValue: Pchar; pX: Pdouble; pY: Pdouble; pZ: Pdouble): Integer; stdcall; external 'vecad. dll';

Procedure CadCmdSetBasePoint (hDwg: Integer; X: Double; Y: Double; Z: Double); stdcall; external 'vecad. dll';

Function CadCmdAddPoint (hDwg: Integer; X: Double; Y: Double; Z: Double): Integer; stdcall; external 'vecad. dll';

Function CadCmdGetPoint (hDwg: Integer; iPoint: Integer; pX: Pdouble; pY: Pdouble; pZ: Pdouble): Integer; stdcall; external 'vecad. dll';

Function CadCmdCountPoints (hDwg: Integer): Integer; stdcall; external 'vecad. dll';

Procedure CadSelClear (hDwg: Integer); stdcall; external 'vecad. dll';

Procedure CadSelectEntity (hDwg: Integer; hEnt: Integer; bSelect: Integer); stdcall; external 'vecad. dll';

Function　CadSelectByLayer（hDwg：Integer；bSelect：Integer）：Integer；stdcall；external 'vecad. dll';

Function　CadSelectByPage（hDwg：Integer；bSelect：Integer）：Integer；stdcall；external 'vecad. dll';

Function　CadSelectByPolyline（hDwg：Integer；hEnt：Integer；bSelect：Integer）：Integer；stdcall；external 'vecad. dll';

Function　CadSelectByPolygon（hDwg：Integer；hEnt：Integer；bCross：Integer；bSelect：Integer）：Integer；stdcall；external 'vecad. dll';

Function　CadSelectByDist（hDwg：Integer；X：Double；Y：Double；Z：Double；Dist：Double；bCross：Integer；bSelect：Integer）：Integer；stdcall；external 'vecad. dll';

Function　CadSelCount（hDwg：Integer）：Integer；stdcall；external 'vecad. dll';

Function　CadSelGetFirstPtr（hDwg：Integer）：Integer；stdcall；external 'vecad. dll';

Function　CadSelGetNextPtr（hDwg：Integer；hPtr：Integer）：Integer；stdcall；external 'vecad. dll';

Procedure CadSelErase（hDwg：Integer）；stdcall；external 'vecad. dll';

Procedure CadSelCopy（hDwg：Integer）；stdcall；external 'vecad. dll';

Procedure CadSelMove（hDwg：Integer；dx：Double；dy：Double；dz：Double）；stdcall；external 'vecad. dll';

Procedure CadSelScale（hDwg：Integer；x0：Double；y0：Double；z0：Double；Scal：Double）；stdcall；external 'vecad. dll';

Procedure CadSelRotate（hDwg：Integer；x0：Double；y0：Double；z0：Double；Angle：Double）；stdcall；external 'vecad. dll';

Procedure CadSelMirror（hDwg：Integer；x0：Double；y0：Double；z0：Double；x1：Double；y1：Double；z1：Double）；stdcall；external 'vecad. dll';

Procedure CadSelExplode（hDwg：Integer）；stdcall；external 'vecad. dll';

Function　CadSelJoin（hDwg：Integer；Delta：Double）：Integer；stdcall；external 'vecad. dll';

Procedure CadSelColor（hDwg：Integer；Color：Integer）；stdcall；external 'vecad. dll';

Procedure CadSelDraw（hDwg：Integer；hDC：HDC；WinLef：Integer；WinBot：Integer；WinW：Integer；WinH：Integer；ViewLef：Double；ViewBot：Double；ViewW：Double；ViewH：Double；idPage：Integer；FillColor：COLORREF；BordColor：COLORREF；LwScale：Double）；stdcall；external 'vecad. dll';

Procedure CadSelMakeGrips（hDwg：Integer）；stdcall；external 'vecad. dll';

Function　CadCbPaste（hDwg：Integer；hWnd：HWND；dx：Double；dy：Double；dz：Double）：Integer；stdcall；external 'vecad. dll';

Function　CadCountEntities（hDwg：Integer）：Integer；stdcall；external 'vecad. dll';

Procedure CadViewPutPoint（hDwg：Integer；hWin：HWND；X：Double；Y：Double；Z：

Double）；stdcall；external 'vecad. dll'；

Procedure CadViewGetPoint (hDwg: Integer; hWin: HWND; pX: Pdouble; pY: Pdouble; pZ: Pdouble)；stdcall；external 'vecad. dll'；

Function CadViewGetPointX (hDwg: Integer): Double; stdcall; external 'vecad. dll'；

Function CadViewGetPointY (hDwg: Integer): Double; stdcall; external 'vecad. dll'；

Function CadViewGetPointZ (hDwg: Integer): Double; stdcall; external 'vecad. dll'；

Procedure CadViewPutAngles (hDwg: Integer; hWin: HWND; AngHor: Double; AngVer: Double)；stdcall；external 'vecad. dll'；

Function CadViewGetAngleHor (hDwg: Integer): Double; stdcall; external 'vecad. dll'；

Function CadViewGetAngleVer (hDwg: Integer): Double; stdcall; external 'vecad. dll'；

Procedure CadViewRect (hDwg: Integer; hWin: HWND; Xmin: Double; Ymin: Double; Xmax: Double; Ymax: Double)；stdcall；external 'vecad. dll'；

Procedure CadViewScale (hDwg: Integer; hWin: HWND; Scal: Double; Xcen: Integer; Ycen: Integer)；stdcall；external 'vecad. dll'；

Procedure CadCoordModelToDisp (hDwg: Integer; Xm: Double; Ym: Double; Zm: Double; pXd: Pdouble; pYd: Pdouble)；stdcall；external 'vecad. dll'；

Procedure CadCoordModelToWin (hDwg: Integer; Xm: Double; Ym: Double; Zm: Double; pXw: Pinteger; pYw: Pinteger)；stdcall；external 'vecad. dll'；

Procedure CadCoordDispToModel (hDwg: Integer; Xd: Double; Yd: Double; pXm: Pdouble; pYm: Pdouble; pZm: Pdouble)；stdcall；external 'vecad. dll'；

Procedure CadCoordDispToWin (hDwg: Integer; Xd: Double; Yd: Double; pXw: Pinteger; pYw: Pinteger)；stdcall；external 'vecad. dll'；

Procedure CadCoordWinToModel (hDwg: Integer; Xw: Integer; Yw: Integer; pXm: Pdouble; pYm: Pdouble; pZm: Pdouble)；stdcall；external 'vecad. dll'；

Procedure CadCoordWinToDisp (hDwg: Integer; Xw: Integer; Yw: Integer; pXd: Pdouble; pYd: Pdouble)；stdcall；external 'vecad. dll'；

Function CadDistWinToModel (hDwg: Integer; Dwin: Integer): Double; stdcall; external 'vecad. dll'；

Function CadDistModelToWin (hDwg: Integer; Dmod: Double): Integer; stdcall; external 'vecad. dll'；

Procedure CadPrintGetRect (pLeft: Pdouble; pBottom: Pdouble; pRight: Pdouble; pTop: Pdouble)；stdcall；external 'vecad. dll'；

Procedure CadPrintPutRect (Left: Double; Bottom: Double; Right: Double; Top: Double)；stdcall；external 'vecad. dll'；

Procedure CadPrintPutScale (Scal: Double)；stdcall；external 'vecad. dll'；

Function CadPrintGetScale : Double; stdcall; external 'vecad. dll'；

Procedure CadPrintPutScaleLW (bScaleLW: Integer)；stdcall；external 'vecad. dll'；

Function　CadPrintGetScaleLW：Integer；stdcall；external 'vecad.dll'；

Procedure CadPrintPutOffset（DX：Double；DY：Double）；stdcall；external 'vecad.dll'；

Procedure CadPrintGetOffset（pDX：Pdouble；pDY：Pdouble）；stdcall；external 'vecad.dll'；

Procedure CadPrintPutColor（bColor：Integer）；stdcall；external 'vecad.dll'；

Function　CadPrintGetColor：Integer；stdcall；external 'vecad.dll'；

Procedure CadPrintPutCopies（Ncopy：Integer）；stdcall；external 'vecad.dll'；

Function　CadPrintGetCopies：Integer；stdcall；external 'vecad.dll'；

Procedure CadPrintPutOrient（Orient：Integer）；stdcall；external 'vecad.dll'；

Function　CadPrintGetOrient：Integer；stdcall；external 'vecad.dll'；

Procedure CadPrintPutStampPos（Pos：Integer）；stdcall；external 'vecad.dll'；

Function　CadPrintGetStampPos：Integer；stdcall；external 'vecad.dll'；

Procedure CadPrintPutStampSize（TextHeight：Double）；stdcall；external 'vecad.dll'；

Function　CadPrintGetStampSize：Double；stdcall；external 'vecad.dll'；

Procedure CadPrintPutStampColor（Color：Integer）；stdcall；external 'vecad.dll'；

Function　CadPrintGetStampColor：Integer；stdcall；external 'vecad.dll'；

Procedure CadPrintPutStampText（szText1：Pchar；szText2：Pchar）；stdcall；external 'vecad.dll'；

Procedure CadPrintGetStampText（szText1：Pointer；szText2：Pointer）；stdcall；external 'vecad.dll'；

Procedure CadPrintAtCenter（bCenter：Integer）；stdcall；external 'vecad.dll'；

Function　CadPrint（hDwg：Integer；bPrintStamp：Integer；hDC：HDC）：Integer；stdcall；external 'vecad.dll'；

Function　CadPrintSetup（hwParent：HWND）：Integer；stdcall；external 'vecad.dll'；

Function　CadPrintGetPaperW：Double；stdcall；external 'vecad.dll'；

Function　CadPrintGetPaperH：Double；stdcall；external 'vecad.dll'；

Procedure CadPrintGetPaperSize（pWidth：Pdouble；pHeight：Pdouble）；stdcall；external 'vecad.dll'；

Function　CadPrnRectAdd（hDwg：Integer；szName：Pchar；Xcen：Double；Ycen：Double；W：Double；H：Double；Angle：Double）：Integer；stdcall；external 'vecad.dll'；

Function　CadPrnRectDelete（hDwg：Integer；iRect：Integer）：Integer；stdcall；external 'vecad.dll'；

Function　CadPrnRectCount（hDwg：Integer）：Integer；stdcall；external 'vecad.dll'；

Function　CadPrnRectGet（hDwg：Integer；iRect：Integer；szName：Pointer；pXcen：Pdouble；pYcen：Pdouble；pW：Pdouble；pH：Pdouble；pAngle：Pdouble）：Integer；stdcall；external 'vecad.dll'；

Function　CadPrnRectPut（hDwg：Integer；iRect：Integer；szName：Pchar；Xcen：Double；Ycen：Double；W：Double；H：Double；Angle：Double）：Integer；stdcall；external 'vecad.dll'；

Function CadPrnRectPrint (hDwg: Integer; iRect: Integer; hDC: HDC): Integer; stdcall; external 'vecad. dll';

Procedure CadPrnRectPutShow (hDwg: Integer; bShow: Integer); stdcall; external 'vecad. dll';

Function CadPrnRectGetShow (hDwg: Integer): Integer; stdcall; external 'vecad. dll';

Procedure CadRegen (hDwg: Integer); stdcall; external 'vecad. dll';

Procedure CadUpdate (hDwg: Integer); stdcall; external 'vecad. dll';

Function CadWndCreate (hDwg: Integer; hWndParent: HWND; CadStyle: Integer; X: Integer; Y: Integer; W: Integer; H: Integer): HWND; stdcall; external 'vecad. dll';

Function CadWndResize (hWin: HWND; X: Integer; Y: Integer; W: Integer; H: Integer): Integer; stdcall; external 'vecad. dll';

Function CadWndRedraw (hWin: HWND): Integer; stdcall; external 'vecad. dll';

Function CadWndSetFocus (hWin: HWND): HWND; stdcall; external 'vecad. dll';

Procedure CadAccelSetKey (Command: Integer; VirtKey: Integer; Flags: Integer); stdcall; external 'vecad. dll';

Procedure CadAccelSetDefault ; stdcall; external 'vecad. dll';

Function CadCWCreate (hwParent: HWND; Left: Integer; Top: Integer; Width: Integer; Height: Integer): HWND; stdcall; external 'vecad. dll';

Procedure CadCWDelete ; stdcall; external 'vecad. dll';

Function CadCWResize (Left: Integer; Top: Integer; Width: Integer; Height: Integer): Integer; stdcall; external 'vecad. dll';

Procedure CadCWPutText (hDwg: Integer; szText: Pchar); stdcall; external 'vecad. dll';

Procedure CadMagPutSize (Size: Integer); stdcall; external 'vecad. dll';

Function CadMagGetSize : Integer; stdcall; external 'vecad. dll';

Procedure CadMagPutScale (Scal: Integer); stdcall; external 'vecad. dll';

Function CadMagGetScale : Integer; stdcall; external 'vecad. dll';

Procedure CadMagPutPos (Pos: Integer); stdcall; external 'vecad. dll';

Function CadMagGetPos : Integer; stdcall; external 'vecad. dll';

Procedure CadMagPutShow (bShow: Integer); stdcall; external 'vecad. dll';

Function CadMagGetShow : Integer; stdcall; external 'vecad. dll';

Function CadNavCreate (hWndParent: HWND; X: Integer; Y: Integer; W: Integer; H: Integer; Flags: Integer): HWND; stdcall; external 'vecad. dll';

Procedure CadNavResize (X: Integer; Y: Integer; W: Integer; H: Integer); stdcall; external 'vecad. dll';

Function CadNavGetParam (Prm: Integer): Integer; stdcall; external 'vecad. dll';

Procedure CadNavReturnFocus (bReturn: Integer; hWnd: HWND); stdcall; external 'vecad. dll';

Procedure CadNavSetLink (hVecWnd: HWND); stdcall; external 'vecad. dll';

Function CadCboxCreate (CbType: Integer; hwParent: HWND; Left: Integer; Top: Integer; Width: Integer; Height: Integer; Hdown: Integer): HWND; stdcall; external 'vecad. dll';

Procedure CadCboxSetActive (CbType: Integer; hwCbox: HWND); stdcall; external 'vecad. dll';

Procedure CadMenuClear (MenuId: Integer); stdcall; external 'vecad. dll';

Procedure CadMenuAdd (MenuId: Integer; szItemText: Pchar; ItemCmd: Integer); stdcall; external 'vecad. dll';

Function CadRecentLoad (szFileName: Pchar): Integer; stdcall; external 'vecad. dll';

Function CadRecentSave : Integer; stdcall; external 'vecad. dll';

Function CadRecentDialog (hWin: HWND; szOutFileName: Pointer; pbShowAtStartup: Pinteger): Integer; stdcall; external 'vecad. dll';

Function CadRecentAdd (szFileName: Pchar): Integer; stdcall; external 'vecad. dll';

Function CadDialogOpenFile (hwParent: HWND; szOutFileName: Pointer): Integer; stdcall; external 'vecad. dll';

Function CadDialogSaveFile (hwParent: HWND; szOutFileName: Pointer): Integer; stdcall; external 'vecad. dll';

Procedure CadTipOfTheDay (hwParent: HWND; szFileName: Pchar; pbShowOnStartup: Pinteger; pTipIndex: Pinteger); stdcall; external 'vecad. dll';

Procedure CadHelp (hWin: HWND; szTopic: Pchar); stdcall; external 'vecad. dll';

Procedure CadTTF2VCF (hwParent: HWND); stdcall; external 'vecad. dll';

Procedure CadSHX2VCF (hwParent: HWND); stdcall; external 'vecad. dll';

Procedure CadFontsList (hwParent: HWND); stdcall; external 'vecad. dll';

Procedure CadPluginsDlg (hwParent: HWND); stdcall; external 'vecad. dll';

Function CadGetError : Integer; stdcall; external 'vecad. dll';

Procedure CadGetErrorStr (ErrCode: Integer; szStr: Pointer); stdcall; external 'vecad. dll';

Procedure CadSetString (IdStr: Integer; szStr: Pchar); stdcall; external 'vecad. dll';

Function CadPluginImageRead (szExt: Pchar; szLibName: Pchar; szFuncName: Pchar; Mode: Integer): Integer; stdcall; external 'vecad. dll';

Function CadConvertAcadFile (szInFile: Pchar; szOutFile: Pchar): Integer; stdcall; external 'vecad. dll';

Function CadExtractImage (szFileName: Pchar; Buffer: Pointer): Integer; stdcall; external 'vecad. dll';

Function CadExtractImageMem (pMem: Pointer; Buffer: Pointer): Integer; stdcall; external 'vecad. dll';

Procedure CadGetVBString (Val: Integer; szStr: Pointer); stdcall; external 'vecad. dll';

Function vuGetWindowSize (hWin: HWND; pW: Pinteger; pH: Pinteger): Integer; stdcall; external ′vecad. dll′;

Function CadGetWindowSize (hWin: HWND; pW: Pinteger; pH: Pinteger): Integer; stdcall; external ′vecad. dll′;

Function vuCompress (Dest: Pointer; DestMaxLen: Integer; Source: Pointer; SourceLen: Integer; Level: Integer): Integer; stdcall; external ′vecad. dll′;

Function vuExpand (Dest: Pointer; DestMaxLen: Integer; Source: Pointer; SourceLen: Integer): Integer; stdcall; external ′vecad. dll′;

Procedure vuRotatePoint (pX: Pdouble; pY: Pdouble; pZ: Pdouble; Xcen: Double; Ycen: Double; Zcen: Double; Angle: Double; Plane: Integer); stdcall; external ′vecad. dll′;

Procedure vuPolarPoint (pX: Pdouble; pY: Pdouble; pZ: Pdouble; Angle: Double; Dist: Double; Plane: Integer); stdcall; external ′vecad. dll′;

Procedure vuScalePoint (pX: Pdouble; pY: Pdouble; pZ: Pdouble; Xcen: Double; Ycen: Double; Zcen: Double; ScaleX: Double; ScaleY: Double; ScaleZ: Double); stdcall; external ′vecad. dll′;

Procedure vuMirrorPoint (pX: Pdouble; pY: Pdouble; pZ: Pdouble; A1: Double; B1: Double; Plane: Integer); stdcall; external ′vecad. dll′;

Function vuGetAngle (x1: Double; y1: Double; z1: Double; x2: Double; y2: Double; z2: Double; Plane: Integer): Double; stdcall; external ′vecad. dll′;

Function vuGetDist (x1: Double; y1: Double; z1: Double; x2: Double; y2: Double; z2: Double; Plane: Integer): Double; stdcall; external ′vecad. dll′;

Function vuNormalizeAngle (Angle: Double): Double; stdcall; external ′vecad. dll′;

Procedure vuNumToStr (Val: Double; szOutStr: Pointer; MaxDec: Integer; bTrimZero: Integer; bRemainPoint: Integer); stdcall; external ′vecad. dll′;

Function CadAddRPlan (hDwg: Integer): Integer; stdcall; external ′vecad. dll′;

Function CadGetRPlan (hDwg: Integer): Integer; stdcall; external ′vecad. dll′;

Procedure CadRPlanClear (hRPlan: Integer); stdcall; external ′vecad. dll′;

Procedure CadRPlanSetStart (hRPlan: Integer; X: Double; Y: Double; Dist: Double; DirAngle: Double); stdcall; external ′vecad. dll′;

Function CadRPlanAddCurve (hRPlan: Integer; Dist: Double; RotAngle: Double; Turn: Integer; Rad:Double; Len1: Double; Len2: Double): Integer; stdcall; external ′vecad. dll′;

Procedure CadRPlanSetEnd (hRPlan: Integer; Dist: Double); stdcall; external ′vecad. dll′;

Procedure CadRPlanUpdate (hRPlan: Integer); stdcall; external ′vecad. dll′;

Procedure CadRPlanSetScale (hRPlan: Integer; Scal: Double); stdcall; external ′vecad. dll′;

Function CadRPlanGetNumRecs (hRPlan: Integer): Integer; stdcall; external ′vecad. dll′;

Function CadRPlanGetCurveVertex (hRPlan: Integer; iRec: Integer; pX: Pdouble; pY: Pdouble): Integer; stdcall; external ′vecad. dll′;

Function CadRPlanGetCurveCenter (hRPlan: Integer; iRec: Integer; pX: Pdouble; pY: Pdouble): Integer; stdcall; external 'vecad. dll';

Function CadRPlanGetCurveStart (hRPlan: Integer; iRec: Integer; pX: Pdouble; pY: Pdouble; pDirAngle: Pdouble): Integer; stdcall; external 'vecad. dll';

Function CadRPlanGetCurveEnd (hRPlan: Integer; iRec: Integer; pX: Pdouble; pY: Pdouble; pDirAngle: Pdouble): Integer; stdcall; external 'vecad. dll';

Function CadRPlanAddGrPoint (Offset: Double; Z: Double): Integer; stdcall; external 'vecad. dll';

Function CadRPlanAddGrSection (hRPlan: Integer; Dist: Double; Zcen: Double): Integer; stdcall; external 'vecad. dll';

Procedure CadRPlanGenLevels (hRPlan: Integer; Precision: Double; ZStep: Double; ZStepBold: Double; pFunc: Pointer); stdcall; external 'vecad. dll';

Function CadRPlanGetPoint (hRPlan: Integer; Dist: Double; pX: Pdouble; pY: Pdouble; pZ: Pdouble; pDirAngle: Pdouble): Integer; stdcall; external 'vecad. dll';

Function CadRPlanGetGrPoint (hRPlan: Integer; Dist: Double; Offset: Double; pX: Pdouble; pY: Pdouble; pZ: Pdouble): Integer; stdcall; external 'vecad. dll';

Function CadRPlanGetDist (hRPlan: Integer; X: Double; Y: Double; pDist: Pdouble; pOffset: Pdouble): Integer; stdcall; external 'vecad. dll';

Function CadRPlanGetZ (hRPlan: Integer; X: Double; Y: Double; pZ: Pdouble): Integer; stdcall; external 'vecad. dll';

Procedure CadRPlanPutVisible (hRPlan: Integer; Mode: Integer; bVisible: Integer); stdcall; external 'vecad. dll';

Function CadRPlanGetVisible (hRPlan: Integer; Mode: Integer): Integer; stdcall; external 'vecad. dll';

Procedure CadRPlanPutColor (hRPlan: Integer; Mode: Integer; Color: Integer); stdcall; external 'vecad. dll';

Function CadRPlanGetColor (hRPlan: Integer; Mode: Integer): Integer; stdcall; external 'vecad. dll';

Procedure CadRPlanPutLineweight (hRPlan: Integer; Mode: Integer; lw: Integer); stdcall; external 'vecad. dll';

Function CadRPlanGetLineweight (hRPlan: Integer; Mode: Integer): Integer; stdcall; external 'vecad. dll';

Function CadAddRProf (hDwg: Integer): Integer; stdcall; external 'vecad. dll';

Function CadGetRProf (hDwg: Integer): Integer; stdcall; external 'vecad. dll';

Procedure CadRProfClear (hRProf: Integer); stdcall; external 'vecad. dll';

Procedure CadRProfAddVer (hRProf: Integer; Dist: Double; Y: Double); stdcall; external 'vecad. dll';

Procedure CadRProfDelVer (hRProf：Integer；iVer：Integer)；stdcall；external ′vecad. dll′；

Procedure CadRProfPutVer (hRProf：Integer；iVer：Integer；Dist：Double；Y：Double)；stdcall；external ′vecad. dll′；

Procedure CadRProfPutCurveLen (hRProf：Integer；iVer：Integer；Length：Double)；stdcall；external ′vecad. dll′；

Procedure CadRProfUpdate (hRProf：Integer)；stdcall；external ′vecad. dll′；

Function CadRProfGetNumVers (hRProf：Integer)：Integer；stdcall；external ′vecad. dll′；

Procedure CadRProfGetVer (hRProf：Integer；iVer：Integer；pDist：Pdouble；pY：Pdouble)；stdcall；external ′vecad. dll′；

Procedure CadRProfGetCurvePrm (hRProf：Integer；iVer：Integer；pRad：Pdouble；pBVC：Pdouble；pEVC：Pdouble；pLen：Pdouble)；stdcall；external ′vecad. dll′；

Procedure CadRProfGetY (hRProf：Integer；Dist：Double；pYold：Pdouble；pYnew：Pdouble)；stdcall；external ′vecad. dll′；

Procedure CadRProfGetInterX (hRProf：Integer；Y：Double；pX：Pdouble；pNumX：Pinteger；MaxNumX：Integer)；stdcall；external ′vecad. dll′；

Procedure CadRProfPutScale (hRProf：Integer；HorScale：Double；VerScale：Double)；stdcall；external ′vecad. dll′；

Procedure CadRProfPutVisible (hRProf：Integer；Mode：Integer；bVisible：Integer)；stdcall；external ′vecad. dll′；

Function CadRProfGetVisible (hRProf：Integer；Mode：Integer)：Integer；stdcall；external ′vecad. dll′；

Procedure CadRProfPutColor (hRProf：Integer；Mode：Integer；Color：Integer)；stdcall；external ′vecad. dll′；

Function CadRProfGetColor (hRProf：Integer；Mode：Integer)：Integer；stdcall；external ′vecad. dll′；

Procedure CadRProfPutLineweight (hRProf：Integer；Mode：Integer；lw：Integer)；stdcall；external ′vecad. dll′；

Function CadRProfGetLineweight (hRProf：Integer；Mode：Integer)：Integer；stdcall；external ′vecad. dll′；

Procedure CadGetInterPoints (hDwg：Integer；hEnt1：Integer；hEnt2：Integer；pX：Pdouble；pY：Pdouble；pNumPt：Pinteger；MaxNumPt：Integer)；stdcall；external ′vecad. dll′；

2.2.3 一个简单的 VeCAD 的应用程序

下面介绍一个简单的 VeCAD 应用程序,程序界面如图 2.2-1 所示。该程序可以实现 Auto CAD 的 DWG 和 DXF 文件的打开、保存、新建、图层框显示和颜色框显示等功能,同时设置了一个命令输入框,可输入常规的 Auto CAD 命令,包括基本图形的绘制命令,例如要绘制点,可以输入 point 命令。该程序是本书后续数据前处理和后处理程序的基础，所以本书给出完整代码，方便读者学习使用。

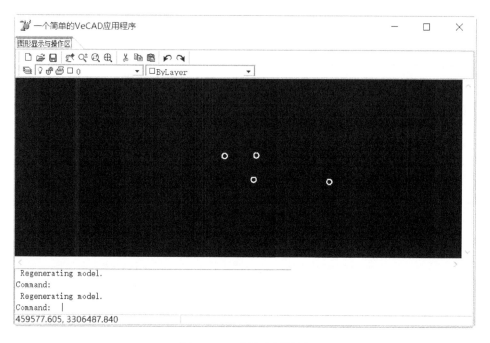

图 2.2-1   应用案例界面

```
unit Unit1；
interface
uses
  Windows，Messages，SysUtils，Variants，Classes，Graphics，Controls，Forms，
  Dialogs，ComCtrls，ToolWin，ExtCtrls，RzTabs，ImgList；
type
  TForm1 = class(TForm)
    ImageList1：TImageList；
    RzPageControl1：TRzPageControl；
    TabSheet1：TRzTabSheet；
    Panel2：TPanel；
    CoolBar1：TCoolBar；
    ToolBar1：TToolBar；
    ToolButton3：TToolButton；
    ToolButton1：TToolButton；
    ToolButton4：TToolButton；
    ToolButton5：TToolButton；
```

```pascal
    ToolButton9: TToolButton;
    ToolButton10: TToolButton;
    ToolButton11: TToolButton;
    ToolButton12: TToolButton;
    ToolButton14: TToolButton;
    ToolButton15: TToolButton;
    ToolButton16: TToolButton;
    ToolButton17: TToolButton;
    ToolButton18: TToolButton;
    ToolButton19: TToolButton;
    ToolButton20: TToolButton;
    ToolButton21: TToolButton;
    ToolBar3: TToolBar;
    ToolButton6: TToolButton;
    Panel3: TPanel;
    StatusBar1: TStatusBar;
    procedure FormCreate(Sender: TObject);
    procedure ToolButton1Click(Sender: TObject);
    procedure Panel2Resize(Sender: TObject);
    procedure ToolButton3Click(Sender: TObject);
    procedure ToolButton4Click(Sender: TObject);
    procedure ToolButton9Click(Sender: TObject);
    procedure ToolButton10Click(Sender: TObject);
    procedure ToolButton11Click(Sender: TObject);
    procedure ToolButton12Click(Sender: TObject);
    procedure ToolButton15Click(Sender: TObject);
    procedure ToolButton16Click(Sender: TObject);
    procedure ToolButton17Click(Sender: TObject);
    procedure ToolButton19Click(Sender: TObject);
    procedure ToolButton20Click(Sender: TObject);
    procedure ToolButton6Click(Sender: TObject);
  private
    { Private declarations }
  public
    { Public declarations }
    hDwg: integer;     // handle to VeCAD object
    hVecWnd: integer;// handle to VeCAD window
```

```
  end；

var
  Form1：TForm1；
```

//定义两个 VeCAD 事件,第一个是字体替换触发事件(找不到字体的情况下触发),第二个是鼠标移动触发事件

```
  procedure EventReplFont (hDwg：Integer; szDir：Pchar; bBig：integer)；stdcall；
  procedure EventMouseMove (hDwg,Button,Flags,Xwin,Ywin：Integer; Xdwg,Ydwg,Zdwg：Double)；stdcall；
  implementation
  uses CadApi；//加入 VeCAD 提供的动态链接库调用单元文件
  {$R *.dfm}
```

//字体替换触发事件(找不到字体的情况下触发)

```
  procedure EventReplFont (hDwg：Integer; szDir：Pchar; bBig：integer)；
  var
    s：string；
  begin
    s：='arial.vcf'；
    CadSetReturnStr( PChar(s) )；
  end；
```

//当 CAD 绘图界面鼠标移动时,在窗口的工具条上显示鼠标当前的坐标

```
  procedure EventMouseMove (hDwg,Button,Flags,Xwin,Ywin：Integer; Xdwg,Ydwg,Zdwg：Double)；
  var
    Sx：string[32]；Sy：string[32]；
  begin
    Str( Xdwg:10:3, Sx )；Str( Ydwg:10:3, Sy )；
    form1.StatusBar1.Panels[0].Text：= Sx+', '+Sy；
  end；
```

//程序启动时,VeCAD 建立的相关对象

```
  procedure TForm1.FormCreate(Sender：TObject)；
  var
  Style：integer；
  begin
```

```
Statusbar1. Panels[0]. Text :=";
Statusbar1. Panels[1]. Text :=";
// register you copy of VeCAD
CadRegistration( 0 );
// define events procedures
CadOnEventMouseMove( @EventMouseMove );
CadOnEventFontReplace( @EventReplFont );
// set default assignment for accelerator keys
CadAccelSetDefault();
// set VeCAD properties
CadSetShowCross( CAD_FALSE );
//创建 VeCAD 对象
hDwg := CadCreate();
//创建 VeCAD 窗口,其尺寸随程序界面的变化变大或变小,这个通过触发 Resize()来实现
Style:=CAD_WS_DEFAULT;
hVecWnd := CadWndCreate( hDwg, Panel2. Handle, Style, 0, 0, panel2. Width,panel2.
Height );
    CadExecute( hDwg, hVecWnd, CAD_CMD_SETFOCUS );
//创建 VeCAD 命令输入框
CadCWCreate( Panel3. Handle, 0,0,500,panel3. Height);
//创建图层显示框
CadCboxCreate( CAD_CBOX_LAYER, Toolbar3. Handle, 24, 0, 200, Toolbar3. Height—
4, 200 );
//创建颜色显示框
CadCboxCreate( CAD_CBOX_COLOR, ToolBar3. Handle, 225, 0, 200, ToolBar3. Height
—4, 200 );


    CadPurge( hDwg, CAD_CLEAR_ALL );
CadWndRedraw( hVecWnd );
CadUpdate( hDwg );
CadExecute( hDwg, hVecWnd, CAD_CMD_SETFOCUS );
CadSetFileFilter(1);
CadSetDwgVersion(8);    //选择 Auto Cad 2004 及以下版本的 dwg 文件
CadSetDxfVersion(8);    //选择 Auto Cad 2004 及以下版本的 dxf 文件
end;


//当窗体尺寸变化时,CAD 窗口同步变大或变小的事件
```

```
procedure TForm1. Panel2Resize(Sender: TObject);
var
  W,H: Integer;
begin
// get size of the form window
if hVecWnd<>0 then
  begin
  vuGetWindowSize( panel2. Handle, @W, @H );
  If ((W > 0) And (H > 0)) Then
  CadWndResize( hVecWnd, 0, 0, W, H);
  end;
end;
```

```
procedure TForm1. ToolButton1Click(Sender: TObject);   //打开一个文件
var
Ret: integer;
begin
//从对话框中打开 CAD 文件
Ret := CadFileOpen( hDwg, hVecWnd, ″);
If (Ret = CAD_TRUE) Then
  begin
  CadWndRedraw( hVecWnd );
  CadExecute( hDwg, hVecWnd, CAD_CMD_SETFOCUS );
  end;
end;
```

```
procedure TForm1. ToolButton3Click(Sender: TObject);   //新建文件
begin
CadPurge( hDwg, CAD_CLEAR_ALL );
CadWndRedraw( hVecWnd );
CadExecute( hDwg, hVecWnd, CAD_CMD_SETFOCUS );
end;
```

```
procedure TForm1. ToolButton4Click(Sender: TObject);   //保存文件
begin
CadFileSave( hDwg, hVecWnd );
end;
```

```
procedure TForm1. ToolButton9Click(Sender：TObject)；//平移
begin
CadExecute( hDwg，hVecWnd，CAD_CMD_PAN_RTIME )；
end；

procedure TForm1. ToolButton10Click(Sender：TObject)；//实时放大缩小
begin
CadExecute( hDwg，hVecWnd，CAD_CMD_ZOOM_RTIME )；
end；

procedure TForm1. ToolButton11Click(Sender：TObject)；//按窗口放大
begin
CadExecute( hDwg，hVecWnd，CAD_CMD_ZOOM_WIN )；
end；

procedure TForm1. ToolButton12Click(Sender：TObject)；//按内容放大
begin
CadExecute( hDwg，hVecWnd，CAD_CMD_ZOOM_EXT )；
end；

procedure TForm1. ToolButton15Click(Sender：TObject)；//剪切
begin
CadExecute( hDwg，hVecWnd，CAD_CMD_CBCUT )；
end；

procedure TForm1. ToolButton16Click(Sender：TObject)；//复制
begin
CadExecute( hDwg，hVecWnd，CAD_CMD_CBCOPY )；
end；

procedure TForm1. ToolButton17Click(Sender：TObject)；//粘贴
begin
CadExecute( hDwg，hVecWnd，CAD_CMD_CBPASTE )；
end；

procedure TForm1. ToolButton19Click(Sender：TObject)；//撤销操作
```

```
begin
CadExecute( hDwg, hVecWnd, CAD_CMD_UNDO );
end;

procedure TForm1. ToolButton20Click(Sender：TObject)；//恢复操作
begin
CadExecute( hDwg, hVecWnd, CAD_CMD_REDO );
end;

procedure TForm1. ToolButton6Click(Sender：TObject)；//图层管理
begin
CadExecute( hDwg, hVecWnd, CAD_CMD_LAYER );
end;

end.
```

2.3 Auto CAD 高程数据提取

港口海岸近海工程相关地形数据多以 Auto Cad 文件的形式给出,从中提取带坐标的地形数据,方便数值模拟、疏浚计算等使用,是常见的工作任务。区别于基于 Auto CAD 二次开发的数据提取技术,本书介绍基于 VeCAD 矢量图形库的方法。程序的基本框架已经在 2.2 节介绍,本节不再重复。

2.3.1 提取 Text 类型的 Contents

当所需要的数据处于 Text 类型或者 Multiline Text 的属性 Contents 中时,可以选择提取该选项。Position X 和 Position Y 代表当前数据的坐标位置,Contents 中的内容是高程数据,如图 2.3-1 所示。

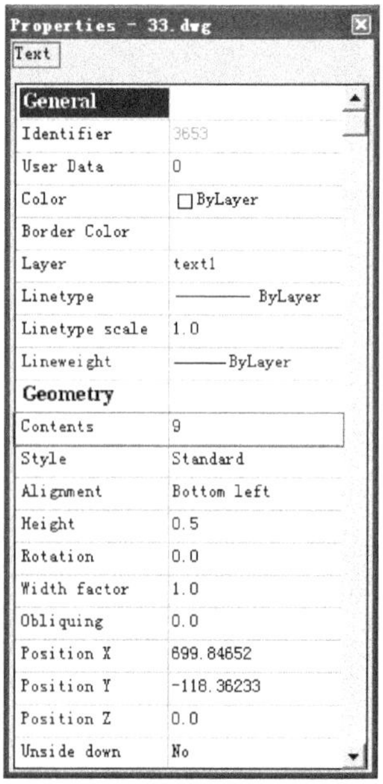

```
//定义变量
Var
LayerName：string;
hLayer,hEntity：integer；//分别代表图层和图形对象的句
```
柄,句柄相当与一个人的身份证号码,拿到对象的句柄,就得到

图 2.3-1 Text 类型的 Contents

了这个对象的操作权限。

Text_str：array[0..255] of char；

text：string；

AttEntity：integer；

num：integer；

x,y,z：double；

xx,yy：T1D；//存放提取数据的 x,y 坐标

zz：T1S；//存放提取数据的 z 坐标

//以下列出程序主体的部分代码

LayerName：='水深数'；//CAD 中要提取数据的图层名称

StrCopy(@Text_str,pchar(LayerName))；

hLayer：=CadGetLayerByName(hDwg,@Text_str)；//获得 VeCAD 的图层对象

hEntity：=CadLayerGetFirstEntity(hLayer)；//获得 VeCAD 中'水深数'图层上的第一个图形

anum：=CadLayerCountEntities(hLayer)；//'水深数'图层上的所有图形数量

num：=0；

try

while hEntity<>0 do   // loop until hEntity is non-zero,当 hEntity=0,循环接收

　　begin

　　application. ProcessMessages；

　　ifCadEntityGetType(hEntity)=CAD_ENT_TEXT then //查询数值文字(单行)

　　　begin

　　　CadTextGetPoint(hEntity,@x,@y,@z)；

　　　CadTextGetText(hEntity, @Text_str, 255)；

　　　text ：= Text_str；

　　　num：=num+1；

　　　xx[num]：=x；

　　　yy[num]：=y；

　　　zz[num]：=trim(text)；

　　　end；

　　//////////////////////////////

　　if CadEntityGetType(hEntity)=CAD_ENT_MTEXT then //查询数值文字(多行)

　　　begin

　　　CadMTextGetPoint(hEntity,@x,@y,@z)；

　　　if (n<>0) and (dist(pubx,puby,x,y)<1e-10) then   goto 99；

　　　CadMTextGetText(hEntity, @Text_str, 255)；

```
      text := Text_str；
      num：=num+1；
      xx[num]：=x；
      yy[num]：=y；
      zz[num]：=trim(text)；
    end；
  hEntity：= CadLayerGetNextEntity( hLayer，hEntity )；//转到图层下一个图形对象
  end；
except
MessageBox(Handle，'提取过程中发生未知错误，本软件已进行部分修正，请手动重起后再
试'，'提示'，MB_ICONASTERISK and MB_ICONINFORMATION)；
application. Terminate；
end；
```

2.3.2　提取 Block 类型的 Attributes

如果所要提取的数据在块图形的 Attributes 中，可以选择该项，如图 2.3-2
所示。

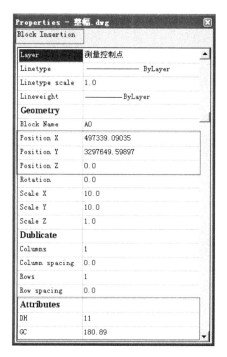

图 2.3-2　块(Block)的属性(Attributes)

```
/////////////////////////////以下仅列出部分代码
  if CadEntityGetType(hEntity)=CAD_ENT_INSBLOCK //查询块(属性)
    begin
    if CadInsBlockHasAttribs(hEntity)<>0 then //属性存在的情况下执行
      begin
      CadInsBlockGetPoint(hEntity,@x,@y,@z);
      write(file1,x,'  ',y,'  '); //写块的坐标到文件 file1
      num:=num+1;
      AttEntity:=CadInsBlockGetFirstAtt(hEntity);//获得当前图形的第一个属性
      while AttEntity<>0 do //循环以便找出所有的属性
        begin
        CadAttGetValue(AttEntity,@Text_str,255);
        text := Text_str;
        write(file1,text,'  '); //紧接着坐标,同行继续依次写块的属性到文件 file1
        AttEntity:=CadInsBlockGetNextAtt(hEntity,AttEntity);
        end;
      writeln(file1);
      end;
    end;
  /////////////////////////////
```

2.3.3　提取 Block 类性的 Z 坐标

如果所要提取的高程数据在 Block(块)图形的 Z 坐标中,可以选择该项,如图 2.3-3 所示,提取 Block 图形的三维坐标语句是:CadInsBlockGetPoint(hEntity,@ x,@y,@z)。

2.3.4　提取其他类性的高程数据

1)如果所要提取的高程数据是 Text 类型的 Z 坐标(Position Z),提取语句是:

```
if CadEntityGetType(hEntity)=CAD_ENT_TEXT then
    CadTextGetPoint(hEntity,@x,@y,@z)
    else if CadEntityGetType(hEntity)= CAD_ENT_MTEXT then
    CadMTextGetPoint(hEntity,@x,@y,@z);
```

2)如果所要提取的高程数据是 point 类型的 Z 坐标,提取语句是:

```
if CadEntityGetType(hEntity)=CAD_ENT_POINT then
    begin
```

图 2.3-3　块(Block)的 Z 坐标(Position Z)

CadPointGetCoord(hEntity,@x,@y,@z);

……

3) 如果所要提取的高程数据是 Circle、Arc、Ellipse 类型的 Z 坐标,提取语句是:

if CadEntityGetType(hEntity)=CAD_ENT_ARC then

　　begin

　　CadArcGetCenter(hEntity,@x,@y,@z);

　　……

2.4　Auto CAD 多段线节点数据导出

数值计算中,有时候需要一些边界线的坐标数据。边界线在 Auto CAD 里通常用多段线表示,多段线由一组包含坐标信息的节点组成。基于 VeCAD,本节介绍如何导出选中的多段线节点坐标数据。如图 2.4-1 所示,要导出该图左侧两根被选中的多段线,可按本节程序执行。

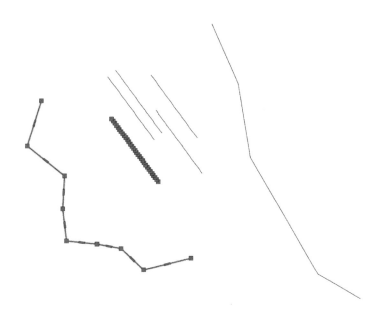

图 2.4-1　处于选中状态的 CAD 多段线(左侧两根)

2.4.1　查询被选中的多段线对象程序

　　查找被选中的所有图形对象,并记录其 ID 号和句柄号,ID 号是 VeCAD 里每个图形的身份证号,具有唯一性。在 2.2.3 节程序案例的图 2.2-1 中"图形显示与操作区"双击图形或者选中图形后,右键弹出菜单选择【Properties..】,弹出的属性对话框里查看 ID 号。句柄不能直接查询,其相当与一个人的身份证号码,拿到对象的句柄,就得到了这个对象的操作权限。如果没有多段线被选中,该函数返回值为 0;id1 返回的是图形对象的句柄,id2 返回的是图形对象的 ID 号。

```
function TForm1.checkselcount(var id1,id2:T1D):integer;
var
num,k,n,i,j:integer;
hPtr,hEntity:integer;
x,y,z:double;
hx,hy:T1D;
dx,dy:real;
begin
result:=0;
num:=CadSelCount(hDwg); //被选中对象的数量
if num=0 then
```

```
    begin
    MessageBox(Handle,'没有任何多段线图形(POLYLINE)被选中','提示',MB_ICONAS-
TERISK and MB_ICONINFORMATION);
        result:=0;
        exit;
        end;
    setlength(id1,num+1);
    setlength(id2,num+1);
    hPtr:=CadSelGetFirstPtr(hDwg );//获得第一个被选中对象的指针
    num:=0;
    while hPtr<>0 do
        begin
        hEntity:=CadGetEntityByPtr(hPtr); //获得第一个被选中对象的句柄
        if (CadEntityGetType(hEntity)<>CAD_ENT_POLYLINE)    then
            begin
            MessageBox(Handle,'请选择多段线图形(POLYLINE)','提示',MB_ICONASTER-
ISK and MB_ICONINFORMATION);
            result:=0;
            exit;
            end;
        num:=num+1;
        id1[num]:=hEntity;
        id2[num]:=CadEntityGetID(hEntity );
        hPtr:=CadSelGetnextPtr(hDwg,hPtr);
        end;
    result:=num;
    end;
```

2.4.2 记录某多段线的节点坐标程序

已知多段线的句柄号 hEntity,导出多段线节点坐标,x 坐标存储在 xx 变量里,y 坐标存储在 yy 变量里。

```
procedure TForm1.getnode(var hEntity:integer;var xx,yy:T1D);
var
n,i:integer;
x,y,z:double;
begin
//提取节点
```

```
setlength(xx,1); setlength(yy,1);
n:=CadPlineGetNumVers(hEntity);//获得多段线节点数量
for i:=0 to n-1 do
    begin
    CadPlineGetVer(hEntity,i,@x,@y,@z); // 获得节点坐标
    setlength(xx,length(xx)+1);
    xx[length(xx)-1,1]:=x;
    yy[length(yy)-1,2]:=y;
    end;
result:=hEntity;
end;
```

2.4.3 单击事件导出多段线节点坐标

通过按钮的单击事件,导出所有选中的多段线图形节点数据。

```
procedure TForm1. Button1Click(Sender: TObject);
var
num,i,j,hEntity:integer;
id1,id2:T1I;
x1,y1:T1D;
file1:textfile;
fname:string;
label FoundAnAnswer;
begin
num:= checkselcount(id1,id2);//获得选中的多段线数量
if num=0 then goto FoundAnAnswer;
fname:= '输出多段线. text';//将读取的多段线节点数据存储在该文件里
assignfile(file1,fname);
rewrite(file1);
for i:=1 to length(id1)-1 do
    begin
    num:=0;
    application. ProcessMessages;
    //获得节点
    hEntity:=id1[i];
getnode(hEntity,x1,y1);
    write(file1,id2[i],'            ',length(x1)-1); //该行写入多段线的 ID 号和节点数量,
备用户查看
```

```
    writeln(file1);
    for j:=1 to length(x1)-1 do
      begin
      write(file1,floattostr(x1[j]),'              ',floattostr(y1[j]));//该行写入节点坐标
      writeln(file1);
      end;
    write(file1,'          ');
    writeln(file1);
    end;
closefile(file1);
FoundAnAnswer:
showmessage('没有选中任何多段线');
end;
```

2.5 测量数据滤波、存储、传输和多线程处理

以图 2.5-1 所示的某试验测控系统为例：工控机和 PLC 负责现场原始数据的采集、存储和传输。数据处理中心负责对最后试验数据的处理并反馈给现场试验人员。现场和数据处理中心通过局域网（以太网）连接在一起。数据采集、存储与传输遵循以下两条基本原则：①现场试验人员与后台服务人员分工，后台服务人员做技术分析和技术决策，尽可能实现现场试验人员的零思考；②现场试验数据快速

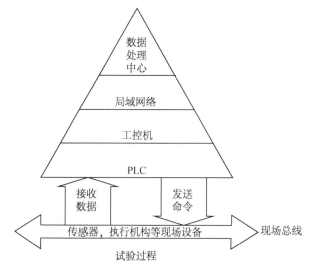

图 2.5-1 试验测控系统金字塔图

传输给后台,以便后台服务人员及时处理与分析。下面重点讲述数字滤波技术、数据存储实用技术、数据传输实用技术及多线程数据处理技术。

2.5.1　数字滤波技术

在数据采集过程中,用电子设备测的数据一般含有两种性质不同的成分:一是真正的被测要素的物理量,通常称为有效信号;二是噪声或干扰信号。噪声的存在影响资料分析结果,因此在分析之前应尽量设法把它滤掉。此外,分析资料时,所关心的周期或频率总是有一定范围的,此范围之外的周期信号的存在,也会影响分析结果。为了突出所关心的那些周期成分的变化特征,或减少分析的工作量,往往需要分离、压低或消除不必要的周期信号,尽量保留关心的周期变化成分。

所谓滤波实际是对输入信号进行过滤或分离,允许信号中某些频率分量通过,同时阻尼和削弱另一些频率分量,它可以起到排除干扰,消除噪声,突出分析者关心的周期信号的作用。一般水利类数据分析中常采用低通滤波法,除去高频部分。图 2.5-2 显示了原始数据和滤波以后的数据的对比(Delphi 开发程序)。常用的滤波算法包括:简单算术平均平滑低通滤波、三点加权平均平滑滤波、理想低通滤波、布特沃斯低通滤波,下面分别进行介绍。

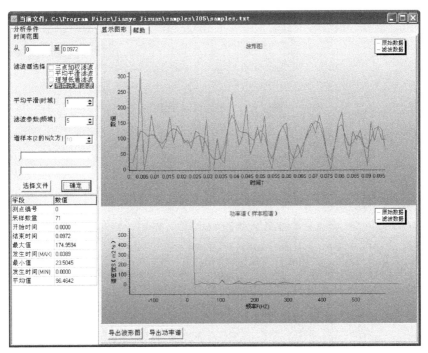

图 2.5-2　滤波效果示例

1) 简单算术平均平滑低通滤波：

$$y_j = \frac{1}{2m+1} \sum_{n=-m}^{m} x_{j-n} \tag{2.5-1}$$

式中：x_{j-n} 是参加平均的数据值，总个数为 $2m+1$。

2) 三点加权平均平滑滤波：

$$y_j = 0.25x_{j-1} + 0.5x_j + 0.25x_{j+1} \tag{2.5-2}$$

3) 理想低通滤波：

$$H(f) = \begin{cases} 1, f \leqslant D_0 \\ 0, f > D_0 \end{cases} \tag{2.5-3}$$

式中：D_0 是一个规定的非负量，叫做理想低通滤波器的截止频率，f 是频率变量，见图 2.5-3。所谓理想低通滤波是指以 D_0 为半径的圆内的所有频率都能无损的通过，而在截频之外的频率分量完全被衰减，其缺点是容易产生较严重的振铃现象，D_0 越小这种现象越严重。

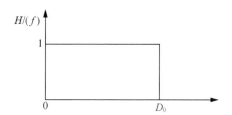

图 2.5-3 理想低通滤波器

4) 布特沃斯低通滤波：

$$H(f) = \frac{1}{1 + (\sqrt{2} - 1)\left[\dfrac{f}{D_0}\right]^N} \tag{2.5-4}$$

它（图 2.5-4）与理想低通滤波器的处理结果相比，将不会有振铃现象。因为该低通滤波器的 $H(f)$ 函数不是陡峭的截止特征，它的尾部会包含有大量的高频成分，在滤波器的通带和阻带之间有一平滑的过度带。总的来说，布特沃斯低通滤波器的处理效果比理想低通滤波器好。

2.5.2 数据存储实用技术

测控系统采集的数据存储在数据库中，常用的数据库软件为 Microsoft SQL SERVER，它是基于客户端/服务器模式（Client/Server 模式，简称 C/S 模式）的关

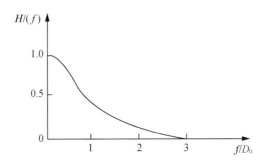

图 2.5-4　布特沃斯低通滤波器

系型数据库管理系统(DBMS),在电子商务、数据仓库和数据库解决方案等应用中起着重要的核心作用,可以为试验数据管理提供强大的支持。数据库系统不从具体的应用程序出发,而是立足于数据本身的管理,它将所有数据保存在数据库中,进行科学的组织。利用 Borland 公司提供的数据库驱动引擎 BDE,Delphi 开发的主程序可以很方便地访问本地数据库或者远程数据库。

2.5.3　数据传输实用技术

通过 internet 通信协议 UDP,可以轻松实现工控机数据实时传输、数据处理中心指令回馈和远程数据库检索等。UDP 是 User Datagram Protocol 的缩写,其含义为用户报文协议,是 internet 上广泛采用的通信协议之一,它与 TCP 协议都是 TCP/IP 协议的传输层,均依赖于 IP 层进行通信和提供路由功能。不同的是,TCP 是面向连接的有序的协议,它的确认和重传机制能保证数据可靠地到达目的地,并且顺序总是正确的。UDP 是非连接的协议,它传送的数据包是独立的,前后没有顺序关系,UDP 没有确认机制,只是对报文表头和数据区的简单校验,因此,它不能保证数据传输的可靠性。显然,UDP 在可靠性方面不如 TCP,但它的效率却比 TCP 高。在网络质量较好的情况下,UDP 也能得到不错的效果。同时,由于远程检索数据库时需要传送的信息量比较大,所以在传输时是以压缩文件的形式传输。

通过 Delphi 提供的两个流类(TCompressionStream、TDecompression-Stream),可以轻松完成数据的压缩和解压缩,同时基于其 UDP 相关控件,可以方便构建用户数据远传软件系统。以浙江东浦新塘海洋水文观测要素远传系统为例,其传输流程如图 2.5-5 所示:

1) 先分解指令字符串′wave! /2004-10-8/2004-10-12′,′wave!′表示是要检索数据库中的'波浪要素统计表'中的水文信息,即特征波高和相应的周期值。′2004-10-8′和′2004-10-12′分别表示检索的开始时间和结束时间;

2) 客户端程序通过 UDP 协议把检索指令′wave! /2004-10-8/2004-10-12′

发给远程数据库服务器程序；

3）远程数据库服务器程序得到指令后，在本机数据库中执行相应的检索操作，然后把获得的水文信息通过压缩，以文本文件的形式发送到客户端程序；

4）客户端程序进行解压，显示；

5）对于一些实时数据，包括现场端采集的波浪信息、潮位信息、风情雨情信息、海堤打击力信息，因为数据量小，不经压缩，直接传到客户端，供客户实时监控。

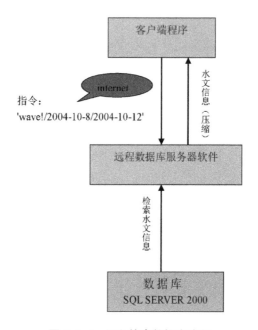

图 2.5-5　远程检索数据库流程

2.5.4　数据处理中的多线程技术

在传统的 DOS 操作系统下，应用程序处在单任务单一线程的运行环境中，每个程序的运行都是抢先式，即占据整个系统资源，同一时间内其他程序无法运行。Windows 是多任务操作系统，它在每一时刻中都可以有多个进程同时工作，而每一个进程又包含有多个线程。采用多线程进行数据采集或繁重任务下的后处理可以有效地加快程序的反应速度、增加执行的效率。在 Delphi 中，其线程是用于运行代码的 Win32 对象，每个进程产生时可以有多个线程，这些线程共享同一进程空间且可并发执行，但是当主线程结束时，便标志着应用程序的结束。Delphi 的 TThread 类封装了线程，使用 TThread 类可以方便地在 Delphi 中创建多线程应用程序。

3

数据后处理部分

本章基于 VeCAD,介绍了日常工作可能会经常用到的几个数据后处理程序,包括:生成 Auto CAD 文件格式的流场;生成 Auto CAD 文件格式的多段线;生成 Auto CAD 格式的高程点文件。建立 VeCAD 的基本架构代码请参考 2.2 节,本节不再重复。

3.1 Auto Cad 流场绘制

流场数据是展示水流形态的常用表达形式,是很多水动力商业数值计算软件的基本功能。但是一些个人开发的数模程序,往往缺乏这类流场展示后处理功能。本程序的主要功能是基于 VeCAD 在已知流速点坐标和流速分量的情况下,生成如图 3.1-1 所示的 Auto CAD 格式的流场文件。

3.1.1 单根流线绘制基本方法

为了流场绘制美观,应允许用户在程序中设置绘图参数,包括线宽、流速倍数(流速值乘上倍数后绘制)、箭头角度、箭头形状(实心或空心)、箭头长度比例(相对于流线长度的箭头大小)等。下面给出单根流线绘制的 Delphi 代码。参考图 3.1-2,已知流线的起点(xx_1,yy_1)、流速在 UV 方向的大小 u 和 v,需要求流线的终点(xx_2,yy_2),以及流线箭头的两个端点(jx_1,jy_1)和(jx_2,jy_2)。流线的终点(xx_2,yy_2)和方向角度 qq 根据流速的 u、v 大小和方向确定,如果 u、v 数值太小,可以先使它们分别乘上一个大于 1 的倍数 d,然后再计算,$xx_2 = xx_1 + d \cdot u$,$yy_2 = yy_1 + d \cdot v$。箭头线的长度 h_1 可以取流线箭身长度的 1/5、1/8 或其它比例,本例用 fen 表示。另外 ca 代表流线箭头张开的角度。(jx_1,jy_1)和(jx_2,jy_2)的计算按照箭头的指向分四种情况,用程序代码表示分别是"if (u>=0) and (v>=0) then"、"if (u<=0) and (v<=0) then"、"if (u<=0) and (v<=0)"和"if (u>=0) and (v<=0)"。

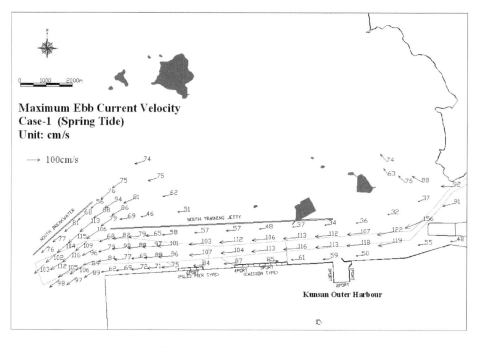

图 3.1-1 AutoCAD 格式流场图

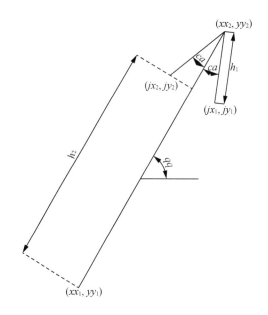

图 3.1-2 流线样式示意图

程序变量说明：textww，texthh：real，实数型变量，为需要绘制流速（用 Text 类型表示）文字的宽度和高度；textString：String，字符型变量，用于存放流速数值；jian：integer，jian＝0，用空心箭头，jian＝1，用实心箭头；LayerID：integer，绘制流场的图层对象 ID 号。

```
procedure TForm1. liuxian(var xx1,yy1,u,v,d,fen,ca,textww,texthh:real;var textString:
String;var jian,LayerID:integer);
    var
    hObj:integer;
    k，uu,vv,xx2,yy2:real;
    jx1,jy1,jx2,jy2,qq,h1,h2,hh:real;
    begin
    uu:=u*d; //按d倍放大流速u方向值
    vv:=v*d; //按d倍放大流速v方向值
    yy2:=yy1+vv;
    xx2:=xx1+uu;

    hh:=sqrt((xx2-xx1)*(xx2-xx1)+(yy2-yy1)*(yy2-yy1)); //流线的长度
    h1:=hh/fen; h2:=hh-h1;
    h1:=2*h1/sqrt(3);
    if abs(pu)>0.000001 then //计算角度 qq
    qq:=arctan(abs(vv/uu))
    else
    qq:=3.1415/2;
    if (u>=0) and (v>=0) then
      begin
      jx1:=(xx1+h2*cos(qq))+h1*sin(qq)*sin(ca*3.1415/180);
      jy1:=(yy1+h2*sin(qq))-h1*cos(qq)*sin(ca*3.1415/180);
      jx2:=(xx1+h2*cos(qq))-h1*sin(qq)*sin(ca*3.1415/180);
      jy2:=(yy1+h2*sin(qq))+h1*cos(qq)*sin(ca*3.1415/180);;
      end
      else if (u<=0) and (v>=0) then
      begin
      jx1:=(xx1-h2*cos(qq))-h1*sin(qq)*sin(ca*3.1415/180);
      jy1:=(yy1+h2*sin(qq))-h1*cos(qq)*sin(ca*3.1415/180);;
      jx2:=(xx1-h2*cos(qq))+h1*sin(qq)*sin(ca*3.1415/180);
      jy2:=(yy1+h2*sin(qq))+h1*cos(qq)*sin(ca*3.1415/180);
      end
```

else if (u<=0) and (v<=0) then

begin

jx1:=(xx1−h2*cos(qq))+h1*sin(qq)*sin(ca*3.1415/180);

jy1:=(yy1−h2*sin(qq))−h1*cos(qq)*sin(ca*3.1415/180);

jx2:=(xx1−h2*cos(qq))−h1*sin(qq)*sin(ca*3.1415/180);

jy2:=(yy1−h2*sin(qq))+h1*cos(qq)*sin(ca*3.1415/180);

end

else if (u>=0) and (v<=0) then

begin

jx1:=(xx1+h2*cos(qq))+h1*sin(qq)*sin(ca*3.1415/180);

jy1:=(yy1−h2*sin(qq))+h1*cos(qq)*sin(ca*3.1415/180);

jx2:=(xx1+h2*cos(qq))−h1*sin(qq)*sin(ca*3.1415/180);

jy2:=(yy1−h2*sin(qq))−h1*cos(qq)*sin(ca*3.1415/180);

end;

//绘制箭身

CadAddLine(hDwg,xx1,yy1,0,xx2,yy2,0);{VeCAD 直线绘制命令,hDwg 是 VeCAD 对象句柄,参考 2.2.3 节,绘制的直线在当前活动图层中}

//绘制箭头

if jian=0 then//空心

begin

CadAddLine(hDwg,jx1,jy1,0,xx2,yy2,0);

CadAddLine(hDwg,jx2,jy2,0,xx2,yy2,0);

end

else   //实心

begin

CadClearVertices();

CadAddVertex(jx1, jy1, 0);

CadAddVertex(xx2, yy2, 0);

CadAddVertex(jx2, jy2, 0);

hObj := CadAddPolyline(hDwg, CAD_PLINE_LINEAR, CAD_TRUE);//绘制多段线命令

CadAddHatchPath(hDwg, hObj);//填充

CadAddHatch(hDwg, 'hatches.pat', 'ANSI31', 20, 0);

end;

{在模型空间中创建流速值文字对象}

hObj:=CadAddMText(hDwg,pchar(textString),textww,xx2,yy2,0,CAD_TA_BOT-LEFT,0);

    CadMTextPutHeight(hObj,texthh);

    CadEntityPutLayerID(hObj,hDwg,LayerID);//添加流速数值到 LayerID 图层

    end;

3.1.2 添加流速值图层的方法

    3.1.1 节代码中,语句"CadEntityPutLayerID(hObj,hDwg,LayerID)"的意思是添加流速数值到 LayerID 图层。下列代码显示了创建指定名称图层的编程方法:

    var

    hLayer,LayerID:integer;

    ……

    //处理标注图层

    StrPcopy(szLayerName,'biaozhutext');//假设我们想把流速值放到图层'biaozhutext'中

    hLayer := CadGetLayerByName(hDwg, szLayerName);//按照前面定义的图层名查找图层

    if (hLayer=0) then //图层的句柄等于 0,意味着该图层不存在,需要新建

    hLayer := CadAddLayer(hDwg, szLayerName, 0, 0, CAD_LWEIGHT_DEFAULT);

    LayerID:= CadLayerGetID(hLayer);//获得图层的 ID,将其作为 3.1.1 节子程序输入变量

3.1.3 单击事件绘制完整流场

    已知所有点的流速值,则可以绘制完整的流场显示图。当然,流场图如果想要绘制美观,对相关参数的调节不可必少。下面仅列出部分绘图核心代码:

    var

    x,y,u,v:T1D;//坐标及流速数组

    biaozhu:T1S;//每个流速点需要绘制的文字数组,本例存放各点的流速值

    //

    n:=length(x)-1;//获得需要绘制的流速点总数量

    for i:=1 to n do //循环执行单根流线绘制方法,直到所有流速点绘制完毕

      begin

      pnum:=i;

      application. ProcessMessages;

      px:=x[i];

      py:=y[i];

```
if kind＝0 then
    begin
    pu：＝u[i]；
    pv：＝v[i]；
    end
    else
    begin //如果已知的是流速大小 u 和流向 v(°)，则根据角度求流速分量
    pu：＝u[i] * cos(v[i] * 3.1415/180)；
    pv：＝u[i] * sin(v[i] * 3.1415/180)；
    end；
text：＝biaozhu[i]；
liuxian(px,py,pu,pv,d,fen,ca,ww,hh,text,jian,LayerID)；
k：＝k+1；
if (k＝100) or (i＝n) then
    begin
    CadUpdate( hDwg )；//每绘制一定数量的流线，则刷新显示一下图形界面
    sleep(10)；
    k：＝0；
    end；
end；
```

3.2　Autocad 多段线绘制

与 2.4 节多段线节点导出不同，本节介绍绘制多段线。以以下代码为例，对单根多段线绘制方法进行简单的介绍(循环绘制单根线，即可产生多根线)：已知单根多段线节点坐标数组 xx 和 yy，类型 T1D；hDwg 参考 2.2.3 节定义。

```
procedure TForm1.writenode(var xx,yy:T1D)；
var
i,n:integer；
begin
CadClearVertices()；//清除节点缓存
n：＝length(xx)-1；
for i：＝1 to n do
CadAddVertex( xx[i]，yy[i]，0 )；//添加节点数据
CadAddPolyline( hDwg，CAD_PLINE_LINEAR，CAD_FALSE )；//添加多段线
CadSelClear(hdwg)；//清除图形高亮选择
```

```
CadUpdate( hDwg )；//刷新图形
CadExecute( hDwg, hVecWnd, CAD_CMD_ZOOM_EXT )；//执行图形缩放显示命令
end；
```

3.3　Auto Cad 高程点绘制

除了常见的 Auto CAD 文件高程数据提取，有时候也需要向 Auto CAD 输入高程数据，形成地形数据文件，如图 3.3-1 所示。以以下代码为例，进行高程点（用 MText 和 Text 类型表示）绘制方法的简单介绍：已知高程点 x、y 坐标数组，类型 T1D；mystr 是存放高程数值的字符型数组，T1S；hDwg 参考 2.2.3 节定义。

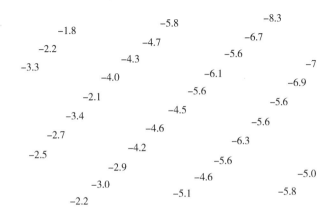

图 3.3-1　地形数据示意

```
 var
hObj：integer；
i,n,m,k：integer；
gao,kuan,px,py：double；
text：string；
ti：double；
//////////////////////////////////////////////////////////
begin
m：＝0；//0,MText 类型；1,Text 类型
gao：＝1.5；//设置文字的高
kuan：＝1.5；//设置文字的宽
n：＝length(x)−1；//高程点数量
k：＝0；
for i：＝1 to n do
```

```
  begin
  application. ProcessMessages；
  px：＝x[i]；//获得高程点坐标 x
  py：＝y[i]；//获得高程点坐标 y
  text：＝mystr[i]；//获得高程点高程数值,注意这里是按字符型变量存储
  if m＝1 then
    begin
    hObj：＝CadAddText(hDwg,pchar(text),px,py,0)；//添加高程点
    CadSetTextHeight(hDwg,gao)；//设置高程点文字高度
    CadSetTextWidth(hDwg,kuan)；//设置高程点文字宽度
    end
    else
    begin
    hObj：＝CadAddMText(hDwg,pchar(text),kuan,px,py,0,CAD_TA_BOTLEFT,0)；
    CadMTextPutHeight(hObj,gao)；
    end；
  k：＝k+1；
  if k＝5000 then//没到 5000 个点刷新图形
    begin
    CadUpdate( hDwg )；
    k：＝0；
    end；
  end；
CadUpdate( hDwg )；//绘制结束刷新图形
end；
```

4

特殊图形图像处理

网格生成技术是水动力数值模拟的基础,网格质量对计算精度和计算效率有重要的影响,为此,本章首先介绍了贴体正交曲线网格和三角形无结构网格的生成方法。另外,随着计算机性能地大幅提升,三维图形或动画正成为很多科学数据展示的重要形式。本章最后还将介绍基于 GLScene 组件和 Delphi 建立三维场景的方法。

4.1 贴体正交曲线网格生成

贴体正交曲线网格是通过坐标变换或者坐标投影,把不规则物理区域进行离散之后,生成的规则的正交矩形计算区域,物理区域上的网格节点与计算区域上的网格节点一一对应。常见的贴体正交曲线网格生成方法包括:代数网格生成、椭圆型方程网格生成以及保角变换网格生成。本节主要介绍保角变换方法。

4.1.1 贴体正交网格的生成流程

以多连通物理区域为例,贴体正交网格的一般生成流程包括:绘制物理区域(图 4.1-1)→划分成多个简单的单连通区域(图 4.1-2)→单连通区域内生成贴体正交网格(图 4.1-3)→网格拼接(图 4.1-4)。

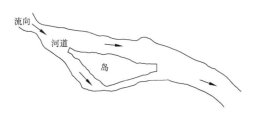

图 4.1-1 物理区域

图 4.1-2 划分成多个单连通区域

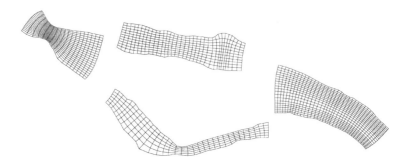

图 4.1-3 单连通区域内分别生成贴体正交网格

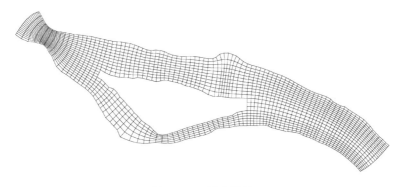

图 4.1-4 网格拼接

4.1.2 单连通区域网格生成方法

以图 4.1-5 所示的单连通物理区域为例,图上单连通区域由边界 A(21 个节点)、边界 B(23 个节点)、边界 C(21 个节点)、边界 D(19 个节点)等四条线段组成、节点编号均已标出,例如 A_1 表示 A 上的第一个节点,其余类推。规定生成的正交网格曲线与边界 A、边界 D 节点无缝对接,即生成正交网格时,固定两条相邻边界,同时允许正交网格在另外两条边界上自由滑动,这样做既是为了保证网格正交,也是为了方便不同区域网格完全对接(参考图 4.1-1～图 4.1-4)。此外,通过调整边界点的疏密程度还可以方便地控制网格的疏密程度,至于固定哪两条相邻边,4.1.4 节中会提到。按照本案例规定,生成的正交网格节点数应为 21×19。

4.1.2.1 保角变换

第一步,保角变换[①]。通过保角变换把不规则边界的物理区域变换成规则矩

---

① 西安交通大学高等数学教研室. 复变函数[M]. 北京:高等教育出版社,1978.

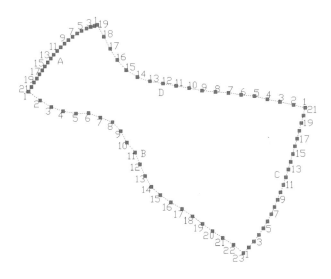

图 4.1-5　单连通物理区域边界节点分布示例

形边界的计算区域,如图 4.1-6 所示。保角变换的数学基础是复变函数中的解析变换,要实现图 4.1-6 中物理区域到计算区域的变换,只要沿物理区域的边界逆时针绕行,并求出此边界被映射成的闭曲线,这个闭曲线所围成的区域就是计算区域。本算例中,保角变换的起点是 A_1,绕逆时针变换到终点 D_{18} 结束。表 4.1-1 和表 4.1-2 列出了变换后物理区域边界与计算区域边界的坐标对应关系。

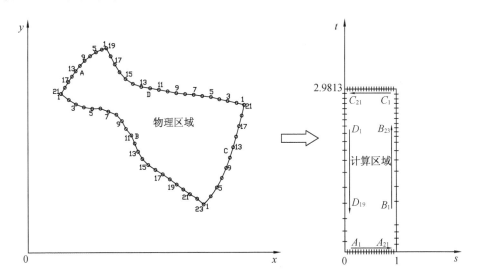

图 4.1-6　物理区域变化到计算区域

表 4.1-1　物理区域边界 A、B 与计算区域边界 A、B 的坐标对应关系

节点编号	A				B			
	x	y	s	t	x	y	s	t
1	693 372. 677 4	3 466 481. 577 8	0. 000 0	0	691 164. 262 4	3 464 395. 481 7	1. 000 0	0. 000 0
2	693 277. 929 5	3 466 458. 311 3	0. 049 1	0	691 542. 812 7	3 464 119. 833 1	1. 000 0	0. 139 2
3	693 157. 993 1	3 466 421. 856 7	0. 099 1	0	691 895. 541 5	3 463 916. 735 6	1. 000 0	0. 249 5
4	693 021. 123 0	3 466 369. 375 9	0. 151 7	0	692 282. 786 4	346 3781. 032 4	1. 000 0	0. 363 7
5	692 876. 432 5	3 466 300. 611 4	0. 205 4	0	692 686. 552 6	3 463 714. 537 8	1. 000 0	0. 494 4
6	692 731. 179 3	3 466 217. 432 0	0. 259 2	0	693 084. 363 3	3 463 722. 889 4	1. 000 0	0. 678
7	692 589. 682 7	3 466 122. 457 3	0. 312 6	0	693 470. 956 7	3 463 580. 107 5	1. 000 0	0. 920 9
8	692 454. 307 9	3 466 018. 415 0	0. 365 6	0	693 854. 437 6	3 463 440. 130 4	1. 000 0	1. 198 5
9	692 326. 119 5	3 465 907. 748 4	0. 417 4	0	694 122. 444 8	3 463 149. 513 7	1. 000 0	1. 475 3
10	692 205. 362 7	3 465 792. 459 5	0. 468 4	0	694 315. 823 6	3 462 787. 076 3	1. 000 0	1. 681 5
11	692 091. 790 7	3 465 674. 091 8	0. 518 5	0	694 577. 913 4	3 462 485. 273 4	1. 000 0	1. 851 6
12	691 984. 868 6	3 465 553. 765 6	0. 567 5	0	694 737. 229 9	3 462 117. 856 5	1. 000 0	2. 002 6
13	691 883. 894 2	3 465 432. 230 5	0. 615 6	0	694 900. 524 7	3 461 743. 030 4	1. 000 0	2. 112 4
14	691 788. 060 3	3 465 309. 910 6	0. 662 9	0	695 104. 375 1	3 461 410. 702 5	1. 000 0	2. 193
15	691 696. 478 4	3 465 186. 933 7	0. 709 4	0	695 388. 165 0	3 461 137. 399 2	1. 000 0	2. 267 1
16	691 608. 171 0	3 465 063. 138 9	0. 755 5	0	695 729. 459 9	3 460 912. 928 0	1. 000 0	2. 349 2
17	691 522. 035 1	3 464 938. 054 3	0. 801 4	0	696 083. 972 0	3 460 709. 811 3	1. 000 0	2. 441 5
18	691 436. 768 3	3 464 810. 835 3	0. 847 7	0	696 423. 621 0	3 460 481. 561 9	1. 000 0	2. 538 2
19	691 350. 737 8	3 464 680. 135 3	0. 895	0	696 755. 957 6	3 460 242. 933 2	1. 000 0	2. 631 4
20	691 261. 728 8	3 464 543. 841 5	0. 944 5	0	697 073. 436 3	3 460 013. 798 0	1. 000 0	2. 715 7
21	691 164. 262 4	3 464 395. 481 7	1	0	697 398. 751 8	3 459 799. 863 4	1. 000 0	2. 797 2
22					697 745. 905 1	3 459 583. 938 6	1. 000 0	2. 886 9
23					698 062. 404 1	3 459 325. 423 4	1. 000 0	2. 981 3

表 4.1-2　物理区域边界 C、D 与计算区域边界 C、D 的坐标对应关系

节点编号	C				D			
	x	y	s	t	x	y	s	t
1	698 062. 404 1	3 459 325. 423 4	1	2. 981 3	700 038. 590 8	3 463 880. 946 7	0	2. 981 3
2	698 240. 689 4	3 459 503. 049 0	0. 944 7	2. 981 3	699 676. 636 7	3 463 970. 614 3	0	2. 902 8
3	698 406. 568 7	3 459 692. 319 4	0. 895 4	2. 981 3	699 240. 839 1	3 464 059. 874 6	0	2. 808 2
4	698 560. 115 9	3 459 891. 732 9	0. 848 5	2. 981 3	698 835. 924 7	3 464 138. 835 6	0	2. 715 7

（续表）

节点编号	C				D			
	x	y	s	t	x	y	s	t
5	698 701.725 8	3 460 099.801 3	0.802 5	2.981 3	698 427.538 6	3 464 241.603 4	0	2.622 3
6	698 832.044 0	3 460 315.129 2	0.757	2.981 3	698 002.191 7	3 464 286.548 8	0	2.523 8
7	698 951.891 2	3 460 536.462 4	0.711 2	2.981 3	697 590.949 2	3 464 344.991 4	0	2.419 1
8	699 062.194 8	3 460 762.708 3	0.665	2.981 3	697 170.882 6	3 464 377.167 3	0	2.303 1
9	699 163.935 7	3 460 992.936 3	0.618 1	2.981 3	696 744.415 9	3 464 421.231 3	0	2.166 8
10	699 258.109 7	3 461 226.365 2	0.570 4	2.981 3	696 324.960 3	3 464 501.348 7	0	2.018 4
11	699 345.703 5	3 461 462.344 9	0.521 8	2.981 3	695 904.203 7	3 464 574.876 7	0	1.858 6
12	699 427.682 2	3 461 700.335 6	0.472 2	2.981 3	695 482.889 6	3 464 645.373 0	0	1.677 1
13	699 504.985 2	3 461 939.887 6	0.421 6	2.981 3	695 060.629 8	3 464 712.063 4	0	1.454 5
14	699 578.527 8	3 462 180.621 9	0.370 1	2.981 3	694 657.077 1	3 464 847.887 7	0	1.182 9
15	699 649.208 0	3 462 422.213 0	0.317 7	2.981 3	694 299.902 2	3 465 068.318 9	0	0.891
16	699 717.916 2	3 462 664.373 0	0.264 7	2.981 3	694 007.531 6	3 465 382.447 1	0	0.612 3
17	699 785.547 5	3 462 906.836 2	0.211 2	2.981 3	693 778.353 1	3 465 737.032 0	0	0.381 8
18	699 853.016 7	3 463 149.344 6	0.157 5	2.981 3	693 582.296 8	3 466 116.358 9	0	0.189 9
19	699 921.196 2	3 463 391.654 2	0.104 4	2.981 3	693 372.677 4	3 466 481.577 8	0	0
20	699 986.551 8	3 463 634.729 4	0.052 6	2.981 3				
21	700 038.590 8	3 463 880.946 7	0	2.981 3				

4.1.2.2 坐标变换

第二步,计算区域用 Laplace 方程[①],实施坐标变换,生成贴体正交网格。控制方程组(4.1-1)如下所示:

$$\begin{cases} \dfrac{\partial^2 x}{\partial s^2} + \dfrac{\partial^2 x}{\partial t^2} = 0 \\ \dfrac{\partial^2 y}{\partial s^2} + \dfrac{\partial^2 y}{\partial t^2} = 0 \end{cases} \tag{4.1-1}$$

方程组采用超松弛法求解。为简单描述计算区域坐标变化的过程,现将图 4.1-7 所示的计算区域,划分成节点数量较少的情况,例如 5×6。

计算区域矩形边界上的 x 或 y 值分别利用表 4.1-1 和表 4.1-2 中的坐标关系通过插值获得。有边界值后,对方程组(4.1-1)选用五点差分格式计算,差分步长

---

① 苏铭德,黄素逸.计算流体力学基础[M].北京:清华大学出版社,1997.

"$\Delta s=0.25,\Delta t=0.596\ 26$",计算结果见表 4.1-3；$s$、$t$ 方向等距差分生成等距正交网格，其中，等距指在计算区域里 s、t 方向等距。

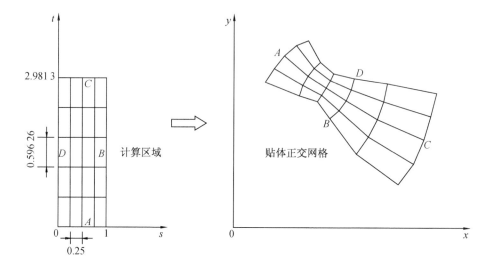

图 4.1-7　计算区域 5×6 等距网格生成 5×6 贴体正交网格

表 4.1-3　计算区域网格节点坐标与贴体正交网格坐标对应关系

计算区域网格节点坐标		贴体正交网格坐标		备注
s	t	x	y	
0	0	693 372.677 4	3 466 481.577 8	
0.25	0	692 755.790 6	3 466 232.487 1	
0.5	0	692 133.127 8	3 465 718.287 9	
0.75	0	691 618.618 7	3 465 078.020 8	
1	0	691 164.262 4	3 464 395.481 7	计算采用超松弛法，选用五点差分格式
0	0.596 26	693 991.212 7	3 465 403.744 9	差分步长：$\Delta s=0.25$，$\Delta t=0.596\ 26$
0.25	0.596 26	693 666.727 2	3 465 103.521 0	该方法详见参考文献：
0.5	0.596 26	693 355.539 9	3 464 711.591 1	何关渝，雷群. Delphi 常用数值
0.75	0.596 26	693 094.814 2	3 464 245.933 2	算法集[M]. 北京：科学出版
1	0.596 26	692 923.422 1	3 463 719.396 2	社，2001.
0	1.192 52	694 670.055 9	3 464 842.129 7	
0.25	1.192 52	694 502.017 6	3 464 496.220 6	
0.5	1.192 52	694 290.903 4	3 464 124.293 8	

（续表）

计算区域网格节点坐标		贴体正交网格坐标		备注
s	t	x	y	
0.75	1.192 52	694 062.839 5	3 463 760.154 5	
1	1.192 52	693 847.530 2	3 463 444.184 1	
0	1.788 78	695 734.457 2	3 464 603.685	
0.25	1.788 78	695 582.343 9	3 464 036.921	
0.5	1.788 78	695 322.684 1	3 463 492.698	
0.75	1.788 78	694 958.310 8	3 463 000.369	计算采用超松弛法,选用五点差
1	1.788 78	694 483.097 6	3 462 603.944	分格式
0	2.385 04	697 463.396 6	3 464 355.903	差分步长:$\Delta s = 0.25$,$\Delta t =$
0.25	2.385 04	697 274.444 7	3 463 449.399	0.596 26
0.5	2.385 04	696 950.123 4	3 462 565.901	该方法详见参考文献:
0.75	2.385 04	696 484.290 8	3 461 695.04	何关渝,雷群. Delphi 常用数值
1	2.385 04	695 870.674 1	3 460 831.433	算法集[M].北京:科学出版
0	2.981 3	700 038.590 8	3 463 880.947	社,2001.
0.25	2.981 3	699 736.589 7	3 462 731.003	
0.5	2.981 3	699 382.543 6	3 461 567.226	
0.75	2.981 3	698 850.935 5	3 460 348.445	
1	2.981 3	698 062.404 1	3 459 325.423	

4.1.2.3 插值转化

第三步,分段三次埃尔米特插值（或者本书介绍的一维坐标线性插值）获得变距网格。图 4.1-8 显示:已知计算区域任意一个点的坐标(ss,tt),如何求出它对应的贴体正交坐标(x,y)的埃尔米特插值方法。

按照本算例初始的规定,固定 A、D 两条相邻边界,最终生成的网格节点数应该为 21×19。前面"第二步"已经生成了等距正交网格,则通过插值,可获得 21×19 个网格节点的贴体正交曲线下的坐标。通常,为了保证插值的精度,取等距计算区域网格节点数为所求网格节点数大于 1 的整数倍,这样虽然增加了计算的工作量,但提高了插值的精度。所以,前面按 5×6 划分计算区域,过于粗糙了。图 4.1-9 显示了由等距网格到变距网格的改变方法。

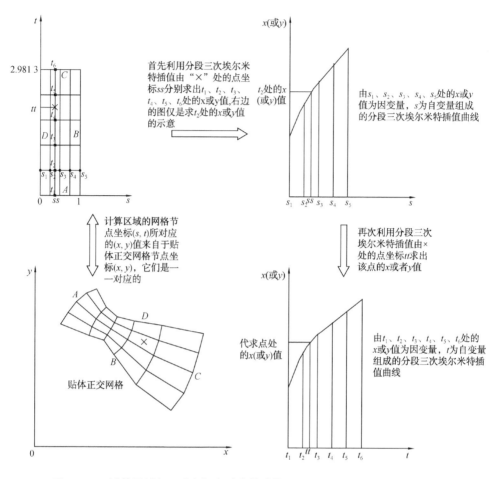

图 4.1-8 计算区域(ss,tt)坐标点对应的贴体正交坐标(x,y)插值求解示意图

4.1.3 各子区域网格拼接的方法

网格拼接是把分散的区域网格拼接起来,形成整体。4.1.2 节中提到,单连通区域网格生成时,固定两相邻的边,网格由这两条固定边引出,网格的节点数量和网格疏密完全由这两条边界的节点数量和疏密确定。固定哪两条边,应根据整体网格拼接的需要,以图 4.1-10 为例:①区域 1,固定 C、D 或者固定 C、B;②区域 2-1,固定 A、D 或者固定 A、B;③区域 2-2,固定 A、D 或者固定 A、B,但应保证固定边(B 或 D)与 2-1 的固定边(B 或 D)节点数相等;

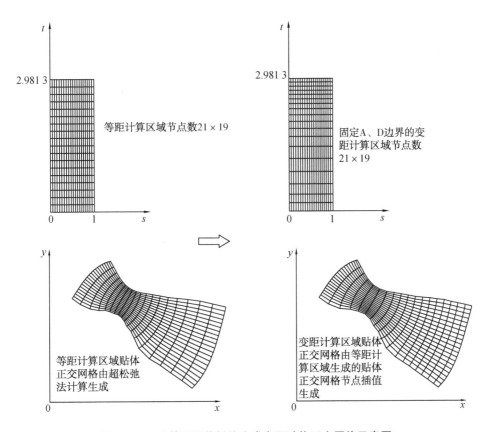

图 4.1-9　由等距网格插值生成变距贴体正交网格示意图

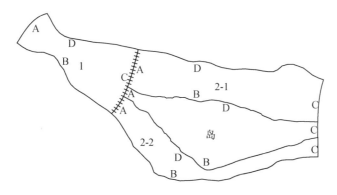

图 4.1-10　网格拼接实例

4.2 三角形无结构网格生成

在无结构网格中,三角形有描述方便、处理简单等特性,适用于对复杂区域简化处理。2004 年,基于四分叉树法和 Delaunay 剖分法,悉尼大学物理学院的学生 Darren Engwirda(The University of Sydney School of Physics)提出一种二维无结构三角形网格自适应快速生成算法,本书在其基础上做了一些改进,包括:采用加州大学伯克利分校计算机科学系 Jonathan Shewchuk 提出的 Delaunay 快速剖分法(看本书 1.2.2 节);采用一些快速算法提高网格生成速度;基于 VeCAD 进行可视化操作界面开发。

最终完成的网格生成算法具有如下的几个典型特点:图形界面操作、边界突变段网格自动加密,指定加密区域、网格输入/输出,网格尺寸控制和质量评估等。其中,定义了网格自适应算法,即单元节点尺寸控制函数 H(hmax,ghmax,polygon,phmax),H 包含四个参数:hmax 控制生成的三角形网格单元的最大边长;ghmax 控制邻近单元网格边长允许的最大梯度变化;polygon 代表网格局部加密的区域边界;phmax 控制加密区域内三角形网格的最大边长。

4.2.1 无结构网格的生成流程

以多连通物理区域为例,三角形无结构网格的一般生成流程包括:绘制物理区域(图 4.2-1A)→加密边界→四分叉树法生成背景网格(图 4.2-1B)→边界处理,产生初始化网格(图 4.2-1C)→内部网格节点光滑处理(图 4.2-1D)。

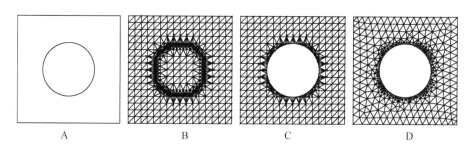

图 4.2-1 三角形无结构网格计算流程

4.2.2 物理区域边界节点加密

加密边界的目的是为了控制四分叉树生成背景网格的密度,这会直接影响三角形网格的生成数量和质量。如图 4.2-2 所示的三角形区域,边 $L_1=10$、$L_2=L_3$

＝20.615 5,设 $L_{\min}$ 为各边节点间的控制步长,假设 $L_{\min 1}=L_{\min 2}=L_{\min 3}=4.850\ 7$ 时,各边需要添加的节点数可以按下面公式计算:

$$num = c \times round\left(\frac{L}{L_{\min}}\right) + b \qquad (4.2\text{-}1)$$

其中,c 为加密系数,为正整数;$round$ 为取整函数;b 为正或负整数。如果取 c 为 1,b 为－2,计算后,L_1 不需要添加节点,L_2 和 L_3 各需添加 2 个节点。

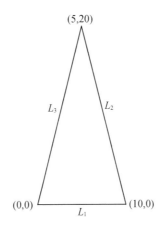

图 4.2-2　待加密三角形区域边界

4.2.3　四分叉树和 Delaunay 生成背景网格

背景网格应覆盖全部物理区域,背景网格越密,后续生成的三角形单元性能也越好。背景网格基于四分叉树法和 Delaunay 法产生。基于四分叉树法,把一块能包围边界的矩形分割成四个较小的部分,每一个部分继续分割成四个较小的部分,然后继续分解下去,直到每一个子域不含任何节点或仅包含一个边界节点。参考图 4.2-3:

图 A 所示为某假设边界,含 20 个节点;图 B 所示为任意假设的一个矩形框,并已将它分为四份;对这四个子域继续分,如图 C 所示,由于子域 1-1、1-2、2-1 等不包含任何边界节点,可停止分割。但是子域 1-3、1-4、2-3 等还包含多个边界节点,所以继续分割,如图 D 所示;直到分割产生的子域不包含边界节点或仅包含 1 个边界节点,如图 E 所示;四分叉树分解产生了新的节点——四叉树节点,将四分叉树生成的节点通过 Delaunay 算法连接起来形成三角形单元背景网格,如图 F 所示。

针对四叉树节点,其节点尺寸控制函数 H(hmax,ghmax,polygon,phmax)设

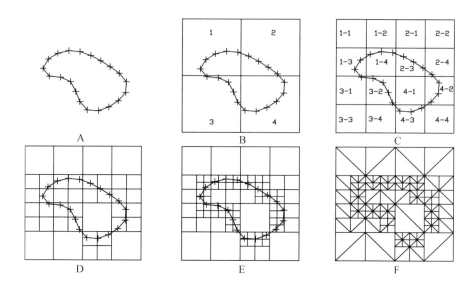

图 4.2-3 背景网格产生过程

置如下：第一步,设置网格尺寸全局控制参数 hmax,使每个节点尺寸控制函数的初始值为 H＝hmax;第二部,设置网格局部加密的区域边界 polygon 和加密区域内三角形网格的最大边长 phmax,当四叉树节点落入加密区域 polygon 且 phmax＜H,则 H＝phmax;第三步,对于处于四叉树四边形顶点上的节点,设四边形的边长为 L,如果 L＜H,则令 H＝L;第四步,设置最大允许梯度变化参数 ghmax,使相邻的不同尺寸网格过度均匀,设四叉树节点 n1 和 n2 是四叉树四边形一条边界上的两个节点,Hn1 表示节点 n1 的尺寸控制函数,Hn2 表示节点 n2 的尺寸控制函数,L 表示该条边的边长,则节点尺寸控制函数用 delphi 编程语言表示为：

```
If Hn1>Hn2 then
begin
gh:= (Hn1－Hn2)/L;
if gh>ghmax then Hn1:=Hn2+ghmax * L;
end
else
begin
gh:= (Hn2－Hn1)/L;
if gh>ghmax then Hn2:=Hn1+ghmax * L;
end;
```

4.2.4 物理区域边界处理

物理区域边界处理是基于背景网格,恢复区域原来边界,并删除边界外的多余三角形。处理步骤包括三步:查找处于边界区域内部的节点;内部节点删除或投影;边界节点置换。这里的内部节点是指处于待剖分区域内的节点。

1) 查找处于边界区域内部的节点:判断节点位置采用射线法(参考图 4.2-4),具体算法是由该点引一条射线,判断该射线与区域边界交点个数,为奇数时在区域内,偶数时则在区域外。具体算法步骤如下:①确定一个尽可能小的包围待剖分区域的方形区域,先判断点是否处于该方形区域内(图 4.2-4A);②如果在,则依据贯穿此点的横向射线,找出与此射线相交的边界节点(图 4.2-4B);③依据交点个数,为奇数时在区域内,偶数时则在区域外。

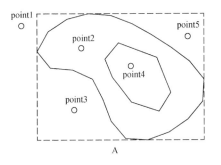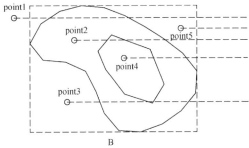

图 4.2-4 射线法判断节点位置

2) 内部节点删除或投影:背景网格是由三角形网格组成,三角形网格按与边界的位置关系可以分为 3 种:"边界外三角形""边界内三角形""跨边界三角形"。如果三角形的 3 个节点都在边界内或边界上,即为边界内三角形;如果三角形的 3 个节点都在边界外,即为边界外三角形;如果三角形的 3 个节点不全在边界内,即为跨边界三角形。属于"边界外三角形"的内部节点完全删除(图 4.2-5B),属于"跨边界三角形"的内部节点投影到边界上(图 4.2-5C),投影计算示例如图 4.2-5D,设一处于位置 p1 的点 point,分别计算投影到邻近边界的长度,比较距离长短,应投影到位置 p2。

3) 边界节点置换(图 4.2-5F):边界节点置换是指将离边界节点最近的网格节点用边界节点替换,举例来说,如果边界节点有 10 个,那么分别查找离这 10 个节点最近的网格节点,并分别用边界节点替换。

4.2.5 内部网格节点光滑处理

内部节点光滑处理是指通过调整节点位置或删除、添加节点以优化网格拓扑结构,本程序采用 Laplacian-Like 光滑修正法,如公式(4.2-2):

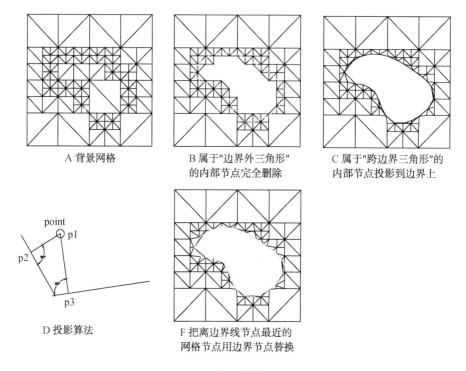

A 背景网格

B 属于"边界外三角形"的内部节点完全删除

C 属于"跨边界三角形"的内部节点投影到边界上

D 投影算法

F 把离边界线节点最近的网格节点用边界节点替换

图 4.2-5　边界节点处理方法

$$x_i^{n+1} = x_i^n + c\left(\frac{1}{N}\sum_{j=1}^{N} x_{oj}^n - x_i^n\right) \qquad (4.2\text{-}2)$$

式中：X_i 是节点 i 的位置坐标矢量，c 是平滑因子，N 为与节点 i 相连的三角形单元数目，X_{oj} 是这 N 个单元中第 j 个单元的质心坐标矢量。

　　节点删除或添加是由三角形单元的形状决定的，单元形状由尺寸控制函数值 H 判断。设某单元的一条边边长为 L，该边的两个节点分别为 n1 和 n2，中点设为 n，节点 n1、n2 的 H 值通过背景网格节点尺寸控制函数值插值获得，分别为 hn1，hn2，则中点的 H 值为"Hn＝0.5・(hn1＋hn2)"，如果 Hn/L＜b(可取 0＜b＜1)，则删除节点 n1 和 n2，如果 Hn/L＞b(可取 1＜b＜5)，则添加中间节点 n，通过调节参数 b 的数值，加密或稀疏网格。图 4.2-6 是三角形无结构网格内部节点光滑处理流程。

4.2.6　网格质量评定

　　为判断网格的质量，给出一个质量因子 q，对产生的网格进行质量分析。对于单个三角形，其质量因子 q 定义为"q＝三角形面积/等周长的等边三角形面积"。

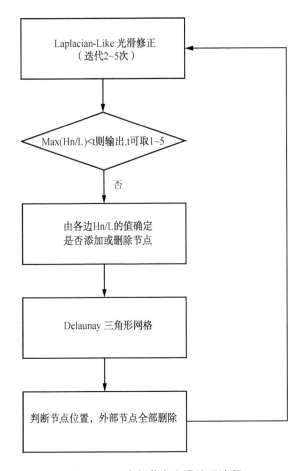

图 4.2-6 内部节点光滑处理流程

当三角形质量最好的时候就是等边三角形的时候,这时的 $q=1$,而为非等边三角形时,q 值都小于 1,并且三角形的钝角越大,质量越差时,q 值越小。为了说明网格的总体情况,引入平均质量,当 q_{mean} 越接近 1 时网格质量越好。

图 4.2-7 左显示了一个本方法三角形无结构网格实例,其中,三角形单元数为 29 134,网格节点数为 14 676,单元平均质量为 0.917 6。图 4.2-7 右显示了同样物理区域国外软件 SMS 9.0 生成的网格,其中,三角形单元数为 27 626,网格节点数为 13 909,单元平均质量为 0.923 1。对比可知,本方法与国外方法产生的网格质量相当,另外,由于本方法可以对整个物理区域自动识别内外边界,物理区域不需分块即可整体生成,所以使用方便。

$$q_{mean} = \frac{1}{N}\sum_{j=1}^{N} q_j \tag{4.2-3}$$

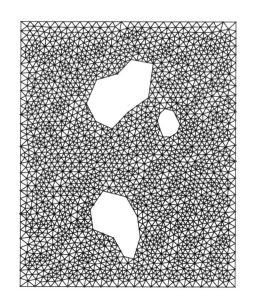

图 4.2-7　三角形无结构网格计算实例(左,本书;右,SMS 9.0)

4.3　GLscene 三维实景开发基础

　　GLScene 是一套基于 OpenGL 库的 Delphi 组件,开发者只需简单的配置 GLScene 组件,就可以轻松创建二、三维图形和三维动画等 Delphi 图形图像应用程序。

4.3.1　OpenGL 介绍

　　OpenGL 是一个专业的 3D API(三维应用程序接口),它提供多达数百种用于二维、三维建模的图形函数,能实现最基本的点、线、多边形的绘制,以及长方体、球、圆锥、多面体等复杂三维实体的绘制,和 Bezier、Nurbs 等复杂曲线和曲面的绘制。OpenGL 也提供了大量图形变换的算法,包括平移、旋转、比例、镜像四种基本几何变换、正射投影和透视投影两种投影变换以及剪裁变换和视口变换等。此外,OpenGL 还集成了诸如光照(LightSource)、材质(Material Quality)、纹理(Texture)、融合(Blending)、反走样(Antialiasing)、雾化(Fog)等复杂的计算机图形学算法。重要的是,OpenGL 可以很方便的读取和操作 Auto CAD、3DS 等 3D 图形设计软件制作的 DFX、3DS 模型文件。可以说,应用 OpenGL 绘制图形就象使用 Windows GDI 的 MoveTo()函数一样方便,正因为如此,它被广泛应用于三维图形和动画制作软件的开发,著名的三维设计软件 3D Studio MAX 就是以 OpenGL 为基础开发出来的。

4.3.2 Glscene 组件

如图 4.3-1 所示:安装 GLScene 组件后(类似于一般组件安装),Delphi 组件面板新添加了 4 个组件页,即 GLScene 组件页、GLScene PFX 组件页、GLScene Utils 组件页和 GLScene Shaders 组件页,这些组件几乎封装了所有的 OpenGL 函数。借助 Delphi 的快速开发环境,通过这些组件,程序员可以用最少的代码快速建立高效的三维场景应用程序。

图 4.3-1　GLScene 面板

4.3.3 三维场景认识

显示器屏幕是二维的,显示对象是三维的。三维场景的显示,就是把所建立的三维空间模型,经过计算机的复杂处理,最终在计算机二维屏幕上显示。图 4.3-2 给出在图纸上手工绘制 1 个长方体的步骤。第一步,按右手螺旋法则确定 1 个图纸三维坐标系统;第二步,在当前坐标系统下定出长方体的 8 个角点位置,然后绘制长方体线框图;第三步,消除隐藏面与隐藏线;第四步,给实体表面着色,如果还要考虑实体哪一面朝向灯光,则朝向灯光的一面应该画的亮一些。与手工绘图过程类似,计算机绘图主要经过 5 个步骤:建模、投影(三维模型变为二维图形的过程)、消除隐藏面与隐藏线、建立光源、设置物体的材质和纹理。

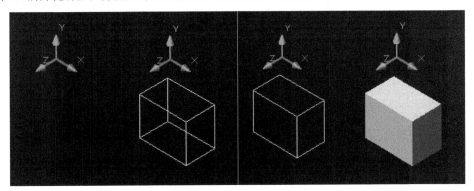

图 4.3-2　长方体绘制示例

1) 建模：建模是指构建三维场景中的几何模型。几何模型的位置由坐标系描述，坐标系分为世界坐标系和局部坐标系。在 GLScene 中，"场景坐标"是世界坐标，被用来描述整个场景的坐标，X 轴从左到右，Y 轴从下到上，Z 轴垂直屏幕向外，遵循右手螺旋法则。原则上除开这个场景坐标，在 GLScene 中建立的其他坐标都应该称为局部坐标。在 GLScene 中，我们即可以用场景坐标描述物体及光源的位置，也可以用物体的"自身坐标"描述其子对象（物体及光源）的位置，这个"自身坐标"相对于子对象来说是"世界坐标"，我们称这个"自身坐标"为"物体坐标"。

2) 投影：投影是指把三维物体变为二维图形的过程。投影变换有平行投影和透视投影两种变换。在三维空间里，当以视点（眼睛的位置）为投影中心，将三维物体投影于某投影平面时，便在该平面内产生三维物体的象，这就是透视投影，又称中心投影。当透视投影的视点离投影面无穷远时，就变成平行投影了。透视投影中，物体的显示方式是近大远小，就如同人眼看物体的方式，想象一下从高处眺望很长的铁路线时的感觉，而平行投影则不会产生近大远小的效果。

3) 消隐：消隐即消去在三维观察时应该被挡住看不见的点、线、面，消隐的目的是为了正确反映物体之间或物体的不同部分之间存在的相互遮挡关系。

4) 建立光源：发光的物体叫做光源。光源有 3 个属性，颜色、位置、方向。要使场景具有真实感，就要对场景进行光照处理。GLScene 有三种类型的光源，Omni Light（泛光灯）、Spot Light（聚光灯）和 Parallel light（平行光）。泛光灯是从一点向所有方向发射光的灯光类型，模拟点光源，如灯泡和蜡烛。聚光灯的发射形状是圆锥形，常用来模拟手电筒和汽车前灯。平行光仅在一个方向发射灯光，它的光线是互相平行的，常用来模拟太阳。这三种光源比较起来，聚光灯是系统里所需计算量最大的灯光，它比较容易定位和控制，通常被设置为照明场景的主光源，其他作为辅助光源。

在 GLScene 一个场景中最多能设置 8 个光源，除了平行光以外的每个光源都有一个照射范围，光源在超过这个照射范围以外的区域没有效果。从光源的位置到其最大的作用距离，光强度逐渐减弱，这被称为光衰减。在 GLScene 中，这 3 种类型的光源有 3 个十分重要的共有属性——"光照分量"，光照分量包括环境光（Ambient Light）、漫反射光（Diffuse Light）和镜面光（Specular Light），这些属性的设置决定了光源的颜色和整个场景的明暗。环境光（Ambient Light）是由光源发出、经环境多次散射以后均匀地分布在整个场景中的光，用来设置周围环境的颜色。漫射光（Diffuse Light）是来自一个方向，照射到物体表面时，在物体的各个方向上均匀发散，用来设置漫反射的灯光颜色。镜面光（Specular Light）是来自特定方向并沿另一方向反射出去，用来设置镜面效果。

5) 设置物体的材质和纹理：材质是指物体的构成材料，它对物体最直接的影响是使物体呈现出各种颜色,使一个物体看上去象金属、玻璃或者塑料。GLScene中,不发光物体的材质由物体对环境光、漫反射光和镜面光的反射率来定义。发光物体,如灯泡的光线颜色则由物体的辐射光(Emitted Light)的颜色定义。客观世界中的物体最终反映到人眼的颜色是光的红绿蓝分量与材质红绿蓝分量的反射率相乘后形成的颜色。辐射光使物体发光,用来描述灯泡,太阳等光源物体。环境光反射率强度决定了物体在没有直接光照下的颜色。镜面光反射率定义了物体对镜面光的反射强度,举个例子,夏天我们看地上的一个金属小球,在一个特定方向,小球表面的某点发出高亮刺眼的光,如果换成一个皮球,不管我们怎么围绕它转,都不会看见刺眼的光,其中的差别就是因为金属和橡胶两种材料对镜面光的反射强度不一样。

高反射率的镜面光一般用来表示具有高反射属性的物体,比如,镜子。影响物体颜色最大的因素是漫反射光反射率,它定义了物体的基本颜色。如果我们要绘制的物体不是如灯泡之类的发光体,那么通常的做法是设置物体的材质属性——辐射光为黑色。如果不这样做的话,通常物体的颜色就会呈现辐射光的颜色。纹理可以理解为是物体的外表图案,在三维场景中,它被用来增加物体的真实性。例如,要在显示屏上绘制一堵墙,可以绘制一个大矩形,然后贴一副墙的照片到其中。如果在照片上面再加上一些划痕、苔迹和标语,那它就更象一堵真实的墙,这就是纹理。三维场景中的草地通常也是通过纹理贴图的手段形成的。显而易见的是,纹理可以在保证成像真实性的同时大大减少绘图时间。

4.3.4 三维场景构建

要建立一个基础的 GLScene 三维应用场景,需要添加或设置以下几个项:场景产生器(GLScene)、场景观察器(GLSceneViewer)、照相机(Camera,相当于视点)、场景物体(Scene Object)、光源(LightSource)、材质(Material quality)、纹理(Texture)。

4.3.4.1 场景产生器(GLScene)

新建一个 Delphi 工程,把 GLScene 组件页里的"场景产生器"组件放到窗体上。场景由"场景产生器"产生,一个工程可以拖放多个"场景产生器"到窗体上,也就是说一个 Delphi 工程可以同时拥有多个场景。鼠标双击它,弹出场景编辑器如图 4.3-3 所示:这是一种树形的层次结构,场景是树根,处在最顶层,其他是分支,分支可能再包括分支。场景包含两个集合,Cameras(照相机集合)和 Scene Objects(场景物体集合)。通过鼠标右键单击选项,弹出菜单,可以加载照相机、光源、场景物体等,如图 4.3-4 和图 4.3-5 所示。场景产生器是所有其他物体的父容器,我们通过场景编辑器构建的所有可视物体以及特效（如雪花、火、爆炸、烟、雾等）都将在场景中显示。

图 4.3-3　场景编辑器

图 4.3-4　场景编辑器中添加照相机

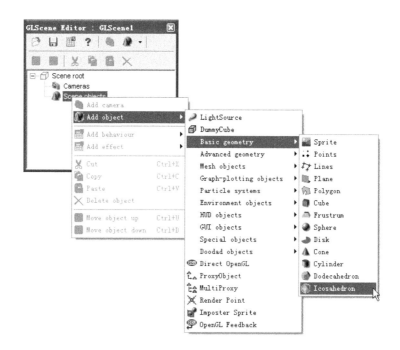

图 4.3-5　场景编辑器中添加物体

看场景案例图 4.3-6，该场景包含 1 个地形，1 个小球，还有 1 根连着小球的直线。它的场景编辑器（图右）包含：Cameras 集合中有 1 个 GLCamera1（照相机 1）；Scene Objects 集合里有 4 个物体，包括 1 个 HeightField1（地形 1，用于地形建模，地形

数据可以由 z=f(x,y)这样的数学公式产生,也可以来源于散点数据),1 个 Sphere1
(球体 1),1 个 Lines1(直线 1),最后还有 1 个 GLLightSource1(光源 1)。

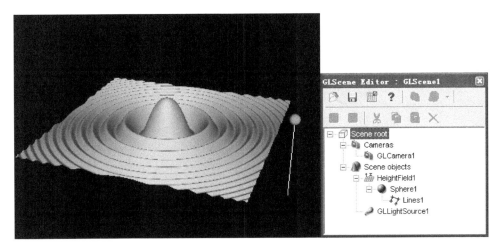

图 4.3-6　一个简单的三维场景示例(左,图像;右,场景编辑器)

　　它们的层次关系如下:场景处于树形图的最顶层,其下一层是 GLCamera1、
HeightField1 和 GLLightSource1。其中 HeightField1 的下一层包含 Sphere1,
Sphere1 下一层是 Lines1。这就是所谓的层次关系,这种层次关系也可以理解成
父-子关系,即 GLCamera1、HeightField1 和 GLLightSource1 的父亲是场景。
Sphere1 的父亲是 HeightField1,而 Lines1 的父亲是 Sphere1。在 GLScene 中,任
何物体只有一个父对象,而一个父对象可以有很多子对象。子对象建在父对象的
"自身坐标"里,和"场景坐标"无直接关系,这一点很重要。

　　上节已经说到,在 GLScene 中,存在"场景坐标"和"物体坐标"两种坐标系,场
景坐标 X 轴指向右,Y 轴指向上,Z 轴指向屏幕外,那么"物体坐标"是怎样的? 看
图 4.3-7,大球的球心位于"场景坐标"的原点,当大球的属性"ShowAxes"为 True
时,显示红(X 轴)、绿(Y 轴)、蓝(Z 轴)线代表大球的"物体坐标",它与场景坐标重
合。小球父对象是大球,所以它的位置是由大球的物体坐标定义的,即(2,0,0)的
位置。由于小球的属性"ShowAxes"为 False,所以小球的物体坐标没有显示出来。
如果小球下面还有子对象,那么该子对象的位置由小球的物体坐标定义。照相机
(视点)在"场景坐标"中的位置为(5,5,5),视线方向指向"场景坐标"的原点,所以
图 4.3-7 反应的是视点角度物体投影。

　　GLScene 提供的任何图形对象都有"物体坐标","物体坐标"是以物体某一
点为原点而建立,仅对该物体及其子对象适用。当物体在父对象的"物体坐标
系"下发生了移动和旋转后,该物体如果存在子对象,则子对象也会发生相应的

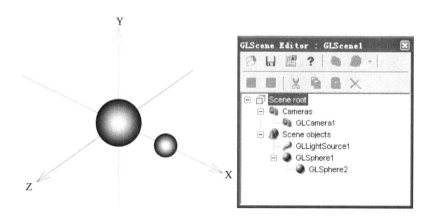

图 4.3-7　大小球三维场景示例(左,图像;右,场景编辑器)

动作,就好象父对象和子对象是一个整体一样。换句话说,不论物体在父对象的"物体坐标系"下发生怎样的运动,其自身的物体坐标系和其自身的子对象相对于该物体的位置始终不会发生任何变化。一个物体的物体坐标系只有在该物体被删除后才会消失,当一个物体被删除后,其子对象也会被一起删除。物体的构建是以自身物体坐标系为参照的,其上一层父对象物体坐标系只决定该物体的位置。

　　物体在三维场景中的位置完全取决于物体的平移和旋转运动,在 GLScene中,平移是在父对象的"物体坐标系"下进行的,而旋转则是物体围绕自身的物体坐标进行的,两者是有差异的。概括来讲:父对象的物体坐标相当于子对象的世界坐标,子对象的物体坐标是局部坐标。子对象在场景中的移动是在父对象的物体坐标系下进行的,但是子对象在场景中的旋转则是围绕其自带坐标轴进行的。子对象也可能包含子对象,则子对象的物体坐标系同样相当于其子对象的世界坐标。对于物体本身而言,不管父对象是谁,其自身的构造都是在自身的物体坐标系下进行的。物体在场景中无论发生了怎样的变化,其自身的物体坐标相对于该物体的位置和方向始终不变。

4.3.4.2　照相机(Camera)

　　照相机相当于投影变换里的视点,通过场景编辑器添加,被场景观察器(SceneViewer)使用。照相机的常用属性见表 4.3-1。

表 4.3-1 摄像机的常用属性

属性	数据类型	说明
CameraStyle		照相机有 4 种类型 ① 透视投影照相机(csPerspective,默认选项): 让离照相机较远的物件变得比离照相机较近的物件小。 ② 正交投影照相机(csOrthogonal): 不会缩放场景中的物件。 ③ 二维正交投影照相机(csOrtho2D): 在 2D 平面,不用考虑那些附加在 3D 绘制中的属性而只考虑正交投影。 ④ 自定义参数照相机(csCustom): 一般不选择
DepthOfView	single	景深,是照相机的最大观察距离,凡是超过该景深值的场景将被剪切,使不可见,默认值为 100
Direction		照相机镜头对准方向,默认值为(0,0,−1)
FocalLength	single	焦距,值越大,场景可视范围越小,焦点处物体就越大,越能看清该物体的细部结构
Position		照相机的位置,默认值为(0,0,0)
Up		Direction 相当于照相机的"脸"所指的方向,而 Up 相当于照相机的"头"所指的方向,两者互相垂直

4.3.4.3 光源(LightSource)

光源通过场景编辑器添加,GLScene 中的一个场景最多能设置 8 个光源。在介绍光源的常用属性前,有必要先介绍一下 GLScene 中光线颜色的表示方法。GLScene 中,光线颜色的定义用 RGBA(红、绿、蓝、透明度)四个值来表示,即 Red、Green、Blue、Alpha。其中,Alpha 用作色彩融合时的透明度,建立类似透明、遮罩、融合、渐层覆盖等效果,通常采用默认值,默认值是 1。光源的常用属性见表 4.3-2。

表 4.3-2 光源的常用属性

属性	数据类型	说明
Ambient		环境光的颜色,环境光均匀的分布在整个场景中,是由物体表面多次反射后形成的。可以这样理解环境光,如果场景中除了环境光以外没有其他任何光源,则场景中物体的颜色将由环境光的颜色、该物体表面对环境光的反射率共同决定。场景中的每个光源都对该场景的环境光有贡献。默认值是(0,0,0,1),即黑色,黑色表示没有环境光。建议采用默认值

（续表）

属性	数据类型	说明
ConstAttenuation	single	光源的常数衰减系数，默认值为 1。在现实世界里，光线的强度会随着传播距离的增加而减弱。GLscene 中，使光源的光除上一个衰减因子（AT）来达到衰减的目的，$AT = K_C + K_L \cdot d + K_Q \cdot d^2$，其中 K_C 是光源的常数衰减系数，K_L 是光源的线性衰减系数，K_Q 是光源的二次衰减系数，d 表示光源到该物体表面的距离
Diffuse		漫反射光的颜色，漫射光来自一个方向，照射到物体表面时在物体的各个方向上均匀发散。漫反射光的颜色决定了光源的颜色。默认值是(1,1,1,1)，即白光
LightStyle		GLScene 有三种类型的光源，Omni Light（泛光灯）、Spot Light（聚光灯）和 Parallel light（平行光）。泛光灯是从一点向所有方向发射光的灯光类型，模拟点光源，如灯泡和蜡烛。聚光灯的发射形状是圆锥形，常用来模拟手电筒和汽车前灯。平行光仅在一个方向均匀地发射灯光，它的光线是互相平行的，常用来模拟太阳。这三种光源比较起来，聚光灯是系统里所需计算量最大的灯光，但它比较容易定位和控制，所以通常我们设置聚光灯作为照明场景的主光源，其他作为辅助光源。在 GLScene 一个场景中最多能设置 8 个光源，除了平行光以外的每个光源都存在光衰减
LinearAttenuation	single	光源的线性衰减系数，默认值为 0
Quadratic Attenuation	single	光源的二次衰减系数，默认值为 0
Position		光源的位置，默认值为(0,0,0)
Shining	boolean	取值 True 表示该光源打开，取值 False 表示该光源关闭。默认值为 True
Specular		镜面光的颜色，举个例子，夏天我们看地上的一个金属小球，在一个特定方向，小球表面的某点发出高亮刺眼的光，如果换成一个皮球，不管我们怎么围绕它转，都不会看见刺眼的光。该高亮点的颜色就是由镜面光的颜色决定的。默认值为(0,0,0,1)，即黑色，黑色表示没有镜面光。通常采用默认值或者设置 Specular=Diffuse
SpotDirection		聚光灯投射的方向，默认值为(0,0,-1)
SpotCutOff	single	聚光灯投射的散射角，默认值为 180 度，意味光线是向各个方向发射的，已经没有聚光灯的效果了。通常设置在[0,90]
SpotExponent	single	聚光指数，默认值为 0，用来控制光线在圆锥里的分布强度。聚光指数越大，光线在圆锥的中线处越强，越靠边界越弱

4.3.4.4　场景物体（Scene Object）

　　场景物体通过场景编辑器添加，其在场景中的位置由该物体的父对象决定，其自身的构造（尺寸）是由其自带"物体坐标"决定。GLScene 包含了非常丰富的场景物体，通过这些物体可以建立一个内容丰富的三维展示场景。场景物体的一些共用属性见表 4.3-3。

表 4.3-3　场景物体的公共属性

属性	数据类型	说明
Behaviours		行为列表，如果你为一个物体添加了某些行为，则该物体将执行对应这些行为的动作。行为通过场景编辑器添加（如图 4.3-8 左）或者通过 Delphi 对象观察器添加（如图 4.3-8 右）。行为包括 Sound Emitter（扬声器，使物体能发出指定格式的声音（mp3 或者 wav），需要安装 GLSS_BASS7 和 GLSS_FMOD7 两个 Package）、Simple Inertia（物体平移和旋转时的惯性行为）、Simple Acceleration（物体的加速动作）、Collision（碰撞检测）、Movement controls（运动控制）等
Effects	single	特效列表，如果你为一个物体添加了某些特效，例如火、雾、闪电等，则该物体将执行相应的特效。特效通过场景编辑器添加（如图 4.3-9 左）或者通过 Delphi 对象观察器添加（如图 4.3-9 右）。特效包括 PFX Source（用来模拟水、火、雾、烟、冰等）、ThorFX（模拟闪电效果）、FireFX（模拟物体燃烧效果）和 ExplosionFX（模拟物体爆炸效果）
Direction	TGLCoordinates	单位矢量，表示物体的"脸（front）"指向的方向：不同的物体其 Direction 默认值可能不一样，大多数物体默认值是 [0,0,1]
Material	TGLMaterial	现实世界中，物体的颜色是光的红、绿、蓝分量与材质对红、绿、蓝光的反射率相乘后形成的颜色，例如红色的小球，反射红光，几乎不反射绿光和蓝光。所以，材质是用于描述对象的反光性能，使它看起来有光泽和颜色。在 Delphi 对象观察器的【Material】属性旁单击【…】，弹出材质设置对话框（图 4.3-10）。通过该对话框，可以设置物体的"前面颜色（Front）""背面颜色（Back）"和"纹理贴图（Texture）"。其中 Polygon mode（模型类型）取值包括 pmFill、pmLines 和 pmPoints，即实体模型、线框模型和顶点模型，这个很好理解，即物体用实体、线或者仅仅是几个特征点来展示

属性	数据类型	说明
ObjectsSorting		场景中的物体被绘制的顺序，取值包括：osInherited（默认值是 osRenderFarthestFirst）、osNone（不排序物体）、os-RenderBlendedLast（不透明的物体先绘制，其次是绘制混合物体，混合物体离照相机越近越先绘制）、osRenderFar-thestFirst（离照相机越远的物体越先绘制）和 osRender-NearestFirst（离照相机越近的物体越先绘制）
PitchAngle	single	YZ 平面绕 X 轴旋转，如果旋转角度为 90 度，意味从正的 Z 轴向正的 Y 轴旋转 90 度。旋转是物体绕自带的局部坐标（物体坐标）轴进行的
Position		物体的位置，默认位置为（0,0,0）。组成场景的每个物体都有自己独立的局部坐标系。物体在其局部坐标系中被建立，物体的局部坐标系最初的位置在该物体父对象物体坐标的原点。这里的"Position"是指物体在其父对象物理坐标中的位置。场景中的所有物体通过平移和旋转就能到达场景中的任何位置。平移在父对象坐标系中进行，旋转是在物体自带局部坐标系下进行。不管物体发生了怎样的运动，物体的局部坐标相对于物体的位置和方向始终不变
RollAngle		XY 平面绕 Z 轴旋转，如果旋转角度为 90 度，意味从正的 X 轴向正的 Y 轴旋转 90 度。旋转是物体绕自带坐标轴进行的
Scale	single	比例变换，默认值是[1,1,1]，意味物体在 X、Y、Z 轴的长度比例为 1；如果设置[2,1,1]，意味着物体在 X 方向被拉长为原来的 2 倍。这里的 X、Y、Z 轴是指其自带物体坐标轴
ShowAxes	boolean	显示物体的局部坐标（自身物体坐标）。默认值为 False，不显示
TurnAngle	single	XZ 平面绕 Y 轴旋转，如果旋转角度为 90 度，意味从正的 Z 轴向正的 X 轴旋转 90 度。旋转是物体绕自带坐标轴进行的
Up		单位矢量，表示物体的"头（Up）"指向的方向，与物体的 Direction 方向垂直，大多数物体默认值是[0,1,0]

（续表）

属性	数据类型	说明
Visibility Culling		可见性剔除：可见性剔除是提高场景绘制速度的技术，它通过将物体或物体群的不可见部分快速剔除，从而减少绘图工作量，达到提高系统资源利用率的目的。取值包括：vcInherited、vcNone、vcObjectBased 和 vcHierarchical。 • vcInherited：默认值是 vcNone； • vcNone：不使用可见性剔除； • vcObjectBased：如果一个物体被其他不透明物体（群）所遮挡，则该绘制物体不可见。不可见的物体不会影响其子对象的可见或不可见； • vcHierarchical：父对象不可见，则其子对象也不可见，不管子对象的可见性剔除取值如何
Visible	boolean	显示（True）或者隐藏（False）物体，默认值是 True

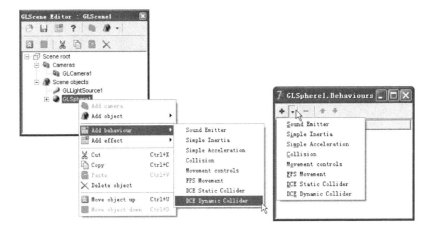

图 4.3-8　物体行为添加（左，场景编辑器；右，对象观察器）

4.4　GLscene 常见图形物体绘制

紧接 4.3 节，本节介绍 GLscene 中一些常见图形物体的绘制方法，其中会详细列出该物体的数据类型、自带物体坐标系、常用的一些属性、方法或函数等。

4.4.1　DummyCube（虚拟立方体）

• 数据类型：DummyCube：TGLDummyCube

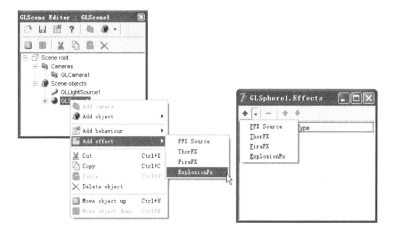

图 4.3-9　物体行为特效(左,场景编辑器;右,对象观察器)

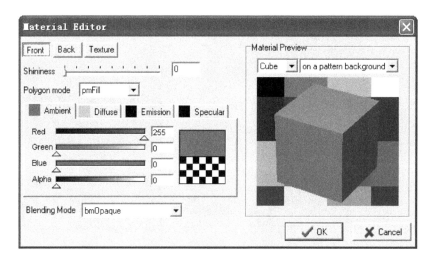

图 4.3-10　物体材质对话框

• 类的声明:type TGLDummyCube = class(TGLImmaterialSceneObject)

• 类的继承关系:TGLImmaterialSceneObject > TGLCustomSceneObject > TGLBaseSceneObject > TGLUpdateAbleComponent > TGLCadenceAbleComponent

• 物体坐标系在当前世界坐标系下的默认位置(虚线为当前世界坐标系)如图 4.4-1 所示

• Direction 和 Up:[0,0,1]和[0,1,0]

虚拟立方体(如图 4.4-1 所示虚线框)用来辅助绘图。虚拟立方体常常被用来作为多个物体的父对象,例如球、圆锥体、立方体等,就像个大容器。这样做的好处

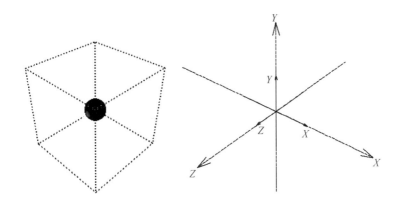

图 4.4-1　虚拟立方体(左,白色虚线框;右,物体坐标系)

是当需要统一几个物体的行动时,例如同时移动它们,或是同时旋转它们,只要对虚拟立方体做相应的操作即可,就像它们和虚拟立方体是一个整体一样。注意,在 GLScene 中,不管父对象的位置发生怎样的变化,该父对象的子对象相对于父对象的位置和方向始终不变。反过来,子对象的运动不会对父对象的位置造成任何影响。虚拟立方体在程序设计阶段默认是可见的,在运行阶段默认是不可见的。

4.4.1.1　DummyCube 的常用属性

虚拟立方体的一些常用属性见表 4.4-1。

表 4.4-1　DummyCube 的常用属性

属性	数据类型	说明
Amalgamate	boolean	默认值 False。Amalgamate the dummy's children in a single OpenGL entity
CamInvarianceMode	TGLCameraInvarianceMode	指定 DummyCube 的位置和方向发生变化时,DummyCube 的子对象的位置和方向如何变化,取值如下: cimNone:DummyCube 的位置和方向发生变化,其子对象也做相应的变化。即子对象始终保持与 DummyCube 的相对位置和相对方向不变; cimOrientation:DummyCube 的位置和方向发生变化,其子对象相对于照相机的方向不变,仅仅在位置上做出相应的调整; cimPosition:DummyCube 的位置和方向发生变化,其子对象相对于照相机的位置不变,仅仅在方向上做出相应的调整。 执行语句如: "GLDummyCube1. CamInvarianceMode:=cimNone;"

(续表)

属性	数据类型	说明
CubeSize	TGLFloat	虚拟立方体的边长
EdgeColor	TGLColor	虚拟立方体边框的颜色
VisibleAt-RunTime	Boolean	默认值 False,表示虚拟立方体在程序运行时不可见。取值 True,表示虚拟立方体在程序运行时可见

- TGLFloat=single
- TGLColor:该数据类型在单元文件"GLTexture. pas"中定义,使用该数据类型时,要在引用单元中包含 GLTexture 单元,其常用属性和方法如下:

propertyAlpha:TGLFloat;

propertyBlue:TGLFloat;

propertyColor:TColorVector;   //TColorVector = array[0..3] of single

propertyGreen:TGLFloat;

propertyRed:TGLFloat;

procedure SetColor(red, green, blue : Single; alpha : Single = 1);

4.4.1.2　DummyCube 的常用方法

1) function BarycenterAbsolutePosition : TVector。

该方法用来计算虚拟立方体在世界坐标系下的重心,其在单元文件"GLObjects. pas"中定义。其中,TVector=TVector4f,TVector 在单元文件"VectorGeometry"中定义,TVector4f 在单元文件"VectorTypes"中定义,如下所示:

TVector2d = array[0..1] of double;TVector2f = array[0..1] of single;TVector2i = array[0..1] of longint;

TVector2s = array[0..1] of smallint;TVector2b = array[0..1] of byte;TVector3d = array[0..2] of double;

TVector3f = array[0..2] of single;TVector3i = array[0..2] of longint;

TVector3s = array[0..2] of smallint;TVector3b = array[0..2] of byte;TVector4d = array[0..3] of double;

TVector4f = array[0..3] of single;TVector4i = array[0..3] of longint;

TVector4s = array[0..3] of smallint;TVector4b = array[0..3] of byte;

TMatrix3d = array[0..2] of TVector3d;TMatrix3f = array[0..2] of TVector3f;

TMatrix3i = array[0..2] of TVector3i;TMatrix3s = array[0..2] of TVector3s;

TMatrix3b = array[0..2] of TVector3b;TMatrix4d = array[0..3] of TVector4d;

TMatrix4f = array[0..3] of TVector4f;TMatrix4i = array[0..3] of TVector4i;

TMatrix4s = array[0..3] of TVector4s;TMatrix4b = array[0..3] of TVector4b;

2）procedure StructureChanged；//通知几何数据发生了变化。

3）procedure SetAmalgamate(const val：Boolean)；//设置 Amalgamate 值。

4）procedure SetCubeSize(const val：TGLFloat)；//设置虚拟立方体的边长长度。

5）procedure SetEdgeColor(const val：TGLColor)；//设置虚拟立方体的边长颜色。

6）procedure SetVisibleAtRunTime(const val：Boolean)；//设置虚拟立方体运行时显示或不显示。

4.4.1.3　DummyCube 的应用案例

以下案例用于获取虚拟立方体在世界坐标系下的重心坐标,在引用单元中要包含 VectorTypes 单元,用于支持 TVector4f 等数据类型：

```
procedure TForm1.Button1Click(Sender：TObject)；//按钮单击事件
var
f：TVector4f；
str：string；
j：integer；
begin
f：=GLDummyCube1.BarycenterAbsolutePosition；
for j：=0 to 3 do
str：=str+floattostr(f[j])+' '；
showmessage(str)；
end；
```

如果要修改虚拟立方体边框的颜色为黄色,可以执行语句：

"GLDummyCube1.EdgeColor.SetColor(1,1,0,1)；"

4.4.2　Points(点集)

- 数据类型：Points：TGLPoints(GLObjects.pas)
- 类的声明：type TGLPoints = class(TGLImmaterialSceneObject)
- 类的继承关系：TGLImmaterialSceneObject ＞ TGLCustomSceneObject ＞ TGLBaseSceneObject ＞ TGLUpdateAbleComponent ＞ TGLCadenceAbleComponent
- 物体坐标系如图 4.4-2 所示

点集用来绘制一组不透明的点,点可以调整颜色、大小、形状等属性。当点集通过场景编辑器添加时,最初只包含一个点,其"positions"默认是在该点局部坐标的零点,其颜色默认为白色,以后可以通过点集的"positions"属性添加其他点,通

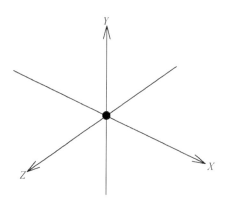

图 4.4-2　点示例

过点集的"Colors"属性修改点的颜色。特别注意,场景中最初引入 Points 时并不包含任何点,尽管图上可以看到一个小点,但点集只有通过程序添加点后才会包含点。

4.4.2.1　Points 属性和方法

点集的一些常用属性见表 4.4-2。

表 4.4-2　Points 的常用属性

属性	数据类型	说明
NoZWrite	Boolean	默认值 False。如果该值为 True,表示不写 points 中各点的深度缓存。深度缓存存储每个像素的深度值。通常用眼睛的距离来度量,所以有较大深度缓存值的会被较小值的像素所覆盖
Size	Single	点集中点的大小。点集中所有点的大小一样,默认值 1
Static	Boolean	如果 False,则当点坐标发生变化时,需要调用 StructureChanged 或者窗口改变大小等才能看到点坐标变化。如果 True,则当点坐标发生变化时,只能调用 StructureChanged 才能看到点坐标变化。注意:Static＝True 时,点的绘制会比后者快。该参数默认值 False

(续表)

属性	数据类型	说明
Style	TGLPointStyle	TGLPointStyle ＝（psSquare，psRound，psSmooth，psSmoothAdditive，psSquareAdditive），在 GLObject. pas 中定义。表示点的绘制模式，不一样的绘制使的点呈现出圆形或者方形，实际使用时根据场景显示效果选择（与场景背景色有很大关系，如果出现场景不能显示点的情况，请更换场景背景色，或者点的颜色，或者点的形状）：psSquare:使点成正方形，是绘制最快的模式，默认值；psRound:使点显示为圆形；psSmooth:使点显示为圆形；psSmoothAdditive:圆形，应用颜色融合；psSquareAdditive:方形，应用颜色融合
Positions	TAffineVectorList（参见注释）	Positions 表示点坐标集合，每个点坐标(X,Y,Z)由 VectorLists. pas 中的数据类型 TAffineVector 定义
Colors	TVectorList（参见注释）	TVectorList 在 VectorLists. pas 中定义，表示由数据类型为 TVector 的数据组成的集合。在这里，Colors 定义点集中点的颜色，每种颜色（RGBA）由数据类型 TVector 定义。如果没有在 Colors 集合中添加颜色，则所有点的颜色为白色。如果 Colors 包含一个颜色，则所有点使用该颜色。如果 Colors 包含 N 个颜色，则点集中的前 N 个点使用这 N 个颜色里相应的颜色，点集中剩下的点则无法显示在场景中，尽管所有的点实际上已经绘制，此时，Colors 包含的颜色值数量必须等于或大于点集合中点的数量
PointParameters	TGLPointParameters	TGLPointParameters 在 GLObject. pas 中定义。因为当我们在很远的地方看点的时候，它会很小，在很近的地方它会很大，这里的 PointParameters 用来设置一些参数，这些参数能够使"点的大小和透明度"随"眼与物的距离"而变化。PointParameters 包含如下参数：DistanceAttenuation(TGLCoordinates):衰减系数，包含 4 个分量，X、Y、Z 和 W，W 默认为零，设点到照相机的距离为 d，点被看到的尺寸符合公式"Nsize＝size · sqrt$(1 / (x+y \cdot d+z \cdot d \char`^2))$";Enabled(Boolean):使 PointParameters 设置起作用，默认值是 False，即不起作用；FadeTresholdSize(Single):设置点的极限尺寸，计算点的 ALPHA 值(透明度)来允许消隐点，使它们收缩到它们的极限尺寸；MaxSize(Single):设置点的最大尺寸;MinSize(Single):设置点的最小尺寸

• TAffineVectorList：TAffineVector 数据集合。使用该数据类型时，要在引用单元中包含 VectorLists 单元。其常用属性和方法如下（本例中，TAffineVector = TVector3f，在 VectorGeometry. pas 中定义）：

procedure Clear;//清除集合中的所有数据。

procedure Delete(index ：Integer);//删除集合中编号为 index 的数据，数据的编号从 0 开始，一个数据删除后，剩下的数据重新编号。请首先确定集合中包含至少一个数据后再执行该操作，否则会出错。

property Count ：Integer;//获得集合中数据的数量。最初在场景中引入 Points 时，其 Positions 的 Count 值为 0，表示还没有添加任何点。

functionAdd(const item ：TAffineVector)：Integer;//添加一个数据到集合末尾，返回的数值是该数据的编号，TAffineVector= array[0..2] of single。

functionAdd(const x，y，z：Single)：Integer;//添加一个数据(x,y,z)到集合末尾，返回的数值是该数据的编号。

procedure Insert(Index：Integer; const item ：TAffineVector);//在指定的位置插入一个数据。

property Items[Index：Integer] ：TAffineVector; //获得指定编号"index"的数据。

• TVectorList：TVector 数据集合。使用该数据类型时，要在引用单元中包含 VectorLists 单元。其常用属性和方法如下（本例中，TVector = TVector4f，TVector 在 VectorGeometry. pas 中定义，TVector4f 在单元文件"VectorTypes"中定义）：

procedure Clear;//清除集合中的所有数据。

procedure Delete(index ：Integer);//删除集合中编号为 index 的数据，数据的编号从 0 开始，一个数据删除后，剩下的数据重新编号。请首先确定集合中包含至少一个数据后再执行该操作，否则会出错。

property Count ：Integer;//获得集合中数据的数量。最初在场景中引入 Points 时，其 colors 的 Count 值为 0，表示还没有添加任何颜色值。

functionAdd(const item ：TVector4f)：Integer//添加一个数据到集合末尾，返回的数值是该数据的编号，TVector4f= array[0..4] of single。

functionAdd(const x，y，z，w：Single)：Integer;//添加一个数据到集合末尾，返回的数值是该数据的编号。

procedure Insert(Index：Integer; const item ：TVector4f);//在指定的位置插入一个数据。

property Items[Index：Integer] ：TVector4f;//获得指定编号"index"的数

据。注意,最初在场景中引入 Points 时,其 colors 不包含任何颜色数据,请首先在
colors 中添加颜色数据后再执行该操作,否则会出错。

4.4.2.2　Points 的应用实例

绘制一组正弦点图如图 4.4-3 所示,请留意程序中是如何给点设置颜色的,要
么只设置一种颜色,要么为每一个点都设置一种颜色,否则点不能正确显示。

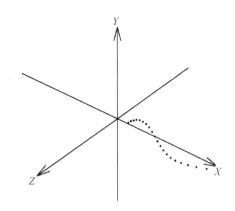

图 4.4-3　正弦布置点集应用案例

```
 procedure TForm1. Button1Click(Sender：TObject)；
var
s：TVectorList；          //VectorLists. pas 定义,是一个数的集合
p ：TAffineVectorList；   //VectorLists. pas 定义,是一个数的集合
v ：TAffineVector；        //VectorGeometry. pas 定义   TAffineVector ＝ TVector3f
i：integer；
a, ab, ca, sa ：Single；
begin
GLPoints1. Positions. Count：＝20；   //定义点的数量＝20
//常用的 4 种颜色,红(1,0,0,1),黄(1,1,0,1),绿(0,1,0,1),蓝(0,0,1,1)或者用单元文件
GLTexture 中定义的颜色值红(clrRed),黄(clrYellow),绿(clrGreen),蓝(clrBlue)
s：＝GLPoints1. Colors；
s. Add(clrred)；   //或者用 s. Add(1,0,0,1)；
p：＝GLPoints1. Positions；
for i：＝0 to 19 do
   begin
   a：＝i/19 * 3. 1415 * 2；
   SinCos(a, sa, ca)；
```

```
v[0]:=a+1;v[1]:=sa;v[2]:=0;
p[i]:=v;
end;
GLPoints1.StructureChanged;
end;
```

如果要修改修改点集属性 PointParameters 中的 DistanceAttenuation,可以执行以下语句:

```
var
p:TGLCoordinates;
v:TVector4f;        //在单元文件 VectorTypes 中定义
begin
p:=GLPoints1.PointParameters.DistanceAttenuation;
v[0]:=1;v[1]:=0;v[2]:=0;v[3]:=1;
p.SetVector(v);
```

4.4.3 Lines(线)

- 数据类型:Lines:TGLLines
- 类的声明:type TGLLines = class(TGLNodedLines)
- 类的继承关系:TGLNodedLines > TGLLineBase > TGLImmaterialSceneObject > TGLCustomSceneObject > TGLBaseSceneObject > TGLUpdateAbleComponent > TGLCadenceAbleComponent
- Direction 和 Up:[0,0,1]和[0,1,0]

线是通过多个节点来定义的,由这些节点连接成线,两个相邻节点之间的连线称为线段。GLScene 可以绘制 5 种线:Lines(折线)、Bezier Spline(贝塞尔曲线)、Cubic Spline(三次样条)、NURBS Curve(NURBS 曲线)和 Segments(多组线段),它们具体的区别请参照表 4.4-3。

4.4.3.1 Lines 的常用属性

线的一些常用属性见表 4.4-3。

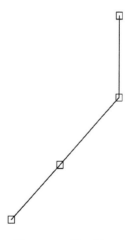

图 4.4-4 线示例

表 4.4-3　Lines 的常用属性

属性	数据类型	说明
AntiAliased	Boolean	线的反走样,当反走样未被打开时(False),指定线宽 2.7(像素),实际画出的线宽是 2。当反走样被打开时(True),指定线宽 2.7,实际画出来的线宽也是 2.7。反走样激活的结果就是使线的边缘更显平滑。AntiAliased 默认值是 False
SplineMode	TLineSplineMode	TLineSplineMode ＝ (lsmLines, lsmCubicSpline, lsmBezier-Spline, lsmNURBSCurve,lsmSegments),在 GLObject. pas 中定义,表示线的种类,依次为 Lines(折线)、Bezier Spline(贝塞尔曲线)、Cubic Spline(三次样条)、NURBS Curve(NURBS 曲线)和 Segments(多组线段)
Division	Integer	默认值是 10,特指在样条曲线模式下,每组线段的分隔数量,该值越大,样条曲线越光滑

LineColor	TGLColor	表示线的颜色,常用的颜色(RGBA)定义如红(1,0,0,1)、黄(1,1,0,1)、绿(0,1,0,1)、蓝(0,0,1,1)或者用颜色定义,如红(clrRed)、黄(clrYellow)、绿(clrGreen)、蓝(clr-Blue)。TGLColor 在单元文件"GLTexture. pas"中定义,使用该数据类型时,要在引用单元中包含 GLTexture 单元,其常用属性和方法如下:
		propertyAlpha:TGLFloat;　//颜色分量 Alpha
		propertyBlue:TGLFloat;　//颜色分量 Blue
		propertyColor:TColorVector; //颜色值,TColorVector ＝ array[0..3] of single,TColorVector 在"GLTexture. pas"中定义
		propertyGreen:TGLFloat; //颜色分量 Green
		propertyRed:TGLFloat;　//颜色分量 Red
		procedure SetColor(red, green, blue : Single; alpha : Single ＝ 1);//设置颜色值
		如果要修改直线的颜色为黄色,可以执行语句如:
		GLLines1. LineColor. SetColor(1,1,0,1);或者
		GLLines1. LineColor. Color:＝clrYellow;或者
		GLLines1. LineColor. Color:＝a;
		其中定义变量 a:TColorVector,并且 a[0]:＝1;a[1]:＝1;a[2]:＝0;a[3]:＝1

属性	数据类型	说明
LinePattern	TGLushort	LinePattern 用来定义线型(直线,虚线等),如 65535 表示实线,0 表示不绘制线,52428 示点画线。分析一下其线型是如何通过数字来定义的。以 65535 为例,65535 的二进制表示为"1111111111111111",一共有 16 位,这 16 位中的每一位指定了此线型模式中一个象素点是要绘制还是忽略。位值为 1 则绘制相应的相素点,位值为 0 时则不绘制相应的象素点,当所有的 16 位值都用完之后,模式重新反复,这样,对于 65535 来说,该线型的每个点都要绘制,所以线为实线。再以 52428 为例,其二进制表示为"1100110011001100",也是 16 位,可以看出,每空 2 个像素就会绘制 2 个像素点,所以线为点画线。为什么 LinePattern 等于 0 时,什么也没有绘制,因为它的 16 位二进制表示为"0000000000000000"
LineWidth	Single	线的宽度,单位是像素。注意,在反走样没有激活的情况下,取小数值,其实际绘制还是按整数来执行的。例如取 2.7,实际绘制是取 2
NodeColor	TGLColor	节点颜色,设置请参考线的属性"LineColor"
Nodes	TGLLinesNodes (参考注释)	线的节点集合
NodesAspect	TLineNodes-Aspect	TLineNodesAspect =(lnaInvisible, lnaAxes, lnaCube, lnaDodecahedron),在 GLObject. pas 中定义,表示节点样式依次为隐藏、十字形、立方体和十二面体,节点样式是用来标志节点的位置的
NodeSize	Single	节点的尺寸,单位是像素

• TGLLinesNodes:TGLLinesNodes = class(TGLNodes),在 GLObject. pas 中定义,用来存储和操作线的节点,单个节点的数据类型为 TGLNode,使用 TGLNode 的属性"AsVector"即可获得节点的坐标,该属性的完整定义为"property AsVector:Tvector4f"。TGLLinesNodes 的常用属性和方法如下:

property Items[index : Integer] : TGLNode;//取得编号为"index"的节点,编号从 0 开始。要获得节点 0 的坐标,执行语句如"v:=GLLines1. Nodes. Items[0]. AsVector;"其中,v: Tvector4f

function First : TGLNode; //取得第一个节点

function Last : TGLNode; //取得最后一个节点

procedure Clear; //清除集合中的所有节点

procedure Delete(index：Integer)；//删除集合中编号为 index 的节点

property Count：Integer；//获得集合中节点的数量

//下面都是添加节点的方法

procedure　AddNode(const x，y，z：Single)；

procedure　AddNode(const value：TVector3f)；// TVector3f＝array[0..2] of single

procedure　AddNode(const value：TVector4f)；// TVector4f＝array[0..3] of single

//绘制椭圆,参数依次是长短轴半径、启始结束角度、分段数、椭圆中心

procedure　AddXYArc(xRadius，yRadius：Single；startAngle，stopAngle：Single；
　　　　　　　　　　nbSegments：Integer；const center：TVector3f)；

4.4.3.2　Lines 的应用案例

以对象 GLLines1 为例,以节点(2,2,0)、(2,2.5,0)和(3,2.5,0)添加为例,介绍线的节点添加方法：

GLLines1. Nodes. AddNode(2,2,0)；

GLLines1. Nodes. AddNode(2,2.5,0)；

GLLines1. Nodes. AddNode(3,2.5,0)；

//与上面等效的代码如下：

GLLines1. AddNode(2,2,0)；

GLLines1. AddNode(2,2.5,0)；

GLLines1. AddNode(3,2.5,0)；

4.4.4　Polygon(多边形)

- 数据类型:Polygon:TGLPolygon
- 类的声明:TGLPolygon ＝ class(TGLPolygonBase)
- 类的继承关系:TGLPolygonBase ＞ TGLSceneObject ＞ TGLImmaterialSceneObject ＞ TGLCustomSceneObject ＞ TGLBaseSceneObject ＞ TGLUpdateAbleComponent ＞ TGLCadenceAbleComponent
- 物体坐标系如图 4.4-5 所示
- Direction 和 Up:[0,0,1]和[0,1,0]

GLScene 中定义的多边形是由一系列线段依次连接而成的封闭区域。这些线段不能交叉,区域内不能有空洞。注意,这里的多边形应该是平面多边形,即所有顶点在一个平面上(定义成空间多边形不会引起程序出错)。更复杂的多边形可参考"MultiPolygon"对象。

4.4.4.1　Polygon 的常用属性

多边形的一些常用属性见表 4.4-4。

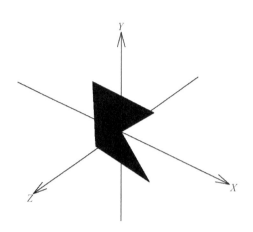

图 4.4-5 多边形示例

表 4.4-4 Polygon 的常用属性

属性	数据类型	说明
Division	Integer	参考 Lines 的属性"Division"
Nodes	TGLNodes （参考注释）	组成多边形轮廓线的节点集合。图 4.4-5 中我们定义了 5 个节点，依次为 $(-1,1,0)$、$(-1,-1,0)$、$(1,-1,0)$、$(0,0,0)$、$(1,1,0)$。最后 1 个点和第 1 个点默认连接起来，形成 1 个封闭的填充区域
Parts	TPolygonParts	表示多边形的哪一面（Top 或者 Bottom）需要绘制。默认值 Parts ＝ [ppTop, ppBottom]。ppTop 和 ppBottom 的数据类型都是 TPolygonPart。TPolygonParts 和 TPolygonPart 在单元文件 GLGeomObjects. pas 中定义。 ppTop：如果 ppTop 在 Parts 里，则绘制 Top 面。Polygon 的 Top 面是这样定义的，即多边形的轮廓线逆时针方向看到的面（或者是按右手螺旋法则看到的面），如下图所示：

（续表）

属性	数据类型	说明

Parts	TPolygonParts	ppBottom：如果 ppBottom 在 Parts 里，则绘制 Bottom 面，Bottom 面在 Top 面的背面。如果 ppBottom 不在 Parts 里，则不绘制 Bottom 面，此时，如果通过代码"GLPolygon1. TurnAngle：＝GLPolygon1. TurnAngle＋10；"围绕 Y 轴来旋转多边形，当旋转到多边形背面时，将什么也看不到。
		下面给出在程序中操作 Parts 的实用代码：
		var
		v：TPolygonParts；//声明变量
		begin
		v：＝［ppTop］；//给变量赋值
		//给多边形对象 GLPolygon1 的属性 Parts 赋值
		GLPolygon1. Parts：＝v；
		//判断 ppTop 是否在 Parts 里
		if ppTop in GLPolygon1. Parts then
		showmessage('ok')；
		end；

splineMode	TLineSplineMode	参考 Lines 的属性"splineMode"。splineMode 通常的取值都会包括 lsmBezierSpline、lsmCubicSpline、lsmLines、lsmNURBSCurve、lsmSegments。在这里，根据 Division 的大小只有两种取值，要么是 lsmLines，要么是 lsmCubicSpline。 如果 Division＝1，不管 splineMode 怎么选取，都默认为 lsmLines。如果 Division＞1，则包含 2 种情况： 第 1 种情况，lsmLines 被选取，则不管 Division 多大，都默认为 lsmLines； 第 2 种情况，lsmLines 没有被选取，则不管"splineMode"选取了何种模式，都默认为 lsmCubicSpline

• TGLNodes：在 GLMisc. pas 中定义，用来存储和操作节点，单个节点的数据类型为 TGLNode，使用 TGLNode 的属性"AsVector"即可获得节点的坐标，该属性的完整定义为"property　AsVector：Tvector4f"。TGLNodes 的常用属性、方法与 Lines 的 TGLLinesNodes 完全相同。

4.4.4.2　Polygon 的应用案例

以对象 GLPolygon1 为例，以节点(－1,1,0)、(－1,－1,0)、(1,－1,0)、(0,0,0)、(1,1,0)添加为例，介绍多边形的节点添加方法：

GLPolygon1. Nodes. AddNode($-1,1,0$);

GLPolygon1. Nodes. AddNode($-1,-1,0$);

GLPolygon1. Nodes. AddNode($1,-1,0$);

GLPolygon1. Nodes. AddNode($0,0,0$);

GLPolygon1. Nodes. AddNode($1,1,0$);

//与上面等效的代码如下：

GLPolygon1. AddNode($-1,1,0$);

GLPolygon1. AddNode($-1,-1,0$);

GLPolygon1. AddNode($1,-1,0$);

GLPolygon1. AddNode($0,0,0$);

GLPolygon1. AddNode($1,1,0$);

4.4.5　Sphere(球)

- 数据类型：Sphere：TGLSphere
- 类的声明：type TGLSphere = class(TGLQuadricObject)
- 类的继承关系：TGLQuadricObject > TGLSceneObject > TGLImmaterialSceneObject > TGLCustomSceneObject > TGLBaseSceneObject > TGLUpdateAbleComponent > TGLCadenceAbleComponent
- 物体坐标系如图 4.4-6 所示

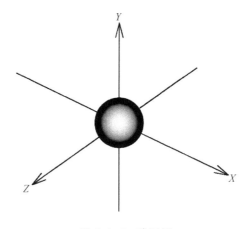

图 4.4-6　球示例

- Direction 和 Up：$[0,0,1]$和$[0,1,0]$

如图 4.4-7 所示：GLScene 中，球体包括三个部分，顶盖(Top cap)、主体(main body)和底盖(bottom cap)，这意味着球体也可以是扁的。

球体的一些常用属性见表 4.4-5。

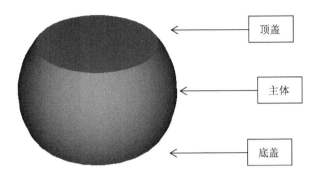

图 4.4-7　球体结构组成

表 4.4-5　Sphere 的常用属性

属性	数据类型	说明
Top	TAngleLimit1	TAngleLimit1 ＝－90..90，在 GLObject. pas 中定义。默认值为 90，取实数类型。该属性取值范围为 YZ 平面上的－90～90°，＋Z 为 0°，＋Y 为 90°，－Y 为 90°： 图 4.4-7 所示为 Top＝45，Bottom＝－20。
TopCap	TCapType	TCapType ＝（ctNone，ctCenter，ctFlat），在 GLObject. pas 中定义。表示球的顶盖的类型，分别表示为没有顶盖、顶盖的中心点在球体局部坐标(0,0,0)的位置和顶盖为平面。默认值为 ctNone。注意，顶盖只有在 Top＜90°的时候才存在。为便于比较以上三种形式，取 1/4 球体，设置 start＝270，stop＝360，Top ＝45，三种类型的顶盖依次如下：

211

属性	数据类型	说明
Bottom	TAngleLimit1	TAngleLimit1 ＝－90..90，在 GLObject. pas 中定义。默认值为 90，取实数类型，参考 Top
BottomCap	TCapType	表示球的底盖的类型，参考 TopCap
Radius	TGLFloat	TGLFloat＝single。默认值 1，表示球的半径
Start	TAngleLimit2	TAngleLimit2 ＝ 0..360，在 GLObject. pas 中定义。默认值 0，取实数类型。该属性取值范围为 XZ 平面上的 $0\sim360°$，$+Z$ 为 $0°$，设 Start＝0，Stop＝90，如下图所示：
Stop	TAngleLimit2	TAngleLimit2 ＝ 0..360，在 GLObject. pas 中定义。默认值 360，取实数类型。参考 Start
Slices	TGLInt	TGLInt＝integer。默认值 16。该参数用来控制球面的光滑程度，参考公式"StepH：＝（Stop-Start）/ Slices；"，StepH 值越小，在经度方向组成球面的单元越多，球越光滑
Stacks	TGLInt	TGLInt＝integer。默认值 16。该参数用来控制球面的光滑程度，参考公式"StepV：＝（Top-Bottom）/ Stacks；"，StepV 值越小，在纬度方向组成球面的单元越多，球越光滑

4.4.6　Cube(立方体)

- 数据类型：Cube：TGLCube
- 类的声明：type TGLPolygon ＝ class(TGLSceneObject)
- 类的继承关系：TGLSceneObject ＞ TGLImmaterialSceneObject ＞ TGL-CustomSceneObject ＞ TGLBaseSceneObject ＞ TGLUpdateAbleComponent ＞ TGLCadenceAbleComponent
- 物体坐标系如图 4.4-8 所示

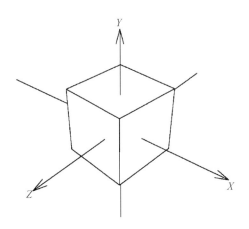

图 4.4-8 立方体示例

• Direction 和 Up:[0,0,1]和[0,1,0]

立方体是一种简单的图形物体,它的 6 个面的材质被规定为一样,即每个面在同一角度下看过去完全一样。立方体的一些常用属性见表 4.4-6。

表 4.4-6 Cube 的常用属性

属性	数据类型	说明
CubeDepth	Single	立方体 Z 方向的边长,默认为 1
CubeHeight	Single	立方体 Y 方向的边长,默认为 1
CubeWidth	Single	立方体 X 方向的边长,默认为 1
Parts	TCubeParts	表示立方体的哪一面需要绘制。立方体一共有 6 个面,它们分别是 Top(与+Y 轴垂直)、Bottom(与−Y 轴垂直)、Front(与+Z 轴垂直)、Back(与−Z 轴垂直)、Right(与+X 轴垂直)、Left(与−X 轴垂直),面的位置参见下面的示意图: 默认值 Parts ＝[cpTop,cpBottom,cpFront,cpBack,cpLeft,cpRight]。cpTop、cpBottom 等数据类型是 TCubePart。TCubeParts 和 TCubePart 都是在单元文件 GLObjects.pas 中定义。如果 cpTop 不在 Parts 里,则不绘制 Top 面,立方体 Top 面的位置处将什么也看不到,其他面类似。下面给出在程序中操作 Parts 的实用代码:

（续表）

属性	数据类型	说明

Parts	TCubeParts	var
		v: TCubeParts；//声明变量
		begin
		v:＝[cpTop]；//给变量赋值
		GLCube1.Parts:＝v；　//给立方体对象 GLCube1 的属性 Parts 赋值
		//判断 cpTop 是否在 Parts 里
		if cpTop in GLCube1.Parts then
		showmessage('ok')；
		end;

4.4.7　Frustrum(棱台)

- 数据类型:Frustrum:TGLFrustrum
- 类的声明:type TGLFrustrum ＝ class(TGLSceneObject)
- 类的继承关系:TGLSceneObject ＞ TGLImmaterialSceneObject ＞ TGLCustomSceneObject ＞ TGLBaseSceneObject ＞ TGLUpdateAbleComponent ＞ TGLCadenceAbleComponent
- 物体坐标系如图 4.4-9 所示

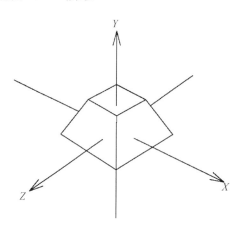

图 4.4-9　棱台示例

- Direction 和 Up:[0,0,1]和[0,1,0]

棱台是由前、后、左、右、上、下共 6 个填充四边形组成的一种削去了顶部的金字塔形状。棱台的一些常用属性见表 4.4-7。

表 4.4-7　Frustrum 的常用属性

属性	数据类型	说明
ApexHeight	Single	默认值 1。参见下图： 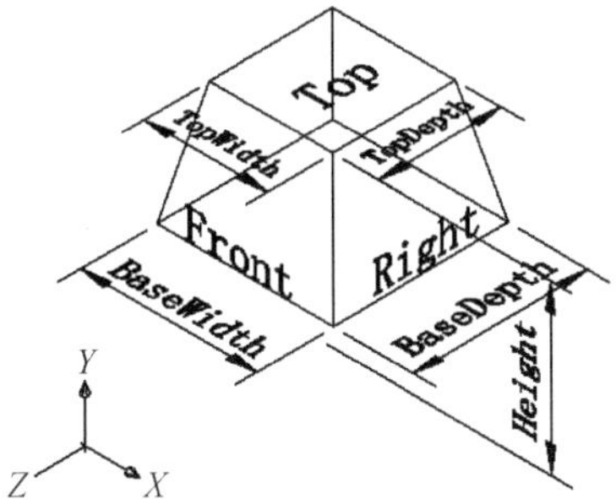 ApexHeight 实际上表示的是金字塔的高度，如果"ApexHeight＝ height"，那么棱台就完全变成了金字塔形状。对于棱台而言，必需满足"ApexHeight＞＝ height"。该参数决定了 TopWidth、TopDepth 的值： TopWidth：＝ BaseWidth ＊（ApexHeight-Height）/ ApexHeight； TopDepth：＝ BaseDepth ＊（ApexHeight-Height）/ ApexHeight；
BaseDepth	Single	默认值 1
BaseWidth	Single	默认值 1
Height	Single	默认值 0.5

Parts	TFrustrum-Parts	表示棱台的哪一面需要绘制。棱台一共有 6 个面，它们分别是 Top(与＋Y 轴垂直)、Bottom(与－Y 轴垂直)、Front(与＋Z 轴垂直)、Back(与－Z 轴垂直)、Right(与＋X 轴垂直) 、Left(与－X 轴垂直)。
		默认值 Parts＝［fpTop，fpBottom，fpFront，fpBack，fpLeft，fpRight］。fpTop、fpBottom 等数据类型都是 TFrustrumPart。TFrustrumParts 和 TFrustrumPart 在单元文件 GLGeomObjects. pas 中定义。如果 fpTop 不在 Parts 里，则不绘制 Top 面。下面给出在程序中操作 Parts 的实用代码：
		var
		v：TFrustrumParts；//声明变量
		begin
		v：＝［fpTop］；//给变量赋值
		GLFrustrume1. Parts：＝v；　//给棱台对象的属性 Parts 赋值
		//判断 fpTop 是否在 Parts 里
		if fpTop in GLFrustrume1. Parts then
		showmessage('ok')；
		end；

4.4.8　Cone(圆锥)

- 数据类型:Cone:TGLCone
- 类的声明:type TGLCone = class(TGLCylinderBase)
- 类的继承关系:TGLCylinderBase > TGLQuadricObject > TGLSceneObject > TGLImmaterialSceneObject > TGLCustomSceneObject > TGLBaseSceneObject > TGLUpdateAbleComponent > TGLCadenceAbleComponent
- 物体坐标系如图 4.4-10 所示

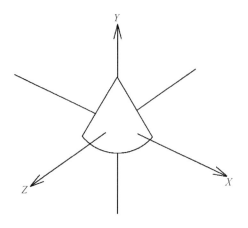

图 4.4-10　圆锥示例

- Direction 和 Up:[0,0,1]和[0,1,0]

如图 4.4-11 所示,圆锥包括两个部分,"侧面(Sides)"和"底面(Bottom)":

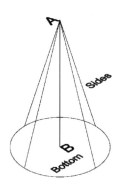

图 4.4-11　圆锥结构组成

圆锥的一些常用属性见表 4.4-8。

表 4.4-8　Cone 的常用属性

属性	数据类型	说明
BottomRadius	Single	圆锥的底面圆盘的半径,默认值为 0.5
Height	Single	圆锥的高度,参考图 4.4-11,为 AB 轴线的长度,默认值为 1
Loops	Integer	该参数用在绘制底面圆盘上,默认值为 1。其意义如下图,可以看到,圆盘实际上是由很多小块的填充图形组成。 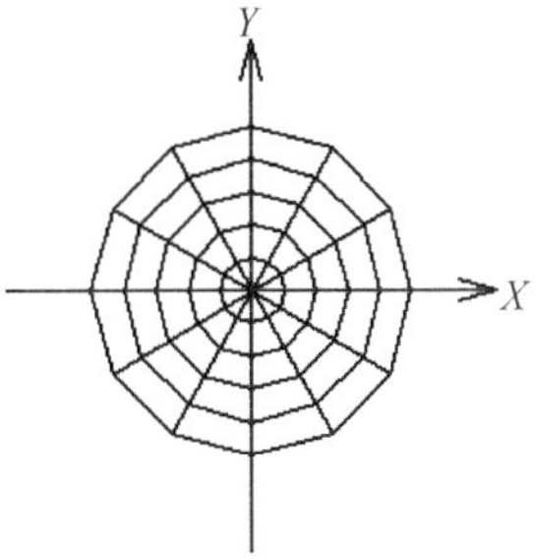 备注:Loops 是分割圆盘的环形线的数量,Slices 是分割圆盘的径向线的数量。本图上,Loops＝5,Slices＝12

Parts	TConeParts	表示圆锥的哪一部分需要绘制。本节的开头已经提到圆锥包括两个部分,"侧面(Sides)"和"底面(Bottom)"。默认值 Parts＝[coSides,coBottom]。coSides 和 coBottom 的数据类型都是 TConePart。TConeParts 和 TConePart 都是在单元文件 GL-GeomObjects.pas 中定义。如果 coSides 在 Parts 里,则绘制侧面,否则不绘制。如果 coBottom 在 Parts 里,则绘制底面,否则不绘制。下面给出在程序中操作 Parts 的实用代码:
		var
		v:TConeParts; //声明变量
		begin
		v:= [coSides,coBottom]; //给变量赋值
		GLCone1.Parts:=v;　//给圆锥对象的属性 Parts 赋值
		//判断 coSides 是否在 Parts 里
		if coSides in GLCone1.Parts then
		showmessage('ok');
		end;

Slices	Integer	用在圆锥侧面和底面圆盘的绘制上,是控制圆锥侧面和底面圆盘圆滑度的主要参数。如果设置为 3,则圆锥变成了 1 个三棱锥。默认值为 16
Stacks	Integer	用于圆锥侧面绘制上,默认值为 4

4.4.9 Cylinder(圆柱)

- 数据类型:Cylinder:TGLCylinder
- 类的声明:type TGLCylinder = class(TGLCylinderBase)
- 类的继承关系:TGLCylinderBase > TGLQuadricObject > TGLSceneObject > TGLImmaterialSceneObject > TGLCustomSceneObject > TGLBaseSceneObject > TGLUpdateAbleComponent > TGLCadenceAbleComponent
- 物体坐标系如图 4.4-12 所示

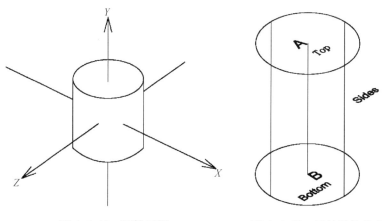

图 4.4-12　圆柱示例　　　　图 4.4-13　圆柱结构组成

- Direction 和 Up:[0,0,1]和[0,1,0]

如图 4.4-13 所示,圆柱(也可以是圆台或圆锥)包括 3 个部分,"侧面(Sides)"、"底面(Bottom)"和"顶面(Top)"。这 3 块是通过不同的 opengl 的命令绘制出来的,其中"gluCylinder(Quadric,BottomRadius,TopRadius,Height,Slices,Stacks);"用来绘制侧面,"gluDisk(quadric,0,BottomRadius,Slices,Loops);"用来绘制底面,"gluDisk(quadric,0,TopRadius,Slices,Loops);"用来绘制顶面。quadric 表示绘制的是二次曲面物体,BottomRadius 表示底面半径,TopRadius 表示顶面半径,当 TopRadius=0 的时候,圆柱就变成了圆锥,Height 是图上 AB 的距离,表示圆柱的高度。可见,侧面实际上是一个圆柱面,底面和顶面实际上是一个圆盘,参数 0 表示圆盘内径为 0。

圆柱的一些常用属性见表 4.4-9。

表 4.4-9　**Cylinder** 的常用属性

属性	数据类型	说明
Alignment	TCylinder-Alignment	表示圆柱的什么位置处于局部坐标的圆心处,默认值是 caCenter,表示局部坐标的圆心位于圆柱轴线(沿 Y 轴)的 1/2 处。其他取值还包括 caBottom(圆心位于圆柱底面的中心处)、caTop(圆心位于圆柱顶面的中心处)。数据类型 TCylinderAlignment 在单元文件 GLGeomObjects. pas 中定义
BottomRadius	Single	圆柱底面圆盘半径,默认值为 0.5
Height	Single	圆柱高,参考图 4.4-13,为 AB 轴线的长度,默认值为 1
Loops	Integer	参考圆锥的属性"Loops",该参数用在绘制底面和顶面圆盘上,默认值为 1

Parts	TCylinderParts	表示圆柱的哪一部分需要绘制。本节的开头已经提到圆柱包括 3 个部分,"侧面(Sides)"、"底面(Bottom)"和"顶面(Top)"。
		默认值 Parts = [cySides,cyBottom,cyTop]。cySides、cyBottom 和 cyTop 的数据类型是 TCylinderPart。TCylinderParts 和 TCylinderPart 都是在单元文件 GLGeomObjects. pas 中定义。
		如果 cySides 在 Parts 里,则绘制侧面,否则不绘制。如果 cyBottom 在 Parts 里,则绘制底面,否则不绘制。如果 cyTop 在 Parts 里,则绘制顶面,否则不绘制。下面给出在程序中操作 Parts 的实用代码:
		var
		v:TCylinderParts;//声明变量
		begin
		v:= [cySides,cyBottom,cyTop];//给变量赋值
		GLCylinder1. Parts:= v;　//给圆柱对象的属性 Parts 赋值
		//判断 cySides 是否在 Parts 里
		if cySides in GLCylinder1. Parts then
		showmessage('ok');
		end;

Slices	Integer	用在圆柱侧面、底面圆盘和顶面圆盘的绘制上,是控制圆柱侧面、底面圆盘和顶面圆盘圆滑度的主要参数,默认值为 16
Stacks	Integer	用于圆柱侧面绘制上,默认值为 4
TopRadius	Single	圆柱顶面圆盘半径,默认值为 0.5。如果该值取为 0,则圆柱变成圆锥

4.4.10 ArrowLine(箭头线)

- 数据类型：ArrowLine；TGLArrowLine
- 类的声明：type TGLArrowLine = class(TGLCylinderBase)
- 类的继承关系：TGLCylinderBase > TGLQuadricObject > TGLSceneObject > TGLImmaterialSceneObject > TGLCustomSceneObject > TGLBaseSceneObject > TGLUpdateAbleComponent > TGLCadenceAbleComponent
- 物体坐标系如图 4.4-14 所示

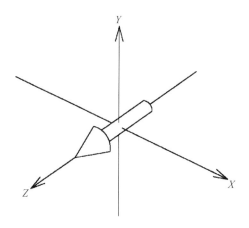

图 4.4-14　箭头线示例

- Direction 和 Up：[0,0,1]和[0,1,0]

如图 4.4-15 所示,箭头线顾名思义就是指带有箭头的线,常用来表示具有大小和方向的数,例如流速线等。箭头线由两部分组成,箭头(cone)和箭身(cylinder),其中 cone 包括"侧面(Sides)"和"底面(Bottom)",cylinder 包含"侧面

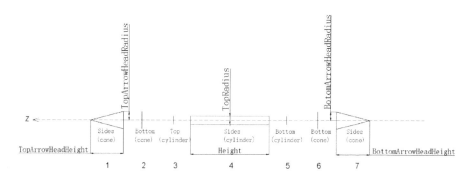

图 4.4-15　箭头线结构组成及属性

(Sides)"、"底面(Bottom)"和"顶面（Top)"，所以箭头线的一些属性可以参考圆锥或圆柱。此外，图上显示了两个箭头，第二个箭头默认情况下是不绘制的。

箭头线的一些常用属性见表 4.4-10。

表 4.4-10　Arrowline 的常用属性

属性	数据类型	说明
BottomArrow HeadHeight	Single	底部箭头（圆锥）高度，默认值 0.5
BottomArrow HeadRadius	Single	底部箭头底面（圆锥底面）半径，默认值 0.2
BottomRadius		箭身底面（圆柱底面）半径，默认值 0.1
HeadStacking-Style	TArrowHead-StackingStyle	箭头位置，取值包括"ahssStacked""ahssCentered""ahss-Included"，参考本节开头叙述。默认值是 ahssStacked。数据类型 TArrowHeadStackingStyle 在单元文件 GL-GeomObjects. pas 中定义
Height	Single	与箭身（圆柱）高度相关的参数，默认值 1
Loops	Boolean	默认值为 1
Parts	TArrowLineParts	表示箭头线的哪一部分需要绘制。Parts 包含三个值，分别是"alLine""alTopArrow""alBottomArrow"，默认值 Parts = [alLine,alTopArrow]。alLine 、alTopArrow 和 alBottomArrow 的数据类型都是 TArrowLinePart。TArrowLineParts 和 TArrowLinePart 在单元文件 GL-GeomObjects. pas 中定义的。下面给出在程序中操作 Parts 的实用代码：

属性	数据类型	说明

Parts	TArrowLineParts	var
		v:TArrowLineParts; //声明变量
		begin
		v:=[alLine,alTopArrow]; //给变量赋值
		GLArrowLine1. Parts:=v;　//给箭头线对象的属性 Parts 赋值
		//判断 alLine 是否在 Parts 里
		if alLine in GLArrowLine1. Parts then
		showmessage('ok');
		end;

Slices	Integer	是控制箭头线各个部分光滑度的主要参数,默认值为 16
Stacks	Integer	默认值为 4
TopArrowHead Height	Single	顶部箭头(圆锥)高度,默认值 0.5
TopArrowHead Radius	Single	顶部箭头底面(圆锥底面)半径,默认值 0.2
TopRadius	Single	箭身顶面(圆柱顶面)半径,默认值 0.1

4.4.11　Annulus(空心圆柱)

- 数据类型:Annulus:TGLAnnulus
- 类的声明:type TGLAnnulus = class(TGLCylinderBase)
- 类的继承关系:TGLCylinderBase > TGLQuadricObject > TGLSceneObject > TGLImmaterialSceneObject > TGLCustomSceneObject > TGLBaseSceneObject > TGLUpdateAbleComponent > TGLCadenceAbleComponent
- 物体坐标系如图 4.4-16 所示
- Direction 和 Up:[0,0,1]和[0,1,0]

如图 4.4-17 所示,空心圆柱与"Cylinder(圆柱)"相似。空心圆柱包括 4 个部分,"外侧面(OuterSides)"、"内侧面(InnerSides)"、"底面(Bottom)"和"顶面(Top)"。BottomRadius 表示底面半径,TopRadius 表示顶面半径,当 TopRadius =0 的时候,圆柱就变成了圆锥,Height 是图上圆柱的高度。

空心圆柱的一些常用属性见表 4.4-11。

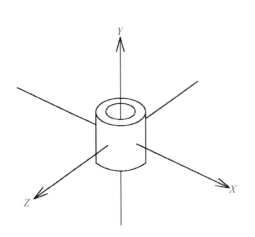

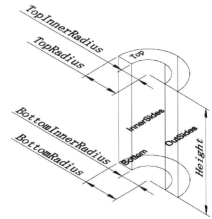

图 4.4-16　空心圆柱示例　　　　图 4.4-17　空心圆柱结构组成

表 4.4-11　Annulus 的常用属性

属性	数据类型	说明
BottomInnerRadius	Single	底面圆盘内径,默认值 0.3
BottomRadius	Single	底面圆盘外径,默认值 0.5
Height	Single	空心圆柱高度,默认值 1
Loops	Boolean	默认值为 1

Parts	TAnnulusParts	表示空心圆柱的哪一部分需要绘制。Parts 包含 4 个值,分别是"anInnerSides""anOuterSides""anBottom""anTop"。默认值 Parts ＝[anInnerSides, anOuter-Sides, anBottom, anTop]。这 4 个值的数据类型都是 TAnnulusPart。TAnnulusParts 和 TAnnulusPart 都是在单元文件 GLGeomObjects. pas 中定义的。下面给出在程序中操作 Parts 的实用代码:
		 var
		 v:TAnnulusParts;//声明变量
		 begin
		 v:＝[anOuterSides,anTop];//给变量赋值
		 GLAnnulus1. Parts:＝v;　//给空心圆柱对象的属性 Parts 赋值
		 //判断 anTop 是否在 Parts 里
		 if　anTop　in GLArrowLine1. Parts then
		 showmessage('ok');
		 end;

（续表）

属性	数据类型	说明
Slices	Integer	用在空心圆柱侧面、底面圆盘和顶面圆盘的绘制上，是控制空心圆柱侧面、底面圆盘和顶面圆盘圆滑度的主要参数，默认值为 16
Stacks	Integer	用于空心圆柱侧面绘制上，默认值为 4
TopInnerRadius	Single	顶面圆盘内径，默认值 0.3
TopRadius	Single	顶面圆盘外径，默认值 0.5

4.4.12　MultiPolygon（复杂多边形）

- 数据类型：Polygon：TGLMultiPolygon
- 类的声明：type TGLMultiPolygon = class(TMultiPolygonBase)
- 类的继承关系：TMultiPolygonBase ＞ TGLSceneObject ＞ TGLImmaterialSceneObject ＞ TGLCustomSceneObject ＞ TGLBaseSceneObject ＞ TGLUpdateAbleComponent ＞ TGLCadenceAbleComponent
- 物体坐标系如图 4.4-18 所示

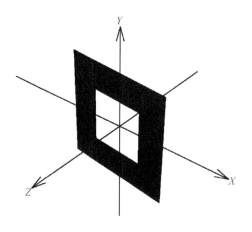

图 4.4-18　复杂多边形示例

- Direction 和 Up：[0,0,1]和[0,1,0]

区别于 4.4.4 节介绍的简单多边形，简单多边形只有一条外轮廓线，简单多边形内不能含有空洞。而复杂多边形可以包括几条轮廓线，复杂多边形内可以含有空洞。注意，这里的复杂多边形也应该定义在局部坐标的 XY 平面内，尽管定义成空间多边形不会引起程序出错。复杂多边形的一些常用属性见表 4.4-12。

表 4.4-12　MultiPolygon 的常用属性

属性	数据类型	说明

Contours	TGLContours
	（参考注释）
		组成复杂多边形的轮廓线。每条轮廓线由一系列节点组成,定义节点的顺序应该是逆时针方向。轮廓线编号从 0 开始。每条轮廓线包含 3 个重要属性,它们分别是"Division""Nodes""spline-Mode"。这 3 个属性的解释请参考 4.4.4 节的简单多边形。通常应该首先定义复杂多边形的外轮廓线,然后才是定义复杂多边形需要挖去区域的轮廓线。数据类型 TGLContours 在单元文件 GLMultiPolygon. pas 中定义。下面给出在程序中操作 Contours 的实用代码:
		var
		t:TGLContourNodes;
		m: TGLNode;
		begin
		//获得第一条轮廓线的节点集合
		t:=GLMultiPolygon1. Contours. Items[0]. Nodes;
		m:= t. Items[0];　//获得第一条轮廓线的第一个节点
		showmessage(inttostr(t. Count)); //显示第一条轮廓线的节点数量
		//显示第一条轮廓线的第一个节点坐标
		showmessage(floattostr(m. x)+' '+floattostr(m. y));
		end;

Parts	TPolygonParts	表示复杂多边形的哪一面(Top 或者 Bottom)需要绘制。默认值 Parts = [ppTop, ppBottom]
Outline	TPolygonList	它也是表示轮廓线集合,但与 Contours 不一样。GLscene 在绘制复杂多边形的时候,最初是根据 Contours 中每根轮廓线的节点绘制复杂多边形的各轮廓线,一旦绘制结束,GLscene 会重新排列这些轮廓线的节点顺序,特别是当某根轮廓线的属性"spline-Mode"设置为 lsmCubicSpline 时,则该轮廓线将会添加指定数量的节点,节点数量随 Division 的增加而增加。举个例子,下图中的复杂多边形由两条轮廓线组成,第一条由节点"1,1,0""-1,1,0""-1,-1,0""1,-1,0"组成,第二条由节点"0.5,0.5,0""-0.5,0.5,0""-0.5,-0.5,0""0.5,-0.5,0"组成。第一条轮廓线的属性"splineMode"设置为 lsmCubicSpline。实际通过 Outline 提取的第一条轮廓线的节点数量为 31 个,这 31 个节点组成了该复杂多边形外边的平滑曲线,通过 Contours 提取的第一条轮廓线的节点数量仍然为 4 个。对于第二条轮廓线两者提取的节点数量都为 4 个,但是两种方法获得的节点不同,存在差异

（续表）

属性	数据类型	说明

Outline	TPolygonList	
		下面给出在程序中操作 Outline 的实用代码：
		var
		v：TAffinevectorList；//TAffinevector 数据类型的集合
		no：TAffineVector；　　//TAffinevector 参考 Points
		t：TGLContourNodes；//参考前述 TGLNodes 的解释
		begin
		//获得第一条轮廓线的节点集合
		v：=GLMultiPolygon1. Outline. List[1]；
		no：=v. Items[0]；//获得第一条轮廓线的第一个节点坐标
		showmessage(inttostr(v. Count))；//显示第一条轮廓线的节点数量
		//显示第一条轮廓线的第一个节点坐标
		showmessage(floattostr(no[0])+'　'+floattostr(no[1]))；
		end；

Path	TGLContour-Nodes	数据类型 TGLContourNodes 在 GLMultiPolygon. pas 中定义，其属性和方法和 TGLNodes 相似。通过 Path 可以直接操作物体轮廓线的节点，其作用效果等同与 Contours。
		下面给出在程序中操作 Path 的实用代码：
		var
		t：TGLContourNodes；
		m：TGLNode；
		begin
		t：=GLMultiPolygon1. Path[0]；//获得第一条轮廓线的节点集合
		m：=t. Items[0]；//获得第一条轮廓线的第一个节点坐标
		showmessage(inttostr(t. Count))；//显示第一条轮廓线的节点数量
		//显示第一条轮廓线的第一个节点坐标
		showmessage(floattostr(m. x)+'　'+floattostr(m. y))；
		end；

• TGLContours:在 GLMultiPolygon. pas 中定义,用来存储和操作物体的轮廓线,它实际上是物体所有轮廓线的集合。TGLContours 的常用属性和方法如下:

property Items[index：Integer]：TGLContour; //取得编号为"index"的轮廓线,编号从 0 开始

function Add：TGLContour; //添加一条轮廓线

procedure Clear; //清除集合中的所有轮廓线

procedure Delete(index：Integer); //删除集合中编号为 index 的轮廓线,轮廓线的编号从 0 开始,一个轮廓线删除后,剩下的轮廓线重新编号

单个轮廓线的数据类型为 TGLContour,单个轮廓线由一组节点"Nodes"组成,其常用属性和方法如下:

property Index：Integer; //取得轮廓线在集合中的编号

property Division：Integer; //参考 4.4.4 节的简单多边形的属性"Division"

property Nodes：TGLContourNodes; //TGLContourNodes 在 GLMulti-Polygon. pas 中定义,其属性和方法和 TGLNodes 相似,参考 4.4.4 节简单多边形的属性"Nodes"

property SplineMode：TLineSplineMode; //参考简单多边形的属性"spline-Mode"

4.4.13 ExtrusionSolid(拉伸曲面)

• 数据类型:ExtrusionSolid:TGLExtrusionSolid
• 类的声明:type TGLExtrusionSolid = class(TMultiPolygonBase)
• 类的继承关系:TMultiPolygonBase ＞ TGLSceneObject ＞ TGLImmaterialSceneObject ＞ TGLCustomSceneObject ＞ TGLBaseSceneObject ＞ TGLUpdateAbleComponent ＞ TGLCadenceAbleComponent

• 物体坐标系如图 4.4-19 所示
• Direction 和 Up:[0,0,1]和[0,1,0]

拉伸曲面是沿 Z 方向拉伸一个复杂多边形而形成的曲面。复杂多边形参见"4.4.12 MultiPolygon(复杂多边形)"中的相关内容。应该注意以下 3 点:复杂多边形应该定义在局

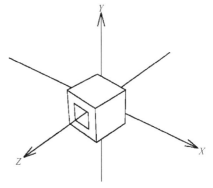

图 4.4-19 拉伸曲面示例

部坐标的 XY 平面上；组成多边形轮廓线的节点顺序为逆时针顺序。拉伸体包括 4 个部分，"外侧面（OuterSides）"、"内侧面（InnerSides）"、"起始多边形（StartPolygon）"和"结束多边形（StopPolygon）"。起始多边形是指绘制在 XY 平面上的复杂多边形，结束多边形是指绘制在拉伸体拉伸高度处的复杂多边形。默认情况下起始多边形和结束多边形不绘制。外侧面和内侧面参考"Annulus（空心圆柱）"中的相关内容。注意，拉出来的是一个面，而不是实体。拉伸曲面的一些常用属性见表 4.4-13。

表 4.4-13　ExtrusionSolid 的常用属性

属性	数据类型	说明
Contours	TGLContours	组成复杂多边形的轮廓线。参考"MultiPolygon"中的复杂多边形的属性"Contours"
Height	Single	拉伸曲面沿 Z 方向的拉伸距离，默认值为 1
MinSmooth-Angle	Single	该属性只有在"Normals＝nsSmooth"时有效，用来平滑那些有尖锐边的轮廓线的节点法向量，使得在光照下，模型更具真实感。该值越小，需要平滑的范围越小。一般采用默认值 5°

Parts	TExtrusion-SolidParts	表示拉伸曲面的哪一面（espOutside，espInside，espStartPolygon，espStopPolygon）需要绘制。默认值 Parts＝[espOutside，espInside]。这 4 个值的数据类型都是 TExtrusionSolidPart。TExtrusionSolidParts 和 TExtrusionSolidPart 都是在单元文件 GLExtrusion.pas 中定义的。下面给出在程序中操作 Parts 的实用代码：
		var
		v：TExtrusionSolidParts；//声明变量
		begin
		v：＝[espOutside，espStartPolygon]；//给变量赋值
		GLExtrusionSolidPart1.Parts：＝v；
		//判断 espOutside 是否在 Parts 里
		if espOutside in GLExtrusionSolidPart1.Parts then
		showmessage('ok')；
		end；

Stacks	Integer	默认值为 1

4.4.14　RevolutionSolid（回转曲面）

- 数据类型：RevolutionSolid：TGLRevolutionSolid
- 类的声明：type TGLRevolutionSolid ＝ class(TGLPolygonBase)

• 类的继承关系：TGLPolygonBase ＞ TGLSceneObject ＞ TGLImmaterialSceneObject ＞ TGLCustomSceneObject ＞ TGLBaseSceneObject ＞ TGLUpdateAbleComponent ＞ TGLCadenceAbleComponent

• Direction 和 Up：[0,0,1]和[0,1,0]

回转曲面是一曲线绕 Y 轴旋转一定的角度而形成的曲面。如果定义组成曲线的节点坐标依次为"(1,0,0)""(0.5,0.5,0)"，则绕 Y 轴旋转形成的曲面如图 4.4-20 左所示。如果定义组成曲线的节点坐标依次为"(0,0,0)""(1,0,0)""(0.5,0.5,0)""(0,0.5,0)"，则绕 Y 轴旋转形成的曲面如图 4.4-20 右所示。

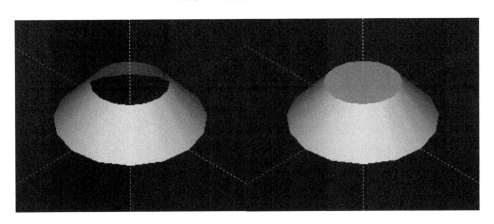

图 4.4-20　回转曲面示例

回转曲面的一些常用属性见表 4.4-14。

表 4.4-14　RevolutionSolid 的常用属性

属性	数据类型	说明
Division	Integer	参考 Polygon 的属性"Division"
Nodes	TGLNodes	用来存储或操作组成回转曲线的节点，参考 Polygon 的属性"Nodes"

Parts	TRevolutionSolidParts	表示回转曲面的哪一面（rspOutside，rspInside，rspStartPolygon，rspStopPolygon）需要绘制。默认值 Parts = [rspOutside]。这 4 个值的数据类型都是 TRevolutionSolidPart。TRevolutionSolidParts 和 TRevolutionSolidPart 都是在单元文件 GLExtrusion. pas 中定义的。下面给出在程序中操作 Parts 的实用代码：
		var
		v:TRevolutionSolidParts; //声明变量
		begin

属性	数据类型	说明

Parts	TRevolution-SolidParts	v:＝［rspOutside，rspStartPolygon］；//给变量赋值
		GLRevolutionSolid1. Parts:＝v；
		//判断 rspOutside 是否在 Parts 里
		if rspOutside in GLRevolutionSolid1. Parts then
		showmessage('ok')；
		end；

Slices	Integer	参考 Sphere 的属性"Slices"
SplineMode	TLineSpline-Mode	用来描述回转曲线的种类,参考 Polygon 的属性"SplineMode"
StartAngel	Single	回转起始角度,参考 Sphere 的属性"Start"
StopAngel	Single	回转结束角度,参考 Sphere 的属性"Stop"
YOffset-PerTurn	Single	该参数用来控制生成螺旋形曲面,默认值为 0。假设该值为 1,则表示在回转曲线绕 Y 轴旋转的过程中,曲面上各点的 Y 值逐渐增加,最终的结果是形成一个在 Y 方向高度为 1 的螺旋面。举个例子,定义组成回转曲线的节点坐标依次为"(1,0,0)""(0.5,0.5,0)",YOffsetPerTurn＝1,则绕 Y 轴旋转形成的曲面如图所示,可以与图 4.4-20 做对比

4.4.15 Pipe(管状曲面)

- 数据类型:Pipe:TGLPipe
- 类的声明:type TGLPipe ＝ class(TGLPolygonBase)
- 类的继承关系:TGLPolygonBase ＞ TGLSceneObject ＞ TGLImmaterialSceneObject ＞ TGLCustomSceneObject ＞ TGLBaseSceneObject ＞ TGLUpdateAbleComponent ＞ TGLCadenceAbleComponent

- Direction 和 Up:[0,0,1]和[0,1,0]

管状曲面是指一条圆形线沿一指定的迹线拉伸而形成的管状曲面(空心)。GLScene 中,绘制管状曲面主要需要定义两个参数:迹线的节点坐标和管半径。如果定义迹线的节点坐标依次为"(−1,0,0)""(2,0,0)""(1,1,−5)",且迹线为二次样条曲线,管半径为 0.3,则管状曲面如图 4.4-21 所示。

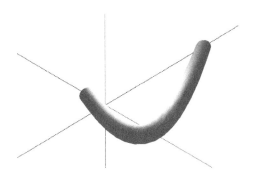

图 4.4-21 管状曲面示例

管状曲面包含 4 个部分,"外侧面(OuterSides)"、"内侧面(InnerSides)"、"起始圆盘(StartDisk)"和"结束圆盘(StopDisk)"。起始圆盘是指在管状曲面起始端绘制一个圆盘,外观上看起来就像是给管子的头部加了个盖子。结束圆盘是指在管状曲面结束端绘制一个圆盘,同样,看起来像是给管子的尾巴加了个盖子。默认情况下起始圆盘和起始圆盘不绘制,即管子两头是相通的。外侧面和内侧面可以参考"4.4.11 节 Annulus"中的相关内容。回转曲面的一些常用属性见表 4.4-15。

表 4.4-15 Pipe 的常用属性

属性	数据类型	说明
Division	Integer	参考 Polygon 的属性"Division"
Nodes	TGLNodes	用来存储或操作迹线的节点,参考 Polygon 的属性"Nodes"

Parts	TPipeParts	表示管状曲面的哪一面(ppOutside, ppInside, ppStartDisk, ppStopDisk)需要绘制。默认值 Parts=[ppOutside]。这 4 个值的数据类型都是 TPipePart。TPipeParts 和 TPipePart 都是在单元文件 GLExtrusion. pas 中定义的。下面给出在程序中操作 Parts 的实用代码:
		var
		v: TPipeParts; //声明变量
		begin
		v:= [ppOutside, ppStartDisk]; //给变量赋值
		GLPipe1. Parts:=v;

（续表）

属性	数据类型	说明

Parts	TPipeParts	//判断 ppOutside 是否在 Parts 里
		if ppOutside in GLPipe1. Parts then
		showmessage('ok');
		end;

Radius	Single	管状曲面的管半径,默认值是 1
Slices	Integer	参考 Sphere 的属性"Slices"
SplineMode	TLineSplineMode	用来描述迹线的种类,参考 Polygon 的属性"SplineMode"

4.4.16 Torus(圆环面)

- 数据类型：Torus：TGLTorus
- 类的声明：type TGLTorus = class(TGLSceneObject)
- 类的继承关系：TGLSceneObject > TGLImmaterialSceneObject > TGL-CustomSceneObject > TGLBaseSceneObject > TGLUpdateAbleComponent > TGLCadenceAbleComponent
- Direction 和 Up：[0,0,1]和[0,1,0]

圆环面是圆环形曲面。GLScene 中,绘制圆环面时,需要指定两个参数:圆环的半径和圆环管的半径。当圆环的半径为 1,圆环管的半径为 0.2 时,圆环面如图 4.4-22 所示。

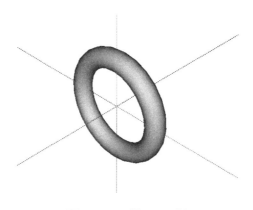

图 4.4-22　圆环面示例

圆环面的一些常用属性见表 4.4-16。

4

表 4.4-16　Torus 的常用属性

属性	数据类型	说明
MajorRadius	Single	圆环半径,默认值为 0.4
MinorRadius	Single	圆环管半径,默认值为 0.1
Rings	Cardinal	横截面上的环数,取大于等于 3 的整数,默认值 25,是控制圆环圆度的重要参数。如果取 Rings＝3,Sides＝15,圆环面可能会变成三角环
Sides	Cardinal	横截面上的面数,取大于等于 3 的整数,默认值 15,是控制圆环管截面圆度的重要参数。如果取 Rings＝25,Sides＝3,圆环管的截面可能会变成扁的

4.5　GLscene 三维数字地形制作

三维数字地形又称数字高程模型,是在一个区域内,用地形模型点(坐标 X、Y、Z)表达地面形态,是港口海岸近海工程水下、陆域地形的常见展现形式。

4.5.1　通过规则网格模型建立数字地形

利用 X 方向、Y 方向上等间隔排列的地形点高程 Z,可以形成一个矩形网格 DEM。矩形网格上任意一点 P_{ij} 的平面坐标可根据该点在 DEM 中的行列号(i、j)、起始点坐标(X_0、Y_0)、X 方向与 Y 方向的间隔(DX、DY)及 DEM 的行数(NX)和列数(NY)等按下式推算:

$$\begin{cases} X_i = X_0 + i \times DX\,(i = 0,1,\ldots,NX-1) \\ Y_j = Y_0 + j \times DY\,(j = 0,1,\ldots,NY-1) \end{cases} \tag{4.5-1}$$

矩形网格 DEM 存储量较小,使用方便、管理容易,是目前运用比较广泛的一种数据结构形式,缺点是在网格大小一定的情况下,地形细部展现效果不佳。GLScene 通过 TGLHeightField 图形对象绘制此类地形,例如(运行结果如图 4.5-1):procedure TForm1.Formula(const x, y: Single; var z: Single;

```
    var color: TColorVector; var texPoint: TTexPoint);
begin
z:＝VectorNorm(x, y);
z:＝cos(z*12)/(2*(z*6.28＋1));
VectorLerp(clrBlue, clrRed, (z＋1)/2, color);
end;
```

```
procedure TForm1. FormCreate(Sender：TObject)；
begin
HeightField1. OnGetHeight：=Formula；   // HeightField1 为建立的 TGHHeightField 对象
end；
```

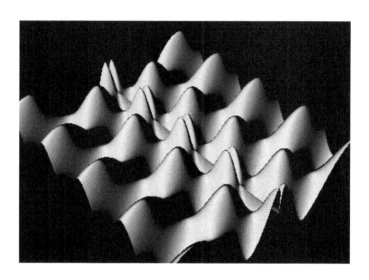

图 4.5-1   通过规则网格模型建立数字地形

4.5.2   通过不规则三角形网格建立数字地形

对于非规则离散分布的高程点数据,可以建立非规则的数字地形模型,如三角网、四边形网或其他多边形网。其中最简单的是不规则三角网(TIN),不规则三角网数字高程模型 TIN 不仅要存储每个点的 X_i、Y_i、Z_i 三维坐标,还要存储网点连接的拓扑关系、三角形及邻近三角形等信息。TIN 能较好地顾及地貌特征点、线、面,缺点是数据量较大,数据结构复杂,因而使用和管理也较复杂。由于 Delaunay 三角网具有良好的特性,构造 TIN 的方法一般归结为 Delaunay 三角网(看前述相关内容)。GLScene 通过 TGLMesh 图形对象绘制此类地形,例如(运行结果如图 4.5-2)：

```
with GLMesh1 do begin
  Mode：=mmTriangles；
  with vertices do begin //加入三角网节点坐标,Delaunay 三角网的工作交给后台
  AddVertex(AffineVectorMake(-10000,-10000,0),affinevectormake(0,0,0))；
  AddVertex(AffineVectorMake(10000,-10000,0),affinevectormake(0,0,0))；
  AddVertex(AffineVectorMake(10000,10000,0),affinevectormake(0,0,0))；
```

AddVertex(AffineVectorMake(−10000,−10000,0),affinevectormake(0,0,0));

AddVertex(AffineVectorMake(−10000,10000,0),affinevectormake(0,0,0));

AddVertex(AffineVectorMake(10000,10000,0),affinevectormake(0,0,0));

//以下节点省略

end；

end；

图 4.5-2　通过不规则三角形网格模型建立数字地形

5

专业相关基础程序

本章介绍笔者日常工作中根据需要编制的一些辅助程序,包括:河道断面开挖工程量计算、水域或陆域地形断面剖切等,限于篇幅限制,并考虑到前面章节已经介绍了一些基本的算法和编程,所以本章重点介绍方法,供读者参考。

5.1 河道断面开挖工程量的计算

程序编制时建议和 Excel 联合使用,在已知不同桩号开挖前后河道断面的前提下,计算断面开挖工程量,并自动在 Excel 里生成断面图。参考图 5.1-1,本例程序中设置"最低开挖高程"为 4.5 m,施工过程中,低于此高程超挖的部分不予计量。

参考图 5.1-2,将河道断面线分割成 dx 间隔的块(dx 尽可能的小),每块的阴影部分是待求的该间隔的开挖工程量,总的河道断面开挖工程量为所有间隔工程量的和,图上间隔内工程量计算公式如下:

$$S = 0.5\mathrm{d}x(y_{q_2} + y_{q_1}) - 0.5\mathrm{d}x(y_{h_2} + y_{h_1}) \tag{5.1-1}$$

式中,dx 由用户等分横纵确定,例如 1 000 等分;4 个对应的 y 值通过线性插值获取,插值方法参考 1.2.1 节。

5.2 水域或陆域地形的断面剖切

用于陆地、海域或航道断面剖切,剖切给出剖面图和剖面高程分布以及断面的面积。如图 5.2-1 所示,一个完整的剖切断面包含:断面表层地形(或水面)高程、断面底层地形高程。断面剖切可以应用到物理模型地形断面的制作、断面法土方工程量计算、地形冲淤变化对比以及河道过水断面面积的计算等。程序设计时,建

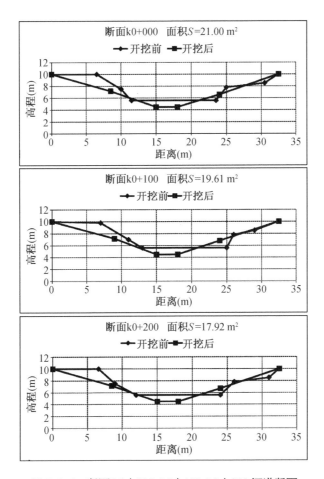

图 5.1-1　断面 k0＋000、k0＋100、k0＋200 河道断面

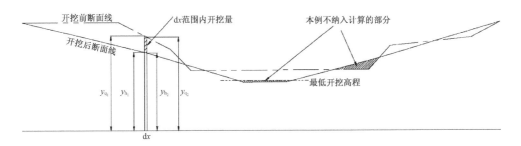

图 5.1-2　断面开挖工程量计算示意图

议基于 Excel 软件二次开发来绘制断面剖切图形。

底层地形高程可以是固定数值,也可以是散点数据文件(存成 txt 文件,如图

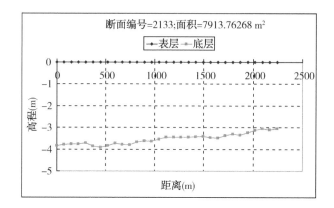

图 5.2-1   断面剖切案例图(Excel 中自动绘制)

5.2-2 所示),或者是梯形断面(一般表示为航道,如图 5.2-3 所示),图上 H/L 表示航道边坡坡度。

2012		
484070.674	3826352.836	-3.15
484072.6899	3824714.919	-2.05
484073.944	3825611.766	-2.75
484076.084	3824544.716	-2.05
484076.377	3825977.666	-2.85
484077.584	3826525.846	-3.25
484077.684	3825808.026	-2.75
484078.574	3823824.716	-1.25
484080.164	3824342.076	-1.75
484082.494	3824203.386	-1.75
484086.173	3825281.846	-2.55
484088.774	3826168.486	-3.05
484106.093	3824080.476	-1.55
484113.224	3823919.436	-1.25
484114.314	3824942.656	-2.25
484121.374	3825483.056	-2.75
484124.124	3826068.966	-3.15
484125.654	3825701.636	-2.95
484125.794	3824803.196	-2.15
484127.507	3824432.926	-1.85

图 5.2-2   散点数据案例(2012 代表散点数量,前两列是 x,y 坐标,后一列是高程)

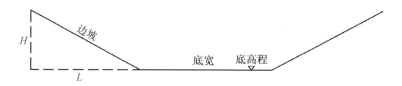

图 5.2-3   航道断面示意图

参考图 5.2-4,程序的应用场景是假设存在 Auto CAD 的地形文件以及若干待剖切的断面(用多段线表示剖切位置):

第一步   提取地形文件中的高程点,形成图 5.2-2 所示的散点数据文件;

第二步　提取多段线的节点坐标(多段线节点建议加密)；

第三步　应用1.2.2节二维坐标插值方法,获得各节点高程；

第四步　根据节点坐标和多段线首节点坐标,计算节点偏移距离；

第五步　如果存在表层(水面)高程,可以重复第一步～第四步过程,并按5.1节方法计算表层-底层之间的面积；

第六步　基于ActiveX Automation技术,调用Excel绘图。

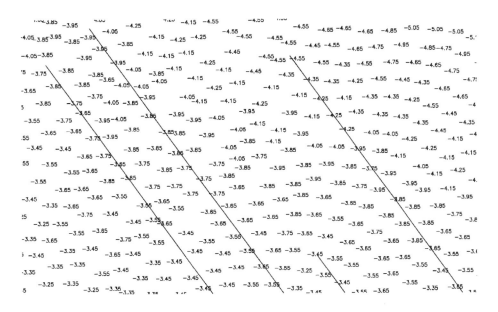

图 5.2-4　Auto CAD 地形图文件(含若干剖切的多段线)

参考图5.2-5,航道断面剖切时,多段线的中心位置与航道断面中心对齐,底宽范围内的多段线节点高程等于其底高程,超出部分按边坡坡度计算。

图 5.2-5　航道断面剖切示意图

5.3　基坑和港航土方工程量计算

该程序需要综合5.1和5.2节相关技术,用于基坑、港池或航道土方工程量的

开挖计算,按照实际工程的一般做法,超挖的部分不计入工程量,用于回填计算时
需将工程前后的地形文件反过来使用。

对图 5.3-1 所示的港池或基坑(用封闭的多段线表示),数字代表地形,计算时
参照 1.2.2 节方法,将其自动剖分成 Delaunay 三角形网格,如图 5.3-2 所示,然后
用工程前后的地形文件对网格节点进行二维坐标插值,最后针对每个三角形块进
行挖方或填方计算,其中,三角形块内取其 3 个顶点的平均高程。注意:封闭多段
线内(工程范围)包围的地形数据越多,自动剖分的三角形单元越多,计算越精确;
另外,组成封闭图形自身的节点数越多,自动剖分的三角形单元也越多。

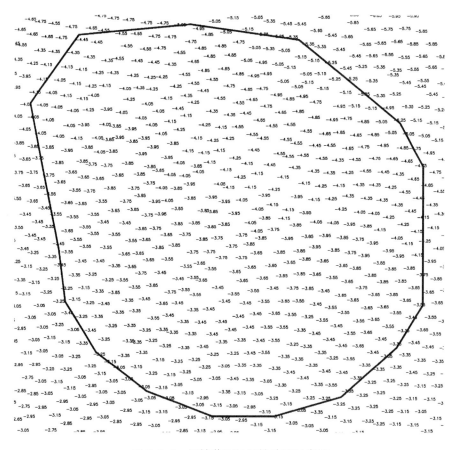

图 5.3-1　开挖范围及原始地形示意图

对于图 5.3-3 所示的航道(航道轴线用非封闭的多段线图形表示),数字代表
地形,计算时参照 5.1 节方法,将其自动剖分成数个横断面,如图 5.3-4 所示,剖分
自动进行,然后用工程前后的地形文件对横断面上的节点进行插值,两个断面之间
的土方量是由两个断面工程前后的平均开挖面积乘断面之间的距离获得。

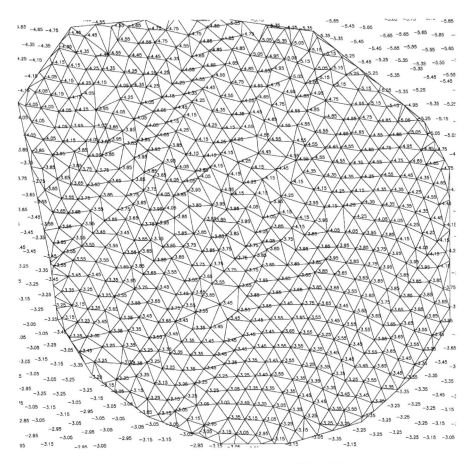

图 5.3-2　生成 Delaunay 三角形网格示意图

5.4　已知测点流速计算断面流量

本程序适用于流速仪法河道、渠道流量测量以及试验室内水槽流量测量等,计算方法采用"断面测流方法":①沿施测断面拉起一根跨越河流或渠道并标有刻度的标志线;②在每条测速垂线,操作员记录测速垂线位置和水深,并且在一点或多点施测流速,以确定平均流速;③按照给定的公式计算断面流量。参考图 5.4-1,测量原理如下:

S 代表垂线点的位置,起点从 0 开始。D 代表垂线点处的水深,对于河道两边的水深,如果河岸陡峭,如图 5.4-1 的右岸,则水深 D_8 不为 0,图的左岸,存在舒缓的岸坡,则 $D_0=0$。V 代表垂线平均流速,其计算公式见表 5.4-1。表中水深值从

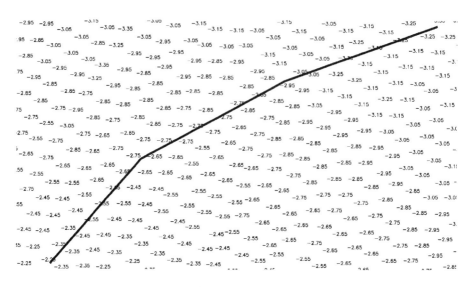

图 5.3-3　开挖航道轴线及原始地形示意图

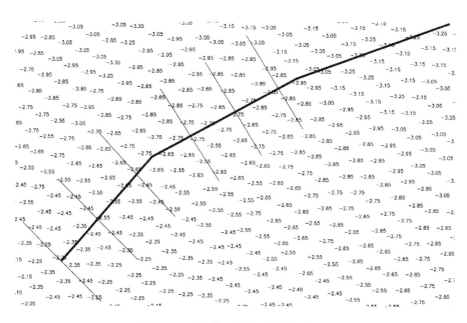

图 5.3-4　航道开挖断面布置示意图

水面向下算起,测点的垂向位置也是从水面向下算起,存在冰盖时,用水深减去冰盖厚度得到有效水深。流速测量间隔测线开展,每点流速测量重复至少两次后取平均值。每条测线水深至少记录两次,然后取平均值。

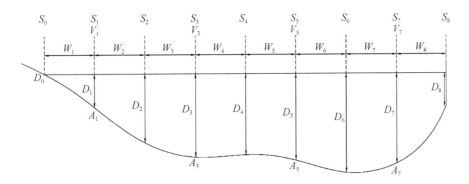

图 5.4-1　测流断面

表 5.4-1　特征点法断面平均流速计算公式

方法	测点布置	平均流速方法
0.6	0.6×水深	$V_{mean}=V_{0.6}$
0.2/0.8 0.8/0.2	0.2/0.8×水深	$V_{mean}=(V_{0.2}+V_{0.8})/2$
0.2/0.6/0.8 0.8/0.6/0.2	0.2/0.6/0.8×水深	$V_{mean}=(V_{0.2}+2\times V_{0.6}+V_{0.8})/4$
冰 0.6	0.6×有效水深	$V_{mean}=0.92\times V_{0.6}$
冰 0.5	0.5×有效水深	$V_{mean}=0.89\times V_{0.5}$
冰 2/8 冰 8/2	0.2×有效水深 0.8×有效水深	$V_{mean}=(V_{0.2}+V_{0.8})/2$
Kreps 2− Kreps 2+	0.0(接近水面) 0.62×水深	$V_{mean}=0.31\times V_{0.0}+0.634\times V_{0.62}$
5点− 5点+	0.0(接近水面) 0.2/0.6/0.8×水深 1.0(接近底面)	$V_{mean}=(V_{0.0}+3\times V_{0.2}+3\times V_{0.6}+2\times V_{0.8}+V_{1.0})/10$

5.5　试验室里常用量水堰的设计

试验室用量水堰以矩形薄壁堰(图 5.5-1 左,无侧收缩)和三角薄壁堰(图 5.5-1 右,堰口角 $\theta=90°$)最为常见。本程序主要用来设计自由出流条件下上述两种常用堰的尺寸。

图 5.5-1　量水堰(左,矩形薄壁堰;右,三角薄壁堰)

1) 矩形薄壁堰

堰板下游边缘做成斜面(图 5.5-2 右),斜面与顶面的夹角为 45°(或者大于 45°),如果堰板厚度小于等于 2 mm,则不用做斜面。堰板的平面图和侧视图如图 5.5-2 所示。

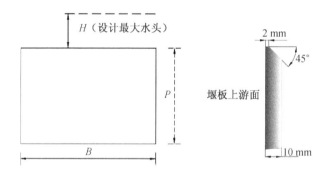

图 5.5-2　矩形薄壁堰量水堰设计示意图

第 1 步,确定堰板的高度 P 和堰板的宽度 B、设计水头 H 的关系,堰板高度(常在 0.15 m<P<1.22 m 范围内)数值越大,可设计的流量范围越大,一般可取 20、30、40 或者 50 cm。最大设计水头和堰板高度一般存在"H<$4P$"的关系,可取 $P=0.5H\sim H$,堰宽按经验取 $B=2H$。

第 2 步,已知最大设计流量 $Q(\mathrm{m^3/s})$,以及 $P=H$(假定)、$B=2H$,按公式(5.5-1)计算流量系数 m_0,之后反推最大设计水头。教科书上一般采用试算法,就是假设一系列的 H,看算出来的结果是否接近流量 Q。本书建议将公式(5.5-1)转变成公式(5.5-2),采用 1.3.3 节介绍的粒子群算法求解非线性方程。

$$
\begin{cases}
Q = m_0 B \sqrt{2g} H^{3/2} \\
m_0 = 0.403\,4 + 0.053\,4\,\dfrac{H}{P} + \dfrac{1}{1\,610H - 4.5}
\end{cases}
\tag{5.5-1}
$$

$$
\left(0.456\,8 + \frac{1}{1\,610H - 4.5}\right)2\sqrt{2g}H^{5/2} - Q = 0
\tag{5.5-2}
$$

第 3 步,参考图 5.5-3,求堰身的长度 L 和测压筒的位置 C,可经验性取"$L=15H,C=5H$"。测压筒(行近水道边墙上设置)用来测量水头,从而推算堰的流量。一种做法是在渠道侧壁上开一个孔(离堰底部可取 5 cm 左右),孔径一般 $3 \sim 6$ mm,并在孔内套一小段铜管。用套在铜管上的橡皮软管引出,外接一个有机玻璃管作为测压筒,利用安装在测压筒旁边的标尺即可读出筒中的水位。

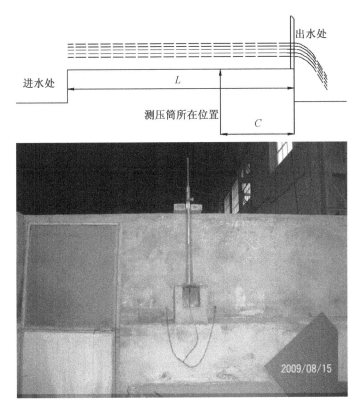

图 5.5-3 测压筒安装实例

第 4 步,量水堰边墙的高度可设置为"$P+1.5H$"。下游出水处渠道内应无杂物,水流排泄应通畅。堰口与下游水面应有足够的垂直距离,一般可取堰板底部到下游渠道底部的高度为堰板高度的 $1 \sim 2$ 倍,保证形成完全通气水舌(图 5.5-4)。

进水井底部(一般低于堰身底部)到堰身底部的高度也可取值为堰板高度的 1～2 倍。

图 5.5-4　量水堰出流状态

第 5 步,建议潜水泵的选型:潜水泵额定流量×30%<堰的最大出流流量<潜水泵额定流量×70%。

2) 三角薄壁堰($\theta=90°$)

本计算适合水头范围 0.05 m<H_1<0.25 m。堰板下游边缘做成斜面,斜面与顶面的夹角为 45°(或者大于 45°),如果堰板厚度小于等于 2 mm,则不用做斜面。堰板的平面图如图 5.5-5 所示。

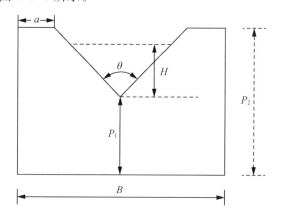

图 5.5-5　三角薄壁堰量设计示意图

第 1 步,已知最大设计流量 $Q(\mathrm{m^3/s})$,按 Thompson 公式 $Q=1.4H^{5/2}$ 推求最大设计水头 H;

第 2 步,已知水头 H,经验性取值"$P_1=2H,P_2=P_1+1.2H$";

第 3 步,经验性求 B 和 a,已知 $H,B=3H,a=0.3H$;

第 4 步,已知 H,求堰身的长度 L 和测压筒的位置 C,取 $L=15H$、$C=5H$;

其他,边墙高度、进水井底高、潜水泵的选型等参考矩形薄壁堰。

5.6 港航工程泥沙回淤经验计算

泥沙回淤是关系港口航道工程建设方案及维护的关键问题。我国淤泥质海岸航道泥沙回淤研究始于 20 世纪 50 年代,在天津新港建设过程中淤泥质海岸航道淤积问题较为突出,后来在 70 年代扩建江苏连云港时再次引起重视。为此,国内专家经过研究提出一些半经验计算公式,其中应用较多的有刘家驹公式和罗肇森公式,本节重点对其进行介绍,其中,涉及的许多未知参数等,可采用前述的一些数值算法求解。

5.6.1 港区泊位和港池(调头区)泥沙回淤计算

港区淤积包含悬沙淤积、底沙淤积和浮泥淤积。其中悬沙淤积采用刘家驹公式,底沙淤积和浮泥淤积采用罗肇森先生提出的方法。在改良了其中的一些算法,特别是含沙量计算的改良基础上,本程序(程序主界面如图 5.6-1 所示)可以计算如下淤积工况:

① 正常水动力条件(或较长时间的平均水动力条件)下的淤泥质(泥沙所有颗粒粒径 <0.03 mm)海岸或粉沙质海岸(泥沙所有颗粒粒径 $\geqslant 0.03$ mm)港区年平均淤积计算;

② 正常水动力条件(或较长时间的平均水动力条件)下的粉沙淤泥质(部分泥沙颗粒粒径 <0.03 mm)海岸港区年平均淤积计算;

③ 大风天淤泥质或粉沙质海岸港区 24 h 骤淤计算;

④ 大风天粉沙淤泥质海岸港区 24 h 骤淤计算。

备注:钱宁将粒径小于等于 0.03 mm 的泥沙称为淤泥质泥沙。当泥沙单颗粒径大于或等于 0.03 mm 时在海水中难以絮凝,在淤积计算中,粒径大于等于 0.03 mm 的沉速应按单颗粒沉速考虑。

5.6.1.1 正常水动力条件淤泥质或粉沙质淤积计算

正常水动力条件一般指风力等级在 8 级以下或者风速小于 20 m/s,否则可归

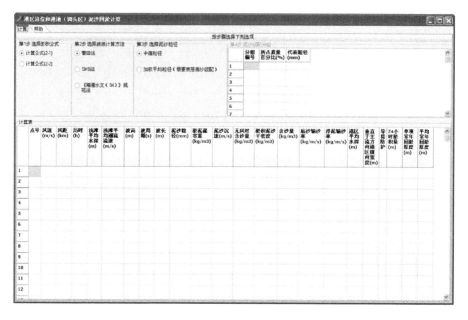

图 5.6-1　港区泊位和港池(调头区)泥沙回淤计算程序主界面

于大风天的骤淤计算。正常水动力条件(或较长时间的平均水动力条件)下的淤泥质或粉沙质海岸港区年平均淤积量包括悬沙淤积、底沙淤积和浮泥淤积。

1) 悬沙淤积

计算公式采用刘家驹公式,码头泊位区与水流方向交角较小,可近似按顺流航道进行计算,回淤厚度采用简化公式(5.6-1):

$$P = \frac{K_2 \omega St}{\gamma_0}\left[1 - \frac{d_1}{2d_2}\left(1 + \frac{d_1}{d_2}\right)\right] \tag{5.6-1}$$

若港区出现回流,淤积量一般会有明显增大。港区回流是一种不良流态,港口建设中应尽量避免,回旋水域水流横跨,回淤厚度采用简化公式(5.6-2)计算:

$$P = \frac{K_1 \omega St}{\gamma_0}\left[1 - \left(\frac{d_1}{d_2}\right)^3\right] \tag{5.6-2}$$

式中,P 为港区淤积厚度,m;S 为波浪和潮流共同作用下水体平均含沙量,kg/m³;t 为淤积历时,s;K_1、K_2 分别为航道横流和顺流淤积系数,在缺少现场资料的情况下,取 $K_1 = 0.35$,$K_2 = 0.13$;d_1、d_2 分别为浅滩平均水深(港区开挖前)和港区开挖水深,m;γ_0 为与粒径有关的表层淤积物的干密度,kg/m³,在回淤计算中,淤积干密度是一个比较重要的物理量,可以根据淤泥质或粉沙质泥沙的中值粒径 D_{50} (mm),采用公式(5.6-3)进行计算。

$$\gamma_0 = \frac{2}{3}\gamma_s\left(\frac{D_{50}}{D_0}\right)^{0.0183} \tag{5.6-3}$$

式中，γ_s 为泥沙颗粒重度，$\gamma_s = 2\,650\ \text{kg/m}^3$；$g$ 为重力加速度；D 为淤泥质泥沙的代表粒径；标准粒径 $D_0 = 1.0\ \text{mm}$。在没有完整现场资料的情况下，可用式(5.6-4)计算水体的平均含沙量 S。

$$S = 0.027\,3\gamma_s\frac{(|V_1| + |V_2|)}{gd_1} \tag{5.6-4}$$

式中，V_1 为潮流和风吹流的时段平均合成流速，m/s，$V_1 = |U_d| + |U_w|$，U_d 表示浅滩平均潮流速度，通常由现场测验、数学模型或物理模型试验提供，U_w 表示风吹流速度，$U_w = 0.03W$，W 为风速。V_2 为波浪水质点的平均水平速度，m/s，正常波浪情况下波动水质点的平均速度 $V_2 = 0.2(H/d_1)C$，其中，H 为波高，m；C 为波速，m/s。

风速和风向影响含沙量，考虑到向岸风是主要的影响风向，所以计算时候主要考虑向岸风风速，离岸风可以忽略，另外，如果港区附近修建拦沙导堤，由于该方向的来沙被阻挡，所以来自导堤方向的风计算时可不予统计或者仅按 1 级风天统计，对应的含沙量取 1 级风天或无风天的实测或计算含沙量。以某港区为例，其风况如表 5.6-1。按照港区的地理位置，表 5.6-2 仅统计"有效风"，其中"出现频率＝某风向出现次数/风向的总观测次数×100%"，比如 $238/1\,460 \times 100 = 16.3\%$。"一年 365 天之中淤积历时"是概化的时间，假设风出现一次就吹满 24 h，所以，对于风力 1～2 级，历时＝$152/1\,460 \times 365 \times 24$(h)。

表 5.6-1 风况统计表

风级	风速范围(m/s)	N	NE	E	SE	S	SW	W	NW	C	累计出现次数	相应历时(h)
1～2	≤3.3	41	61	50	57	72	67	50	29	82	965	3 054
3～4	3.4～7.9	108	107	80	134	129	75	43	50	0	726	4 356
5	8.0～10.7	25	19	31	34	8	6	7	10	0	140	840
6	10.8～13.8	20	10	6	8	2	4	3	15	0	68	408
7	13.9～17.1	4	2	1	1	0	1	1	2	0	12	72
8	≥17.2	3	0	0	0	0	0	0	2	0	5	30
累计出现次数		201	199	168	234	211	153	104	108	82	1 460	

表 5.6-2　港区 1 年之中"有效风"统计表

风级	风速(m/s)	N	NE	SE	E	NW	累计出现次数	出现频率(%)	一年之中淤积历时(h/年)
1～2	1.6	41	61	57	50	29	238	16.3	1 428
3～4	5.65	108	107	134	80	50	479	32.8	2874
5	9.35	25	19	34	31	10	119	8.15	714
6	12.3	20	10	8	6	15	59	4.04	354
7	15.5	4	2	1	1	2	10	0.68	60
8	17.5	3	0	0	0	2	5	0.34	30

泥沙沉速(ω)：淤泥质泥沙取絮凝沉速，即 0.000 4～0.000 5 m/s；粉沙质泥沙，在海水中难以絮凝，采用武水公式：

$$\omega = \sqrt{\left(13.95\frac{\nu}{d'}\right)^2 + 1.09\frac{\gamma_s - \gamma}{\gamma}gd'} - 13.95\frac{\nu}{d'} \tag{5.6-5}$$

式中，ν 是水的运动粘滞性系数，m²/s，可取 0.8×10^{-6}；d' 是泥沙粒径，m；γ 是水的重度，kg/m³。

正常波浪情况下，波动水质点的平均速度 V_2 计算需要已知波浪要素，可以采用莆田法、SMB 和我国《海港水文》(JTJ 213—1998)等规范法求解。

① 莆田法

$$\begin{cases} \dfrac{g\overline{H}}{V^2} = 0.13th\left[0.7\left(\dfrac{gd}{V^2}\right)^{0.7}\right]th\left\{\dfrac{0.001\,8\left(\dfrac{gF}{V^2}\right)^{0.45}}{0.13th\left[0.7\left(\dfrac{gd}{V^2}\right)^{0.7}\right]}\right\} \\ \dfrac{g\overline{T}}{V} = 13.9\left(\dfrac{g\overline{H}}{V^2}\right)^{0.5} \end{cases} \tag{5.6-6}$$

② SMB 法

$$\begin{cases} \dfrac{gH_{1/3}}{V^2} = 0.283th\left[0.53\left(\dfrac{gd}{V^2}\right)^{0.75}\right]th\left\{\dfrac{0.012\,5\left(\dfrac{gF}{V^2}\right)^{0.42}}{th\left[0.53\left(\dfrac{gd}{V^2}\right)^{0.75}\right]}\right\} \\ \dfrac{gT_{1/3}}{V} = 7.54th\left[0.833\left(\dfrac{gd}{V^2}\right)^{0.375}\right]th\left\{\dfrac{0.077\left(\dfrac{gF}{V^2}\right)^{0.25}}{th\left[0.833\left(\dfrac{gd}{V^2}\right)^{0.375}\right]}\right\} \end{cases} \tag{5.6-7}$$

③ 我国《海港水文》(JTJ 213-1998)规范法

$$\begin{cases} \dfrac{gH_{1/3}}{V^2} = 0.005\,5\left(\dfrac{gF}{V^2}\right)^{0.35} th\left[30\dfrac{\left(\dfrac{gd}{V^2}\right)^{0.8}}{\left(\dfrac{gF}{V^2}\right)^{0.35}}\right] \\[4mm] \dfrac{gT_{1/3}}{V} = 0.55\left(\dfrac{gF}{V^2}\right)^{0.233} th^{\frac{2}{3}}\left[30\dfrac{\left(\dfrac{gd}{V^2}\right)^{0.8}}{\left(\dfrac{gF}{V^2}\right)^{0.35}}\right] \end{cases} \tag{5.6-8}$$

④ 波长的计算按照莆田公式中的规定:

$$\begin{cases} \dfrac{d}{L} \geqslant 0.5, \overline{L} = \dfrac{g\overline{T}^2}{2\pi} \\[4mm] \dfrac{d}{L} < 0.5, \overline{L} = \dfrac{g\overline{T}^2}{2\pi}th\dfrac{2\pi d}{L} \end{cases} \tag{5.6-9}$$

以上各式中:d,风区平均水深,m;F,风区长度,m;V,设计风速,m/s;$H_{1/3}$,有效波高,m;$\overline{H}$,平均波高,m;T,有效波周期,s;$\overline{T}$,平均波周期,s;$\overline{L}$,平均波长,m。

2) 底沙淤积

本计算程序底沙淤积计算采用罗肇森先生的方法,其底沙单宽输移率公式如下:

$$q_{b} = K_b\frac{\gamma\gamma_s}{\gamma_s - \gamma}\frac{1}{C_0^2}(U_{b\max} - U_c)\frac{U_b^2 V_m}{g\omega}\sin\theta \tag{5.6-10}$$

式中,q_b 为单宽输沙率,kg/(m·s^{-1});K_b 为综合输沙系数;γ_s、γ 分别为泥沙颗粒与水的重度,kg/m^3;C_0 为无尺度的谢才系数;$U_{b\max}$、U_b 分别为波浪水质点最大轨迹速度和平均轨迹速度,m/s;V_m 为波浪传质速度、风吹流速以及潮流速度三者的合成速度,m/s;θ 为 V_m 的方向与航道轴向的交角,°;U_c、ω 分别为泥沙的起动速度与沉降速度,m/s。

• 无尺度的谢才系数为

$$\begin{cases} C_0 = \dfrac{1}{n} \times h^{\frac{1}{6}}/\sqrt{g} \\[3mm] n = 0.012 + \dfrac{0.02}{h} \end{cases} \tag{5.6-11}$$

式中,h 为水深;n 是糙率。

• 沉降速度 ω

对于粉沙淤泥质泥沙,沉速可用其单颗粒泥沙沉速,选择武水公式(5.6-5)计算。对于淤泥质泥沙,沉速用絮凝沉速,可取 0.000 4 m/s。

• 泥沙的起动速度用张瑞瑾公式

$$U_c = \left(\frac{h}{d'}\right)^{0.14} \left(17.6 \frac{\gamma_s - \gamma}{\gamma}d' + 6.05 \times 10^{-7} \frac{10+h}{d'^{0.72}}\right)^{0.5} \tag{5.6-12}$$

式中:h 为水深;d' 是泥沙粒径;使用时,须将起动垂线平均速度转换到近底流速使用:

$$u_c = (1+m)a^m U_c \left(\frac{d'}{h}\right)^m \tag{5.6-13}$$

式中,m 为流速指数,取 0.14;a 取 2/3。

• 沿水深及半周期平均的波浪水质点的轨道速度

$$U_b = \frac{2H}{T}\left[1 + 4.263\left(\frac{h}{L}\right)^{1.692}\right]\frac{1}{\sinh\frac{2\pi h}{L}} \tag{5.6-14}$$

式中:H 为波高;h 为水深;T、L 分别为波周期和波长。

• 平均传质速度

$$U_t = \frac{1}{2}\frac{\pi^2 H^2}{LT}\left[1 + 57.04\left(\frac{h}{T}\right)^{2.21}\right]\frac{1}{\sinh\frac{2\pi h}{L}} \tag{5.6-15}$$

• 风吹流速度依规范确定

$$U_w = 0.03W \tag{5.6-16}$$

式中:W 为风速。

• 风吹流速度、潮流速度和波浪传质速度的合成速度由它们的矢量合成

$$V_m = |U_t| + |U_d| + |U_w| \tag{5.6-17}$$

• 波浪质点的最大轨速

$$U_{b\max} = \frac{\pi}{2}U_b \tag{5.6-18}$$

• K_b 为综合输沙系数,由下式计算

$$K_b = (0.12 \sim 0.18)d'^{0.365} \tag{5.6-19}$$

式中:d' 是泥沙粒径。

3) 浮泥淤积

风力超过 5~6 级时,若泥沙粒径 $D_{50} < 0.01$ mm,海床会产生一容重小至

1.05 t/m³ 的浮泥薄层,港区会因浮泥输移引起淤积。当输沙方向与航道有夹角 θ,浮泥单宽输移率采用罗肇森公式如下:

$$q_{sf} = M_c\left[\frac{U_{bmax}^2}{U_c^2} - 1\right]\frac{V_m}{U_b}\sin\theta \qquad (5.6\text{-}20)$$

式中,M_c 为冲刷系数,kg/m³,一般由试验来定,缺乏试验资料室时,也可由如下公式计算:

$$M_c = 1.669 \times 10^{-3}\left(\frac{\gamma}{\gamma_w}\right)^9 \qquad (5.6\text{-}21)$$

5.6.1.2　正常水动力条件粉沙淤泥质淤积计算

正常水动力条件(或较长时间的平均水动力条件)下的粉沙淤泥质海岸港区年平均淤积量同样包括悬沙淤积、底沙淤积和浮泥淤积。其中,底沙淤积和浮泥淤积参考上节,仅需要将相关公式中的粒径用加权平均粒径代替。本节仅介绍悬沙淤积的计算方法。

刘家驹假设在淤泥质和粉沙淤泥质两种海岸建设完全相同的港口,且两者的动力条件也完全一样,不同的只是泥沙因素,得出这两个港口的淤积厚度之比如图 5.6-2 所示,粉沙淤泥质淤积量远大于淤泥质或粉沙质情况。

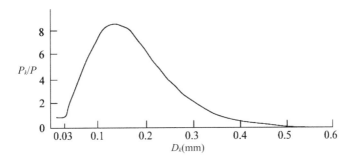

图 5.6-2　P_K/P 与 D_K 关系

P_k 表示粉沙淤泥质淤积厚度,D_k 是粉沙淤泥质泥沙的加权平均粒径。泥沙的加权平均粒径 D_k 和加权平均沉速 ω_k 可由式(5.6-22)和式(5.6-23)计算:

$$D_k = \sum_{n=1}^{n} D_n f_n \qquad 1\text{ mm} \leqslant D_{50} \leqslant 0.03\text{ mm} \qquad (5.6\text{-}22)$$

$$\omega_k = \omega_1 f_1 + \omega_2 f_2 + \cdots + \omega_n f_n = \sum_{n=1}^{n}\omega_n f_n \qquad (5.6\text{-}23)$$

式中，$\omega_1,\omega_2,\cdots,\omega_n$ 分别表示粒径为 $D_1,D_2,\cdots,D_n$ 的沉速，若 $D_1<0.03$ mm，其沉速按絮凝的沉速考虑，当泥沙单颗粒径大于或等于 0.03 mm 时在海水中难以絮凝，ω 计算采用武水公式；$f_1,f_2,\cdots,f_n$ 分别表示分组泥沙的重量百分数，表 5.6-3 所示为一实际泥沙级配案例。

表 5.6-3 粉沙淤泥质泥沙分组

分组	所占质量百分比(%)	代表粒径(mm)
f_1	40	0.03
f_2	20	0.035
f_3	20	0.042
f_4	15	0.065
f_5	5	0.15

用于淤泥质或粉沙质海岸港区悬沙淤积计算的(5.6-1)式和(5.6-2)式也可用于粉沙淤泥质海岸，不同的是，公式中的 S、γ_0、ω 应被 S_k、γ_{0k}、ω_k 所代替。淤泥质泥沙由于其黏结力强，而粗颗粒泥沙又由于其质量大，故这两种泥沙的起动流速都较大。但粉沙质泥沙的黏结力和质量都不大，故易于起动。粉沙起动呈悬沙后，其沉速又远远大于淤泥质单颗粒泥沙的沉速。根据这一基本认识，粉沙淤泥质含沙量公式如式(5.6-24)所示。

$$S_k = SF_k = S(F_1^{1/F_1}f_1 + F_2^{1/F_2}f_2 + \cdots + F_n^{1/F_n}f_n) = S\left[\sum_{n=1}^{n} F_n^{1/F_n}f_n\right]$$

$$(5.6\text{-}24)$$

式中，S 为由(5.6-4)式计算；各粒径组的修正系数 $F_n = D_m/(D_n + A/D_n)$，其中的特定粒径 $D_m = 0.11$ mm，特定面积 $A = 0.0024$ mm^2，D_n 为各泥沙分组的代表粒径（参考表 5.6-3）。类似于含沙量的讨论，确定粉沙淤泥质海岸淤积物的干密度 γ_{0k}：

$$\gamma_{0k} = \frac{2}{3}\gamma_s\left[\sum_{n=1}^{n}\left(\frac{D_n}{D_0}\right)^{0.183}f_n\right]$$

$$(5.6\text{-}25)$$

5.6.1.3 大风天淤泥质或粉沙质海岸港区 24 h 骤淤计算

大风浪天，风浪掀沙作用加剧，海床粗颗粒泥沙沿床面运移，细颗粒泥沙悬浮起来，海水含沙量剧增，港区在短时间内有可能造成严重的淤积。淤积计算参照第 5.6.1.1 节。另外，大风浪掀沙时沙粒径相对于小风天的粒径大，需要根据工程地质勘察资料，取港区海底表层泥沙中值粒径。对于有巨浪破波的极端天气下，根据刘家驹的研究,大潮破波造成的港区淤积厚度是中潮正常波的 6～57 倍,这种情况计算时难度较大,也可以考虑。

5.6.1.4　大风天粉沙淤泥质海岸港区 24 h 骤淤计算

大风浪将引起水体含沙量增大,港区淤积计算参考第 5.6.1.2 节,公式中的 S、γ_0、ω 应被 S_k、γ_{0k}、ω_k 所代替。泥沙粒径取加权平均粒径 D_k,泥沙沉速采用加权平均沉速 ω_k。对于有巨浪破波的极端天气下,根据刘家驹的研究,大潮破波造成的港区淤积厚度是中潮正常波的 6～57 倍,这种情况在极端设计条件下也可以考虑。

5.6.2　刘家驹公式河口航道泥沙回淤计算

当海岸泥沙主要属悬移质运动时,引起河口航道泥沙淤积的主要是悬沙,刘家驹公式被普遍用于以悬沙淤积为主的河口航道淤积计算。罗肇森先生在研究航道的淤积计算时还考虑了底沙和浮泥输沙,本程序通过添加底沙和浮泥输移项,拓展了刘家驹公式的应用范围,程序主界面如图 5.6-3 所示,可以计算如下淤积工况:

①　正常水动力条件(或较长时间的平均水动力条件)下的淤泥质(泥沙所有颗粒粒径<0.03 mm)海岸或粉沙质海岸(泥沙所有颗粒粒径≥0.03 mm)航道年平均淤积计算;

②　正常水动力条件(或较长时间的平均水动力条件)下的粉沙淤泥质(部分泥沙颗粒粒径<0.03 mm)海岸航道年平均淤积计算;

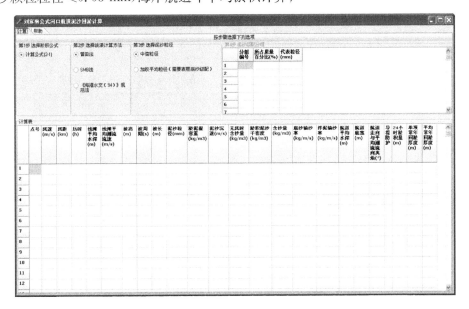

图 5.6-3　刘家驹公式航道泥沙回淤计算程序主界面

③ 大风天淤泥质或粉沙质海岸航道 24 h 骤淤计算；

④ 大风天粉沙淤泥质海岸航道 24 h 骤淤计算。

刘家驹公式航道泥沙回淤计算与上节港区淤积计算类似，其中底沙淤积和浮泥淤积完全参考上节。本节仅针对正常水动力条件(或较长时间的平均水动力条件)下的淤泥质或粉沙质海岸航道，介绍其航道悬沙淤积的计算公式：

$$P = \frac{\omega S t}{\gamma_0}\left\{K_1\left[1-\left(\frac{d_1}{d_2}\right)^3\right]\sin\theta + K_2\left[1-\frac{d_1}{2d_2}\left(1+\frac{d_1}{d_2}\right)\right]\cos\theta\right\} \quad (5.6\text{-}26)$$

式中，P 为淤泥质海岸航道淤积厚度，m；ω 为淤泥质泥沙的絮凝沉速，m/s，计算中取 $\omega=0.000\,4\sim0.000\,5$ m/s；S 为波浪和潮流共同作用下淤泥质海岸的水体平均含沙量，kg/m³；γ_0 为与粒径有关的表层淤积物的干密度，kg/m³；t 为淤积历时，s；K_1、K_2 分别为航道横流和顺流淤积系数，在缺少现场资料的情况下，取 $K_1=0.35$，$K_2=0.13$；d_1、d_2 分别为浅滩平均水深和航道开挖水深，m；θ 为航道走向与平均潮流流向夹角，°。

5.6.3 罗肇森公式河口航道泥沙回淤计算

罗肇森先生在研究航道的淤积计算时考虑悬沙、底沙和浮泥淤积，本程序以罗肇森公式为核心，程序主界面如图 5.6-4 所示，可以计算如下淤积工况：

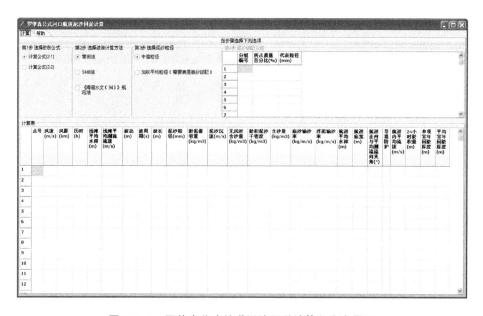

图 5.6-4 罗肇森公式航道泥沙回淤计算程序主界面

① 正常水动力条件(或较长时间的平均水动力条件)下的淤泥质(泥沙所有颗粒粒径<0.03 mm)海岸或粉沙质海岸(泥沙所有颗粒粒径≥0.03 mm)航道年平均淤积计算;

② 正常水动力条件(或较长时间的平均水动力条件)下的粉沙淤泥质(部分泥沙颗粒粒径<0.03 mm)海岸航道年平均淤积计算;

③ 大风天淤泥质或粉沙质海岸航道 24 h 骤淤计算;

④ 大风天粉沙淤泥质海岸航道 24 h 骤淤计算。

罗肇森公式航道泥沙回淤计算与上节港区淤积计算类似,本节仅针对正常水动力条件(或较长时间的平均水动力条件)下的淤泥质或粉沙质海岸航道,介绍其航道悬沙淤积的计算公式。

河口航道开挖初期的回淤厚度计算公式为:

$$P = \frac{\alpha \omega_f St}{\gamma_c}\Big[1 - \Big(\frac{d_1}{d_2}\Big)^3\Big](\cos n\theta)^{-1} \qquad (5.6\text{-}27)$$

河口航道开挖后的常年回淤厚度计算公式为:

$$P = \frac{\alpha \omega_f St}{\gamma_0}\Big[1 - \Big(\frac{V_2}{V_1}\Big)^2\Big(\frac{d_1}{d_2}\Big)\Big](\cos n\theta)^{-1} \qquad (5.6\text{-}28)$$

式中,P 为回淤厚度,m;α 为泥沙沉降机率;ω_f 为淤泥质泥沙的絮凝沉速,m/s;S 为平均含沙量,kg/m³;t 为淤积历时,s;γ_0 为泥沙的淤积干密度,kg/m³;V_1、V_2 为航道开挖前、后的流速,m/s;d_1、d_2 为航道开挖前、后的水深,m;θ 为水流方向与航道轴向的夹角,°;n 为水流跨越航道的转向系数,为计算方便,$n\theta$ 可表示为:

$$n\theta = 0.934\theta - 3.61 \qquad (5.6\text{-}29)$$

5.7 波流作用下的泥沙起动计算

河口海岸地区泥沙运动主要动力因素是波浪、潮流和径流,波浪掀沙、潮流输沙(含河流输沙)是一般河口海岸工程泥沙淤积的主要原因,所以掌握和了解波、流共同作用下的泥沙起动对于研究泥沙输移运动具有十分重要的意义,同时对海上建筑物的规划布置也十分重要。由于波、流作用的复杂性,对其计算结果进行经验判断是十分重要的,大致有如下几点可作为我们判断的标准:

① 黏性泥沙由于黏结力强,粗砂和砾卵石由于质量大,它们的起动流速都较大。只有粉沙质泥沙,它们的黏结力和质量都不大,因此起动流速小。同样,对于不同泥沙掀扬过程中,也存在这样的特性。

② 对于淤泥质海岸和砂质海岸的航道和港口,在一般海岸动力条件下,不会出现大的骤淤。对于粉沙质海岸,若无较好的人工或自然海湾掩护条件,航道和港池不仅淤强大,而且可能发生大的骤淤。

③ 无论是哪种水深,一般都是在粒径 $D=0.2$ mm 时起动波高或振动底流速最小,$D \leqslant 0.2$ mm 的泥沙,起动波高或振动底速都增大。

④ 一般水深 5 m 以内的泥沙运动相对活跃,水深超过 10 m,其底沙运动已经不明显了。

波、流共同作用下的泥沙运动相对于波浪或水流单独作用下的泥沙起动更为复杂,这方面的研究也较少。根据曹祖德的研究,波、流同向时,波、流共存的床面剪切力大于波浪和水流单独存在时两者剪切力之和。波、流异向时,波、流共存的床面剪切力小于波浪和水流单独存在时两者剪切力之和。本程序(程序界面如图5.7-1所示)已知风速、风距、水深、海滩坡度等参数,计算风浪要素,包括破波波高、破波水深,并利用刘家驹或曹祖德经验公式开展波流作用下的泥沙起动波高和起动水深计算,下面仅简单介绍刘家驹、曹祖德经验公式。

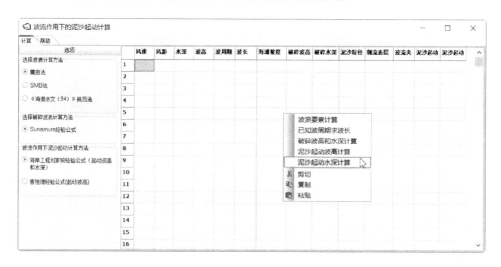

图 5.7-1　波流作用下的泥沙起动计算程序主界面

1) 改进的刘家驹泥沙起动波流公式

刘家驹根据波浪作用下沙粒在重力、水平推力、绕流上举力、渗透上举力及黏着力的滚动力矩极限平衡条件,在没有考虑潮流的情况下,得到泥沙的起动波高计算公式如下:

$$H_* = M \sqrt{\frac{Lsh\,2kd}{\pi g}\left(\frac{\rho_s - \rho}{\rho}gD + \beta\frac{\epsilon_K}{D}\right)} \qquad (5.7\text{-}1)$$

式中，H_* 为起动波高，m；L 为波长，m；d，水深为 m；k 为波数，等于 $2\pi/L$；β 为常系数，取值 0.039；$\varepsilon_K = \varepsilon/\rho = 2.56$ cm^3/s^2，ε 为黏着力系数，计算时 cm 需化为 m；D 为泥沙粒径，m，对于粒径小于 0.03 mm 的黏性泥沙，在海水中均以絮凝当量粒径 0.03 mm 代表；ρ_s 为泥沙密度，kg/m^3，天然沙密度 2.65～2.70 t/m^3；ρ 为海水密度，kg/m^3；M 为系数，受泥沙因素及沙层渗流影响的系数，采用下式计算：

$$M = 0.12\left(\frac{L}{D}\right)^{1/3} \tag{5.7-2}$$

在很多情况下，某一海区的泥沙组成及波要素已知，但不知泥沙的起动水深。这时可以将公式(5.7-1)改成以起动水深表示的形式，即：

$$d_* = \frac{L}{4\pi}arcsh\left[\frac{\pi g H^2}{M^2 L\left(\dfrac{\rho_s - \rho}{\rho}g D + \beta\dfrac{\varepsilon_K}{D}\right)}\right] \tag{5.7-3}$$

作者对刘家驹公式做了一定的变化(还需要实践检验)，加入了潮流流速的影响，将公式(5.7-1)变化为：

$$H_* = \sqrt{\frac{L sh\,2kd}{\pi g}}\left[M\sqrt{\left(\frac{\rho_s - \rho}{\rho}g D + \beta\frac{\varepsilon_K}{D}\right)} - u_c\right] \tag{5.7-4}$$

式中，u_c 为纯水流作用下的泥沙作用底流速，取泥沙表层 0.5 mm 高处流速为泥沙作用流速。根据该公式可以反推起动水深。

2) 曹祖德波流作用下的泥沙起动

曹祖德以无黏性沙样试验结果为基础，导出波流作用下的泥沙起动波高和起动水深计算公式，适用于粉沙和细沙。

• 当 $Re_d < 3.2$ 时，即 $D_{50} < 0.217$ mm 时(层流边界层)

$$\begin{cases} H = \dfrac{T\sinh\left(\dfrac{2\pi h}{L}\right)}{\pi}\sqrt{0.029d^{-0.08} - u_c^2} \\ h = \dfrac{L}{2\pi}arcsh\left(\dfrac{\pi H}{T\sqrt{0.029d^{-0.08} - u_c^2}}\right) \end{cases} \tag{5.7-5}$$

• 当 $Re_d \geqslant 3.2$ 时，即 $D_{50} \geqslant 0.217$ mm 时(过渡及紊流边界层)

$$\begin{cases} H = \dfrac{T\sinh\left(\dfrac{2\pi h}{L}\right)}{\pi}\sqrt{270d - u_c^2} \\ h = \dfrac{L}{2\pi}arcsh\left(\dfrac{\pi H}{T\sqrt{270d - u_c^2}}\right) \end{cases} \tag{5.7-6}$$

式中，H 为波高，m；L 为波长，m；T 为波周期，s；h 为水深，m；d 为泥沙粒径，m；u_c 为纯水流作用下的泥沙作用底流速，m/s。

5.8 船舶模型六自由度三维仿真

参考图 5.8-1，船舶在波浪作用下的运动可以分解成绕 x、y、z 轴的旋转运动和沿 x、y、z 向的平移运动（共 6 个自由度），分别称为横摇（横倾）、纵摇（纵倾）、首摇（转首）以及进退（纵荡）、横移（横荡）、升沉（垂荡）。船舶六自由度运动量是船舶耐波特性研究的重要内容，也是码头等靠船结构设计的重要依据。

船舶六自由度运动特性常通过室内波浪港池的船模试验来研究，图 5.8-2 所示为某船模六自由度运动试验量测数据，该数据由船模 6 分量运动测定仪提供：数据文件第 1 行为采样起始时间（采样频率是固定的），第 2 行开始的第 2 列至第 7 列是船模的六自由度运动数据。本程序采用 GLScene 技术，载入数据文件（也可在线通过串口读取试验测量设备数据），仿真这些自由度的复合运动。

程序界面如图 5.8-3 所示，核心代码见附录 C。由于案例 5.8-2 所示的数据是绝对量，不能直接使用，程序中自动按"每列数据-该列平均数值"作为实际使用数据，实际使用数据随机的分布在 0 线上下，本仿真平台可以回放船模位移和转角的运动轨迹（图 5.8-4，图 5.8-5）。

```
*** 10:27  4-28-2009 ***
01  66.56  -1.98  4.23  89.59  7.32  90.20
01  66.56  -1.98  4.23  89.58  7.32  90.20
01  66.55  -1.98  4.23  89.59  7.31  90.21
01  66.55  -1.98  4.22  89.59  7.31  90.21
01  66.55  -1.98  4.23  89.59  7.31  90.21
01  66.55  -1.98  4.23  89.59  7.31  90.21
01  66.55  -1.97  4.23  89.60  7.32  90.21
01  66.55  -1.97  4.23  89.60  7.32  90.21
01  66.55  -1.97  4.23  89.61  7.32  90.22
01  66.55  -1.97  4.23  89.60  7.31  90.21
01  66.55  -1.98  4.23  89.59  7.31  90.21
01  66.55  -1.97  4.23  89.60  7.31  90.22
01  66.55  -1.97  4.23  89.59  7.31  90.22
01  66.54  -1.97  4.23  89.60  7.31  90.22
01  66.54  -1.97  4.22  89.60  7.31  90.23
01  66.54  -1.97  4.23  89.60  7.31  90.23
01  66.54  -1.97  4.23  89.60  7.31  90.22
01  66.54  -1.97  4.23  89.60  7.31  90.22
01  66.54  -1.97  4.23  89.60  7.31  90.22
01  66.54  -1.97  4.23  89.60  7.31  90.23
```

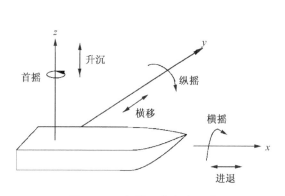

图 5.8-1　船舶六自由度运动　　　图 5.8-2　船模六自由度运动试验测量数据

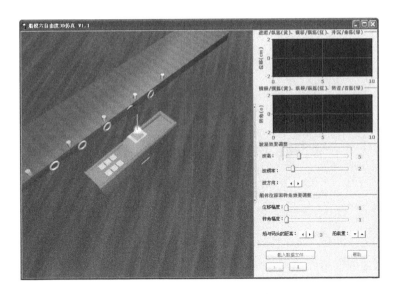

图 5.8-3 船模六自由度 3D 仿真程序

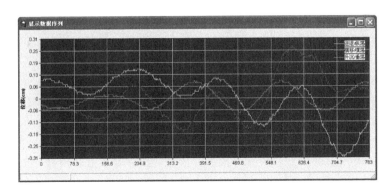

图 5.8-4 船模平移运动轨迹显示

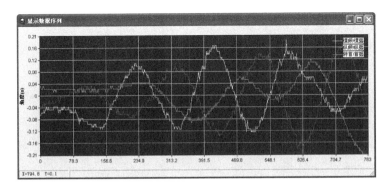

图 5.8-5 船模旋转运动轨迹显示

附录 A

贴体正交曲线网格代码

依据 4.1 节贴体正交曲线网格生成算法,给出贴体正交曲线网格生成代码。所用的案例区域如附图 A-1 所示,该图边界已经按逆时针排序,并编为 1、2、3、4 号,其中 1 号有 11 个节点(矩形点),2 号有 21 个节点,3 号和 4 号都只有 2 个节点。去掉公共点,合计 32 个点。附图 A-2 为本案例贴体正交网格生成结果。

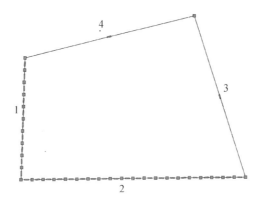

附图 A-1   一个简单的案例

首先定义以下变量:

① $k1$、$k2$、$k3$、$k4$:integer,依次存储每条边的节点数,$k1=11$、$k2=21$、$k3=2$、$k4=2$;

② $stz1$,$stz2$:T1D,依四条边次序存储边界节点的 x、y 坐标,去掉重复点,见附表 A-1;

③ 为了区分 $stz1$、$stz2$ 中节点属于哪条边界,定义 $n1$、$n2$、$n3$、$n4$:integer,$n1=1$、$n2=k1=11$、$n3=k1+k2-1=31$、$n4=k1+k2+k3-2=32$,其中 $n1-n2$ 代表 $stz1$、$stz2$ 数组中的 1—11 号属于第 1 条边界,$n2-n3$ 代表属于第 2 条边界,$n3-n4$ 代表属于第 3 条边界,$n4-n1$ 代表属于第 4 条边界。

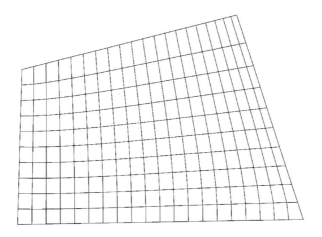

附图 A-2 本案例贴体正交网格生成结果

附表 A-1 物理区域边界节点坐标存储数组

数组索引	stz1	stz2
1	21.712 802 77	70.761 245 67
2	21.608 996 54	67.422 145 33
3	21.505 190 31	64.083 044 98
4	21.401 384 08	60.743 944 64
5	21.297 577 85	57.404 844 29
6	21.193 771 63	54.065 743 94
7	21.089 965 4	50.726 643 6
8	20.986 159 17	47.387 543 25
9	20.882 352 94	44.048 442 91
10	20.778 546 71	40.709 342 56
11	20.674 740 48	37.370 242 21
12	23.823 529 41	37.413 494 81
13	26.972 318 34	37.456 747 4
14	30.121 107 27	37.5
15	33.269 896 19	37.543 252 6
16	36.418 685 12	37.586 505 19
17	39.567 474 05	37.629 757 79

数组索引	stz1	stz2
18	42.716 262 98	37.673 010 38
19	45.865 051 9	37.716 262 98
20	49.013 840 83	37.759 515 57
21	52.162 629 76	37.802 768 17
22	55.311 418 69	37.846 020 76
23	58.460 207 61	37.889 273 36
24	61.608 996 54	37.932 525 95
25	64.757 785 47	37.975 778 55
26	67.906 574 39	38.019 031 14
27	71.055 363 32	38.062 283 74
28	74.204 152 25	38.105 536 33
29	77.352 941 18	38.148 788 93
30	80.501 730 1	38.192 041 52
31	83.650 519 03	38.235 294 12
32	69.117 647 06	82.352 941 18

1) 保角变换子程序：z1，z2：array of real，输入前述的物理区域边界节点数组变量 stz1、stz2，输出时 stz1、stz2 存储数据变为对应的矩形计算区域的边界节点；N，N1，N2，N3，N4：integer，分别代表总的边界节点数，本例为 32，N1、N2、N3、N4 即前述用于数组分解的 n1、n2、n3、n4。注意：Delphi 变量不区分大小写。

```
procedure rect(var z1,z2:array of real;var N,N1,N2,N3,N4:integer);
var
z01,z02,zd1,zd2,a1,a2,b1,b2,sum:real;
big:integer;
r,t,mn,d,up,down,c:array of real;
alpha, pwr, pmin,pmax, tp,x,y:real;
i, j, k, im, ip,id,m,gg:integer;
boo:boolean;
begin
setlength(r,n+1); setlength(t,n+1);
for i:=1 to n do
```

```
begin

application. ProcessMessages;

im:= N−((N−i+1) mod N);        //Index of previous point

ip:= 1+(i mod N);               //Index of next point

a1:=z1[im]−z1[i]; a2:=z2[im]−z2[i];

b1:=z1[ip]−z1[i]; b2:=z2[ip]−z2[i];

if b1 * b1+b2 * b2<>0 then

    begin

    zd1:=(a1 * b1+a2 * b2)/(b1 * b1+b2 * b2);

    zd2:=(a2 * b1−a1 * b2)/(b1 * b1+b2 * b2);

    end

    else

    begin

    zd1:=(a1 * b1+a2 * b2)/sqrt(1e−25);

    zd2:=(a2 * b1−a1 * b2)/sqrt(1e−25);

    end;

x:=zd1; y:=zd2;

alpha:=arctan2(zd2,zd1);

if alpha<0 then alpha:=alpha+pi+pi;

if alpha = 0 then alpha := sqrt(2.2204e−16);

pwr:= pi/alpha;

boo:=false;

boo:=(i<>N1) and (i<>N2) and (i<>N3) and (i<>N4);

if not boo then

    begin

    a1:=z1[im]−z1[i]; a2:=z2[im]−z2[i];

    if   a1 * a1+a2 * a2<>0 then

        begin

        zd1:=a1/sqrt(a1 * a1+a2 * a2);

        zd2:=a2/sqrt(a1 * a1+a2 * a2);

        end

    else

    begin

    zd1:=1;

    zd2:=0;

    end;

    for j:=1 to N  do
```

```
          begin
          a1:=z1[j];a2:=z2[j];
          b1:=zd1;b2:=zd2;
          z1[j]:=-1*(a2*b1-a1*b2)/(b1*b1+b2*b2); z2[j]:=(a1*b1+a2*b2)/
(b1*b1+b2*b2);
          end;
          pwr:=pwr/2;
          end;
     tp:= 0;
     for j:=2 to n do
          begin
          id:=(j+i-2) mod n;
          id:=id+1;
          zd1:=z1[id]-z1[i]; zd2:=z2[id]-z2[i];
          r[j]:= sqrt(zd1*zd1+zd2*zd2); t[j]:= arctan2(zd2,zd1)-pi-pi-pi-pi-pi-pi;
          end;
     pmin:=t[1];pmax:=t[1];
     m:=length(t)-1;
     setlength(mn,m+1);
     for j:=1 to n do
          begin
          pmax:=max(pmax,t[j]);
          pmin:=min(pmin,t[j]);
          end;
     for j:=1 to n do
          begin
          mn[j]:=pmin;
          k:= trunc((t[j]-mn[j])/(2*pi));
          t[j]:=(t[j]-mn[j])-k*2*pi+mn[j];
          end;
setlength(d,1);
setlength(d,length(d)+1);
d[length(d)-1]:=t[1];
for j:=1 to n-1 do
     begin
     setlength(d,length(d)+1);
     d[length(d)-1]:=t[j+1]-t[j];
```

```
   end;
setlength(up,m+1); setlength(down,m+1);
for j:=1 to n do
   begin
   if d[j]>pi then up[j]:=1
   else
   up[j]:=0;
   if d[j]<=-1 * pi then down[j]:=1
   else
   down[j]:=0;
   end;
setlength(c,m+1);
for j:=1 to n do c[j]:=(down[j]-up[j]);
for j:=2 to n do c[j]:=c[j]+c[j-1];
for j:=1 to n do t[j]:=t[j]+c[j] * 2 * pi;
pmin:=t[2] * pwr;
pmax:=t[2] * pwr;
for j:=2 to n do
   begin
   pmax:=max(pmax,t[j] * pwr);
   pmin:=min(pmin,t[j] * pwr);
   end;
if pmax<>pmin then pwr:=min(pwr,1.98 * pi * pwr/(pmax-pmin));
z1[i]:=0; z2[i]:=0;
for j:=2 to n do
   begin
   id:=(j+i-2) mod n;
   id:=id+1;
   z1[id]:=power(r[j],pwr) * cos(t[j] * pwr);
   z2[id]:=power(r[j],pwr) * sin(t[j] * pwr);
   end;
a1:=z1[n2]-z1[n1]; a2:=z2[n2]-z2[n1];
zd1:=a1/(a1 * a1+a2 * a2); zd2:=-1 * a2/(a1 * a1+a2 * a2);
z01:= z1[N1]; z02:= z2[N1];
for j:=1 to N do
   begin
   a1:=z1[j]-z01; a2:=z2[j]-z02;
```

```
b1:=zd1;b2:=zd2;
z1[j]:=a1 * b1-a2 * b2; z2[j]:=a2 * b1+a1 * b2;
end;
end;
end;
```

2) 分段三次埃尔米特插值子程序:已知插值节点一维实数型数组 x 和对应的节点函数值数组 y,首先求解插值节点的导数 m(子程序 hermite1),进而根据 x、y、m 求解任意 dx 对应的 dy 值(子程序 hermite2),函数 FUNC 综合应用 hermite1 和 hermite2 进行任意点的插值计算。

```
procedure hermite1(var x,y,m:T1D);   //三次 hermite 多项式插值节点导数(x 必须单调)
var
xx,yy,h,t,d,u:T1D;
n,i,k:integer;
w1,w2:real;
begin
n:=length(x)-1;
if n=2 then
  begin
  m[1]:=(y[2]-y[1])/(x[2]-x[1]); m[2]:=m[1];
  exit;
  end;
setlength(h,n); setlength(t,n); setlength(d,n); setlength(u,n+1-2);
for k:=1 to n-1 do
  begin
  h[k]:=x[k+1]-x[k];
  t[k]:=(y[k+1]-y[k])/h[k];
  end;
for k:=1 to n-2 do
  begin
  if t[k] * t[k+1]<=0 then
  d[k]:=0
  else begin
      w1:=2 * h[k+1]+h[k]; w2:=h[k+1]+2 * h[k];
      d[k]:=(w1+w2)/(w1/t[k]+w2/t[k+1]);
      end;
  end;
for i:=2 to n-1 do m[i]:=d[I-1];
```

m[1]:=(y[2]-y[1])/h[1]; m[n]:=(y[n]-y[n-1])/h[n-1];

end;

procedure hermite2(var x,y,m:T1D;var dx,dy:real);

var

h:T1D;

n,i,j,k:integer;

xie:real;

boo:boolean;

begin

n:=length(x)-1;

setlength(h,n);

for k:=1 to n-1 do

h[k]:=x[k+1]-x[k];

if (dx-x[1]) * (dx-x[2])<= 1e-34 then //两端采用线性插值

    begin

    xie:=(y[2]-y[1])/(x[2]-x[1]);

    dy:=xie * dx+(y[1]-xie * x[1]);

    end;

if (dx-x[n-1]) * (dx-x[n])<= 1e-34 then //两端采用线性插值

    begin

    xie:=(y[n]-y[n-1])/(x[n]-x[n-1]);

    dy:=xie * dx+(y[n-1]-xie * x[n-1]);

    end;

for k:=1 to n do

if (dx-x[k]) * (dx-x[k+1])<= 1e-34 then

    begin

    dy:=(1+2 * (dx-x[k])/h[k]) * sqr((dx-x[k+1])/h[k]) * y[k]

        +(1-2 * (dx-x[k+1])/h[k]) * sqr((dx-x[k])/h[k]) * y[k+1]

        +(dx-x[k]) * sqr((dx-x[k+1])/h[k]) * m[k]

        +(dx-x[k+1]) * sqr((dx-x[k])/h[k]) * m[k+1];

    break;

    end;

end;

function FUNC(var xa,ya,m:T1D;var x:real):real;

var

```
y:real;
begin
hermite2(xa,ya,m,x,y);
result:=y;
end;
```

3) 控制方程组（4.1-1）超松弛法求解程序，该程序采用何光渝、雷群《Delphi常用数值算法集》中的"解边界问题的松弛法"，详见该书 634 页，代码转摘如下：

```
procedure SOR(A,B,C,D,E,F:T2D; var U:T2D; JMAX1,JMAX2,MAXITS:integer;
RJAC:real;var id:integer);
const
    EPS = 0.0001; ZERO = 0; HALF = 0.5;
    QTR = 0.25;    ONE = 1;
var
    J,N,L,mmm:integer;   ANORMF,OMEGA,ANORM,AAA,BBB,RESID:real;
begin
    id:=1;
    ANORMF:= ZERO;
    For J:=2 To JMAX1-1 do
    begin
        For L:=2 To JMAX2-1 do
            ANORMF:=ANORMF+Abs(F[J,L]);
    end;
    OMEGA:=ONE;
    mmm:=0;
    For N:=1 To MAXITS do
    begin
    application.ProcessMessages;
    mmm:=mmm+1;
    if mmm=50 then
    begin
    mmm:=0;
    end;
        ANORM:=ZERO;
        For L:=2 To JMAX1-1 do
        begin
            For J:=2 To JMAX2-1 do
            begin
```

```
            If ((J+L) Mod 2) = (N Mod 2) Then
                begin
                AAA:=A[L, J] * U[L, J+1]+B[L, J] * U[L, J-1];
                BBB:=C[L, J] * U[L+1, J]+D[L, J] * U[L-1, J];
                RESID:=AAA+BBB+E[L, J] * U[L, J]-F[L, J];
                ANORM:=ANORM+Abs(RESID);
                U[L, J]:=U[L, J]-OMEGA * RESID / E[L, J];
                end;
                end;
        end;
        If N = 1 Then
            OMEGA:=ONE / (ONE-HALF * RJAC * RJAC)
        Else
            OMEGA:=ONE / (ONE-QTR * RJAC * RJAC * OMEGA);
        If (N > 1) And (ANORM <= EPS ) Then Exit;
    end;
  id:=1;
end;
```

4）贴体正交曲线网格求解主程序：输出 1 时表示网格生成成功，0 表示失败。变量 gridx、gridy 存储贴体正交网格节点。

```
function TForm1. bosonggengrid(varstz1, stz2:T1D; var gridx, gridy:T2D):integer;
var
i,j,k1,k2,k3,k4:integer;
x1,y1,x2,y2:real;
n,n1,n2,n3,n4:integer;
s1,s2,s3,s4,s1x,s2x,s3x,s4x:T1D;
t1,t2,t3,t4,t1y,t2y,t3y,t4y:T1D;
fff1,fff2:t1D;
guitem1,guitem2,jiami,diedaishu:integer;
straightness,d,dc,a,b:real;
iteration,num:integer;
ztemp1,ztemp2:T1D;
ctemp:T1I;
sum:real;
ds,dt:real;
hang,lie,jmax1,jmax2:integer;
AA,BB,CC,DD,EE,FF,UX,UY:T2D;
```

```
mx,my:T1D;
RJAC:real;
uss,utt,ss,tt,mttx,mtty:T1D;
qius,qiut:real;
L,M:INTEGER;
fname:string;
MAXITS:integer;//迭代数量
begin
result:=0;
memo1.Clear;//Delphi 的 Memo 类型控件,用于文字显示
k1:=11;k2:=21;k3:=2;k4:=2;
setlength(s1,k1+1);setlength(t1,k1+1);setlength(s1x,k1+1);setlength(t1y,k1+1);//
边界1
setlength(s2,k2+1);setlength(t2,k2+1);setlength(s2x,k2+1);setlength(t2y,k2+1);
//边界2
setlength(s3,k3+1);setlength(t3,k3+1);setlength(s3x,k3+1);setlength(t3y,k3+1);
//边界3
setlength(s4,k4+1);setlength(t4,k4+1);setlength(s4x,k4+1);setlength(t4y,k4+1);
//边界4
n1:=1;n2:=k1;n3:=k1+k2-1;n4:=k1+k2+k3-2;
for i:=1 ton2 do
  begin
  s1x[i]:= stz1[n];t1y[i]:=stz2[n];
  end;
for i:=n2 to n3 do
  begin
  s2x[i]:= stz1[n];t2y[i]:=stz2[n];
  end;
s3x[1]:= stz1[32];t3y[1]:=stz2[32];//边界3对应边界1的节点顺序从上到下存储
节点
s3x[2]:= stz1[31];t3y[2]:=stz2[31];
s4x[1]:= stz1[1];t4y[1]:=stz2[1];//边界4对应边界2的节点顺序从左到右存储节点
s4x[2]:= stz1[32];t4y[2]:=stz2[32];
num:=32;//本例边界有32个节点
iteration:= 0;
straightness:= 0;
while ((abs(1-straightness)>1e-9) and (iteration <= 2*(k1+k2+k3+k4)))  do
```

```
begin
application. ProcessMessages;
rect(stz1,stz2, num, n1, n2, n3, n4);
setlength(ztemp1,num+2);
setlength(ztemp2,num+2);
for i:=1 to num do
  begin
  ztemp1[i]:=stz1[i]; ztemp2[i]:=stz2[i];
  end;
  ztemp1[num+1]:= ztemp1[1];
ztemp2[num+1]:= ztemp2[1];
setlength(ctemp,6);
ctemp[1]:=n1;ctemp[2]:=n2;ctemp[3]:=n3;ctemp[4]:=n4;ctemp[5]:=length
(ztemp1)-1;
d:=0;
for i:=1 to num do
  begin
  a:=ztemp1[i+1]-ztemp1[i];b:=ztemp2[i+1]-ztemp2[i];
  d:=d+sqrt(a*a+b*b);
  end;
dc:=0;
for i:=1 to 4 do
  begin
  a:=ztemp1[ctemp[i+1]]-ztemp1[ctemp[i]];b:=ztemp2[ctemp[i+1]]-ztemp2
[ctemp[i]];
  dc:=dc+sqrt(a*a+b*b);
  end;
  straightness:= dc/d;
  iteration:=iteration+1;
  memo1. Lines. Add('保角变换次数='+inttostr(iteration)+';完成= '+floattostr(100
*straightness)+' %');
  end;
if iteration=2*(k1+k2+k3+k4)+1 then
  begin
  memo1. Lines. Add('保角变化失败');
  exit;
  end;
```

```
memo1. Lines. Add('开始网格迭代计算');
num:=0;
for i:=1 to k1 do
   begin
   num:=num+1;
   s1[i]:=ztemp1[num];
   t1[i]:=0;
   end;
s1[1]:=0;s1[k1]:=1;
num:=num-1;
for i:=1 to k2 do
   begin
   num:=num+1;
   s2[i]:=1;t2[i]:=ztemp2[num];
   end;
t2[1]:=0;
num:=num-1;
sum:=0;
for i:=K3 downto 1 do
   begin
   num:=num+1;
   s3[i]:=ztemp1[num];
   sum:=sum+ztemp2[num];
   end;
sum:=sum/k3;
for i:=1 to k3 do
t3[i]:=sum;
s3[1]:=0;s3[k3]:=1;
t2[k2]:=sum;
num:=num-1;
for i:=k4 downto 2 do
   begin
   num:=num+1;
   s4[i]:=0;t4[i]:=ztemp2[num];
   end;
t4[k4]:=sum;
s4[1]:=0;t4[1]:=0;
```

```
guitem1：＝1；//固定边界 1
guitem2：＝2；//固定边界 2
if guitem1＝1 then jmax1：＝k1 else jmax1：＝k3；
if guitem2＝2 then jmax2：＝k2 else jmax2：＝k4；
jiami：＝3；//加密倍数 3
diedaishu：＝2000；// 迭代次数 2000
lie：＝jiami * jmax1；hang：＝jiami * jmax2；
ds：＝1/(lie－1)；dt：＝sum/(hang－1)；
//SOR 求解
SetLength(AA,hang＋1,lie＋1)；SetLength(BB,hang＋1,lie＋1)；SetLength(CC,hang＋1,lie＋1)；
SetLength(DD,hang＋1,lie＋1)；SetLength(EE,hang＋1,lie＋1)；SetLength(FF,hang＋1,lie＋1)；
SetLength(UX,hang＋1,lie＋1)；SetLength(UY,hang＋1,lie＋1)；
for i：＝1 to HANG do
for j：＝1 to LIE do
  BEGIN
  AA[I,J]：＝1/(DS * DS)；BB[I,J]：＝1/(DS * DS)；
  CC[I,J]：＝1/(DT * DT)；DD[I,J]：＝1/(DT * DT)；
  EE[I,J]：＝－2/(DS * DS)－2/(DT * DT)；
  ux[i,j]：＝0；uy[i,j]：＝0；
  FF[I,J]：＝0；
  END；
N：＝length(s1)－1；
setlength(mx,n＋1)；hermite1(s1,s1x,mx)；
setlength(my,n＋1)；hermite1(s1,t1y,my)；
UX[1,1]：＝s1x[1]；UY[1,1]：＝t1y[1]；
sum：＝0；
for i：＝1 to lie－2 do
  begin
  sum：＝ds * i；
  UX[1,i＋1]：＝FUNC(s1,s1x,mx,sum)；UY[1,i＋1]：＝FUNC(s1,t1y,my,sum)；
  end；
UX[1,lie]：＝s1x[k1]；UY[1,lie]：＝t1y[k1]；
N：＝length(s3)－1；
setlength(mx,n＋1)；hermite1(s3,s3x,mx)；
setlength(my,n＋1)；hermite1(s3,t3y,my)；
```

```
UX[hang,1]:=s3x[1];UY[hang,1]:=t3y[1];
sum:=0;
for i:=1 to lie-2 do
  begin
  sum:=ds*i;
  UX[hang,i+1]:=FUNC(s3,s3x,mx,sum);UY[hang,i+1]:=FUNC(s3,t3y,my,
sum);
    end;
  UX[hang,lie]:=s3x[k3];UY[hang,lie]:=t3y[k3];
  N:=length(s2)-1;
  setlength(mx,n+1);hermite1(t2,s2x,mx);
  setlength(my,n+1);hermite1(t2,t2y,my);
  sum:=0;
  for i:=1 to hang-2 do
    begin
    sum:=dt*i;
    UX[I+1,lie]:=FUNC(t2,s2x,mx,sum);UY[I+1,lie]:=FUNC(t2,t2y,my,sum);
    end;
  N:=length(s4)-1;
  setlength(mx,n+1);hermite1(t4,s4x,mx);
  setlength(my,n+1);hermite1(t4,t4y,my);
  sum:=0;
  for i:=1 to hang-2 do
    begin
    sum:=dt*i;
    UX[I+1,1]:=FUNC(t4,s4x,mx,sum);UY[I+1,1]:=FUNC(t4,t4y,my,sum);
    end;
  MAXITS:=diedaishu;//本例等于2000
  RJAC:=COS(PI/LIE)+(DS*DS/(DT*DT))*COS(PI/HANG);
  RJAC:=RJAC/(1+(DS*DS/(DT*DT)));
  SOR(AA,BB,CC,DD,EE,FF,UX,hang,LIE,MAXITS,RJAC,i);
  if i=0 then
    begin
    memo1.Lines.Add('网格生成被终止');
    exit;
    end;
  for i:=1 to HANG do
```

```
for j:=1 to LIE do
  BEGIN
    AA[I,J]:=1/(DS * DS);BB[I,J]:=1/(DS * DS);
    CC[I,J]:=1/(DT * DT);DD[I,J]:=1/(DT * DT);
    EE[I,J]:=-2/(DS * DS)-2/(DT * DT);FF[I,J]:=0;
  END;
RJAC:=COS(PI/LIE)+(DS * DS/(DT * DT)) * COS(PI/HANG);
RJAC:=RJAC/(1+(DS * DS/(DT * DT)));
SOR(AA,BB,CC,DD,EE,FF,UY,hang,LIE,MAXITS,RJAC,i);
if i=0 then
  begin
    memo1.Lines.Add('网格生成被终止');
    exit;
  end;
memo1.Lines.Add('网格迭代计算结束,开始插值计算');
if guitem1=1 then
  begin
    n1:=k1;
    setlength(ss,k1+1);
    for i:=1 to k1 do ss[i]:=s1[i];
  end
  else
  begin
    n1:=k3;
    setlength(ss,k3+1);
    for i:=1 to k3 do ss[i]:=s3[i];
  end;
if guitem2=2 then
  begin
    n2:=k2;
    setlength(tt,k2+1);
    for i:=1 to k2 do tt[i]:=t2[i];
  end
  else
  begin
    n2:=k4;
    setlength(tt,k4+1);
```

```
    for i:=1 to k4 do tt[i]:=t4[i];
  end;
setlength(uss,lie+1);setlength(utt,hang+1);
for i:=0 to lie-1 do uss[i+1]:=ds * i;
uss[lie]:=ss[n1];
for i:=0 to hang-1 do utt[i+1]:=dt * i;
utt[hang]:=tt[n2];
setlength(gridx,n2+1,n1+1);setlength(gridy,n2+1,n1+1);
Memo1.Lines.Add('');
memo1num:=Memo1.Lines.Count-1;
FOR L:=1 TO N1 do
  begin
  qius:=ss[L];
  setlength(mttx,hang+1);
  setlength(mtty,hang+1);
  for i:=1 to hang do
    begin
    N:=lie;
    setlength(mx,n+1);setlength(fff1,n+1);
    for j:=1 to n do
    fff1[j]:=UX[i,j];
    hermite1(uss,fff1,mx);
    setlength(my,n+1);setlength(fff2,n+1);
    for j:=1 to n do fff2[j]:=UY[i,j];
    hermite1(uss,fff2,my);
    mttx[i]:=FUNC(uss,fff1,mx,qius);mtty[i]:=FUNC(uss,fff2,my,qius);
    end;
  for i:=1 to n2 do
    begin
    qiut:=tt[i];
    N:=hang;
    setlength(mx,n+1);hermite1(utt,mttx,mx);
    setlength(my,n+1);hermite1(utt,mtty,my);
    gridx[i,L]:=FUNC(utt,mttx,mx,qiut);gridy[i,L]:=FUNC(utt,mtty,my,qiut);
    end;
  Memo1.Lines.Strings[memo1num]:=formatfloat('0.00',100 * L/N1)+' %';
  end;
```

278

```
if guitem1=1 then
  begin
  for i:=1 to k1 do
    begin
    gridx[1,i]:=s1x[i];
    gridy[1,i]:=t1y[i];
    end;
  end
  else
  begin
  for i:=1 to k3 do
    begin
    gridx[n2,i]:=s3x[i];
    gridy[n2,i]:=t3y[i];
    end;
  end;
if guitem2=2 then
  begin
  for i:=1 to k2 do
    begin
    gridx[i,n1]:=s2x[i];
    gridy[i,n1]:=t2y[i];
    end;
  end
  else
  begin
  for i:=1 to k4 do
    begin
    gridx[i,1]:=s4x[i];
    gridy[i,1]:=t4y[i];
    end;
  end;
result:=1;
end;
```

5) 基于 VeCAD 的贴体正交曲线网格绘图程序。

```
procedure TForm1. huizhimesh(var gridx,gridy:T2D);
var
```

```
szLayerName : array[0..100] of char;
InputString,tmpstr:string;
i,n,m,J:integer;
hLayer,hObj,hPtr,hEntity,Id:integer;
x,y:double;
label 999;
begin
//处理贴体正交曲线网格图层
999:
InputString:='';
while InputString='' do
  begin
  InputString:=InputBox('网格保存在图层:','','');
  end;
StrPcopy(szLayerName,trim(InputString));
hLayer := CadGetLayerByName( hDwg, szLayerName );
if (hLayer=0) then
// the layer don't exist, create it
  hLayer := CadAddLayer( hDwg, szLayerName, 0, 0, CAD_LWEIGHT_DEFAULT )
  else
  begin
  tmpstr:='指定的图层已存在,继续操作将自动删除原先该图层上存在的图形'+#13+
#10+#13+#10+'      选择【是】继续操作,选择【否】重新指定新图层';
  if messagebox(handle,pchar(tmpstr),'提示',MB_YESNO)=IDNO   then
  goto 999;
  end;
CadSetCurLayer( hDwg,hLayer);
//删除图层上所有对象
hEntity:=CadLayerGetFirstEntity( hLayer );
while hEntity<>0 do   // loop until hPtr is non-zero
  begin
  CadEntityErase( hEntity,1 );
  hEntity:=CadLayerGetNextEntity(hLayer, hEntity );
  end;
n:=length(gridx)-1;
m:=length(gridx[1])-1;
for i:=1 to n do
```

```
    begin
    application. ProcessMessages;
    CadClearVertices( );
    for j: = 1 to m do
      begin
      x: = gridx[i,j];
      y: = gridy[i,j];
      CadAddVertex(x,y, 0 );
      end;
    CadAddPolyline( hDwg, CAD_PLINE_LINEAR, CAD_FALSE );
    end;
CadUpdate( hDwg );
for i: = 1 to m do
  begin
  application. ProcessMessages;
  CadClearVertices( );
  for j: = 1 to n do
    begin
    x: = gridx[j,i];
    y: = gridy[j,i];
    CadAddVertex(x,y, 0 );
    end;
  CadAddPolyline( hDwg, CAD_PLINE_LINEAR, CAD_FALSE );
  end;
CadUpdate( hDwg );
end;
```

附录 B

三角形无结构网格代码

依据 4.2 节三角形无结构网格生成算法,给出对应的生成代码。所用的案例区域如附图 B-1 左所示,该图有内外两条边界。附图 B-1 右为本案例三角形无结构网格生成结果。

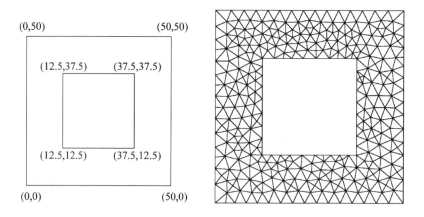

附图 B-1　一个简单的案例(左,物理区域;右,生成结果)

首先定义以下变量:

① node:T2D,二维数组,存储边界节点坐标,本例中,合计 8 个边界节点,二维数组存储数值见附表 B-1,这里不区分顺时针或逆时针排序,依次把所有边界的节点存入即可,边界的次序也不区分。

附表 B-1　边界节点 node 存储数组

节点编号	数组索引		node x 坐标	数组索引		node y 坐标
1	1	1	0	1	2	0
2	2	1	0	2	2	50

（续表）

节点编号	数组索引		node x 坐标	数组索引		node y 坐标
3	3	1	50	3	2	50
4	4	1	50	4	2	0
5	5	1	12.5	5	2	12.5
6	6	1	37.5	6	2	12.5
7	7	1	37.5	7	2	37.5
8	8	1	12.5	8	2	37.5

② edge：T2I，二维数组，存储边界线的节点组成，每两个节点之间算一条边界线，本例边界线是 8 条，见附表 B-2。

附表 B-2　边界线 edge 存储数组

边界线编号	数组索引		edge 首节点	数组索引		edge 尾节点
1	1	1	1	1	2	2
2	2	1	2	2	2	3
3	3	1	3	3	2	4
4	4	1	1	4	2	4
5	5	1	5	5	2	6
6	6	1	6	6	2	7
7	7	1	7	7	2	8
8	8	1	5	8	2	8

③ hmax：real，设置全局单元最大尺寸，本例取 2。

④ hdata_edgeh：T2D，指定边界上单元最大尺寸，二维数组，数组的第一列是边界的编号，参考附表 B-2，第二列是尺寸数值，本例简化不考虑；hdata_bedgeh：boolean，是否使用边界单元尺寸控制，本例选择 false。

⑤ fun：integer，0 没有加密区域；1 为简易加密区域，设计变量 hdata_args：T1D，合计 5 个数组元素，前 2 个依次存储 x 坐标上限 x_1 和下限 x_2，紧接着 2 个依次存储 y 坐标的上限 y_1 和下限 y_2，第 5 个数组存储该区域最大尺寸 h_0；2 为较复杂加密区域，设计了两个存储变量，hdata_shpsid：T1I，该数组存放 VeCAD 封闭的加密图形句柄（封闭的多段线），shpsfun：T1D，该数组存储对应的尺寸数值；本例以上不考虑，取 fun＝0。

⑥ mlim，dhmax：real，前者是迭代收敛控制因子，本例取 0.05；后者是单元尺寸梯度变化因子，本例取 0.1。

⑦ maxit：integer，计算迭代次数，本例取 20。

⑧ p：T2D；var t：T2I，前者是输出的三角形无结构网格节点坐标，后者是无结构网格三角形单元节点组成数组，本例合计产生 324 个节点，548 个三角形单元，结果如附图 B-2。

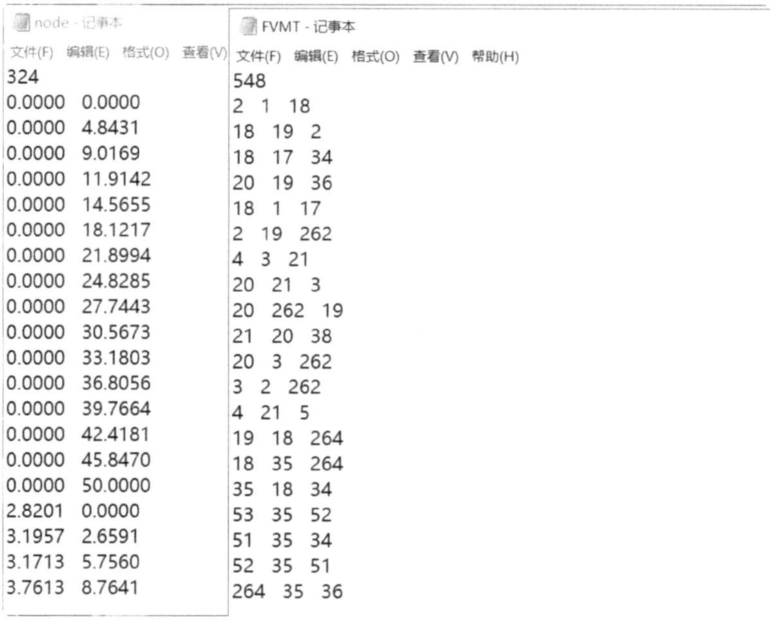
node - 记事本
文件(F) 编辑(E) 格式(O) 查看(V)
324
0.0000 0.0000
0.0000 4.8431
0.0000 9.0169
0.0000 11.9142
0.0000 14.5655
0.0000 18.1217
0.0000 21.8994
0.0000 24.8285
0.0000 27.7443
0.0000 30.5673
0.0000 33.1803
0.0000 36.8056
0.0000 39.7664
0.0000 42.4181
0.0000 45.8470
0.0000 50.0000
2.8201 0.0000
3.1957 2.6591
3.1713 5.7560
3.7613 8.7641

FVMT - 记事本
文件(F) 编辑(E) 格式(O) 查看(V) 帮助(H)
548
2 1 18
18 19 2
18 17 34
20 19 36
18 1 17
2 19 262
4 3 21
20 21 3
20 262 19
21 20 38
20 3 262
3 2 262
4 21 5
19 18 264
18 35 264
35 18 34
53 35 52
51 35 34
52 35 51
264 35 36

图 B-2　案例输出结果(左，节点坐标，节点编号是行号；右，三角形单元的节点编号组成)

⑨ id：intege，本程序采用两种 Delaunay 方法，id＝1 时，用的是 Shewchuk 的 Delaunay 方法，id＝2 时，用的是另一种较为常规的 Delaunay 方法。

本案例程序相对复杂，子程序众多，以下按主程序—子程序(出现在主程序里的顺序)列出核心代码，供读者学习：

1) 三角形无结构网格主程序：输出 1 时，网格生成成功，否则，输出 0。

```
function mesh2d1(var node:T2D;var edge:T2I;var hmax:real;var edgeh:T2D;var bedgeh:
boolean;
                var fun:integer;var args:T1D;var shpsid:T1I;var shpsfun:T1D;
                var mlim,dhmax:real;var maxit:integer;
                var p:T2D;var t:T2I;
                var id:integer;var memo:TMemo):integer;
```

```
var
i,n,k:integer;
edgexy:T2D;
ph:T2D;
th,neighborth:T2I;
hh,a:T1D;
wndx,tndx,fix:T1I;
fixed:T2D;
begin
result:=0;
n:=length(edge)-1;
setlength(edgexy,n+1,5);
for i:=1 to n do
    begin
    edgexy[i,1]:=node[edge[i,1],1];edgexy[i,2]:=node[edge[i,1],2];
    edgexy[i,3]:=node[edge[i,2],1];edgexy[i,4]:=node[edge[i,2],2];
    end;
memo.Lines.Add('四叉树分解.................开始');
memo.Lines.Add('');
Tquad1(edgexy,hmax,edgeh,bedgeh,fun,args,shpsid,shpsfun,dhmax,ph,th,neighborth,
hh,a,Memo);
memo.Lines.Add('四叉树分解.................结束');
memo.Lines.Add('');
memo.Lines.Add('背景网格初始化.................开始');
Memo.Lines.Add('');
Tinitmesh1(ph,p,th,t,neighborth,a,node,edge,edgexy,wndx,tndx,fix,fixed,Memo);
memo.Lines.Add('背景网格初始化.................结束');
memo.Lines.Add('');
memo.Lines.Add('网格平滑.................开始');
memo.Lines.Add('');
Tpinhua1(node,edge,ph,p,th,neighborth,t,hh,a,edgexy,wndx,tndx,fix,fixed,maxit,
mlim,id,memo);
memo.Lines.Add('网格平滑.................结束');
memo.Lines.Add('');
memo.Lines.Add('节点\网格数:'+'   '+inttostr(length(p)-1)+'\'+inttostr(length(t)
-1));
n:=length(t)-1;
```

```
  if id＝2 then
  for i:＝1 to n do
    begin
    k:＝t[i,1];
    t[i,1]:＝t[i,2];t[i,2]:＝k;
    end;
  result:＝1;
  end;
```

2）四叉树分解程序 Tquad1（含子程序）。

```
function Tquad1(var edgexy:T2D;var hmax:real;var edgeh:T2D;var bedgeh:boolean;
                var fun:integer;var args:T1D;var shpsid:T1I;var shpsfun:T1D;
                var dhmax:real;var pp:T2D;var tt,neighbortt:T2I;var hh,aa:T1D;
                var Memo: TMemo):integer;   //产生背景网格
var
i,j,k,n:integer;

wm:T2D;
len,L:T1D;
nargin:integer;
f1,f2:real;
r,add:T1I;
tmp,buL:T1D;
mid:real;
x1,x2,xm,y1,y2,y4,ym:real;
nw,t,sum,num,start,next,cw:integer;
buwm:T2D;
h0:T1D;
mi:T1I;
xymin,xymax:T1D;
dim,maxpx,maxpy,minpx,minpy:real;
b:T2I;
xx,yy,buh,buxx,buyy:T1D;
pblock,bblock,np,nb,m,n1,n2,n3,n4:integer;
lower,upper:integer;
test,vec:array of integer;
LFS:real;
boo:boolean;
```

```
zzz,memo1num:integer;
pm,pn:T1I;
midhh:T1D;
e:t2I;
k1,k2,k3,k4:integer;
tol,dh:real;
h_old:T1D;
begin
result:=0;
n:=length(edgexy)-1;
setlength(wm,n+1,3);
for i:=1 to length(edgexy)-1 do    //wm,每条边的中点
   begin
   wm[i,1]:=0.5*(edgexy[i,1]+edgexy[i,3]);
   wm[i,2]:=0.5*(edgexy[i,2]+edgexy[i,4]);
   end;
setlength(len,n+1);  //len,每条边的长度
for i:=1 to length(edgexy)-1 do
   begin
   f1:=edgexy[i,1]-edgexy[i,3];
   f2:=edgexy[i,2]-edgexy[i,4];
   len[i]:=sqrt(f1*f1+f2*f2);
   end;
nargin:=4;
dist2poly1(wm,edgexy,len,nargin,L,memo);    // L 为 wm 中的各点到边界的最小距离
for i:=1 to length(L)-1 do L[i]:=L[i]*2;
setlength(r,length(len));
for i:=1 to length(len)-1 do
   begin
   mid:= 2*len[i]/L[i];    //Compare L (LFS approximation at wm) to the edge lengths
   r[i]:= roundclassic((mid-2)/2);      //Amount of points that need to be added
   end;
setlength(add,1);    //找出不为 0 的编号 ,大于 0 表示要添加节点
for i:=1 to length(r)-1 do
if r[i]<>0 then
   begin
   setlength(add,length(add)+1);
```

```
            add[length(add)−1]:=i;
        end;
    if length(add)>1 then
        begin
        sum:=0;
        for i:=1 to length(add)−1 do
        sum:=sum+r[add[i]];
        num:= 2 * sum;                      //Total number of points to added
        start:=length(wm);
        setlength(wm,length(wm)+num,3);
        next:= start;
        for j:= 1 to length(add)−1 do
            begin                           // Loop through edges to be subdivided
            cw:= add[j];                    //Current edge
            num:=r[cw];
            setlength(tmp,num+1);
            for k:=1 to num do
            tmp[k]:=k/(num+1);              //Subdivision increments
            num:=next+2 * num−1;
            x1:=edgexy[cw,1]; x2:= edgexy[cw,3]; xm:= wm[cw,1];      //Edge values
            y1:=edgexy[cw,2]; y2:= edgexy[cw,4]; ym:= wm[cw,2];
            t:=next;
            for i:=1 to length(tmp)−1 do        //Add to list
                begin
                wm[t,1]:=x1+tmp[i] * (xm−x1);
                wm[t,2]:=y1+tmp[i] * (ym−y1);
                t:=t+1;
                end;
            for i:=1 to length(tmp)−1 do
                begin
                wm[t,1]:=xm+tmp[i] * (x2−xm);
                wm[t,2]:=ym+tmp[i] * (y2−ym);
                t:=t+1;
                end;
            next:=num+1;
            end;
        setlength(buwm,next−start+1,3);
```

```
t:=start;
for j:=1 to   next—start do
    begin
    buwm[j,1]:=wm[t,1];
    buwm[j,2]:=wm[t,2];
    t:=t+1;
    end;
nargin:=3;
dist2poly1(buwm,edgexy,len,nargin,buL,memo);    //Estimate LFS at the new points
setlength(L,length(wm));
t:=start;
for j:=1 to next—start do
    begin
    L[t]:=buL[j];
    L[t]:=buL[j];
    t:=t+1;
    end;
end;
if (length(edgeh)—1>0) and bedgeh then
    begin
    n:=length(edgeh)—1;
    setlength(h0,n+1);
    setlength(mi,n+1);
    for i:=1 to n do
        begin
        h0[i]:=edgeh[i,2];
        mi[i]:=roundclassic(edgeh[i,1]);
        end;
    for j:= 1 to n do
    if L[mi[j]]>h0[j] then
    begin
    cw:=mi[j];
    mid:=2 * len[cw]/h0[j];
    num:=roundclassic((mid—2)/2);   //Number of points to be added
    setlength(tmp,num+1);
    for k:=1 to num do
    tmp[k]:=k/(num+1);
```

```
        x1:=edgexy[cw,1];
        x2:=edgexy[cw,3];
        xm:=wm[cw,1];          //Edge values
        y1:=edgexy[cw,2];
        y2:=edgexy[cw,4];
        ym:=wm[cw,2];
        t:=length(wm);
        setlength(wm,length(wm)+2*num,3);
        for i:=1 to num do            //Add to list
            begin
            wm[t,1]:=x1+tmp[i]*(xm-x1);
            wm[t,2]:=y1+tmp[i]*(ym-y1);
            t:=t+1;
            end;
        for i:=1 to num do
            begin
            wm[t,1]:=xm+tmp[i]*(x2-xm);
            wm[t,2]:=ym+tmp[i]*(y2-ym);
            t:=t+1;
            end;
        L[cw]:=h0[j];
        t:=length(L);
        setlength(L,length(L)+2*num);          //Update LFS
        for i:=1 to 2*num do
            begin
            L[t]:=h0[j];
            t:=t+1;
            end;
        end;
    end;
n:=length(wm)-1;
QuickSort2dfy(wm,L,1,n);
subQuickSort2df(wm,L,1);
nw:=length(wm)-1;
setlength(xymin,3);setlength(xymax,3);
maxpx:=max(edgexy[1,1],edgexy[1,3]);maxpy:=max(edgexy[1,2],edgexy[1,4]);
minpx:=min(edgexy[1,1],edgexy[1,3]);minpy:=min(edgexy[1,2],edgexy[1,4]);
```

```
for i:=2 to length(edgexy)-1 do
    begin
    maxpx:=max(maxpx,max(edgexy[i,1],edgexy[i,3]));
    maxpy:=max(maxpy,max(edgexy[i,2],edgexy[i,4]));
    minpx:=min(minpx,min(edgexy[i,1],edgexy[i,3]));
    minpy:=min(minpy,min(edgexy[i,2],edgexy[i,4]));
    end;
xymin[1]:=minpx;xymin[2]:=minpy;                    //Bounding box
xymax[1]:=maxpx;xymax[2]:=maxpy;
dim:=1.0001 * max((xymax[1]-xymin[1]),(xymax[2]-xymin[2]));      //Bbox di-
mensions
xm:=0.5 * (xymin[1]+xymax[1]);
ym:=0.5 * (xymin[2]+xymax[2]);
setlength(pp,5,3);
pp[1,1]:=xm-0.5 * dim;pp[1,2]:=ym-0.5 * dim;              //Initial nodes
pp[2,1]:=xm+0.5 * dim;pp[2,2]:=ym-0.5 * dim;
pp[3,1]:=xm+0.5 * dim;pp[3,2]:=ym+0.5 * dim;
pp[4,1]:=xm-0.5 * dim;pp[4,2]:=ym+0.5 * dim;
setlength(b,2,5);
b[1,1]:=1;b[1,2]:=2;b[1,3]:=3;b[1,4]:=4;
setlength(xx,length(pp));
setlength(yy,length(pp));
for i:=1 to length(pp)-1 do
    begin
    xx[i]:=pp[i,1];
    yy[i]:=pp[i,2];
    end;
userhfun1(xx,yy,fun,args,shpsid,shpsfun,hmax,xymin,xymax,hh,memo);
pblock:= 5 * nw;                       //Alloc memory in blocks
bblock:= pblock;
np:= 4;
nb:= 1;
setlength(test,2);
test[1]:=1;
boo:=true;
zzz:=0;
while boo do
```

```
begin        //1
zzz:=zzz+1;
setlength(vec,1);
for i:=1 to nb do
if test[i]<>0 then
  begin
  setlength(vec,length(vec)+1);
  vec[length(vec)-1]:=i;
  end;
if length(vec)=1 then break;
memo1num:=Memo.Lines.Count-1;
memo.Lines.Strings[memo1num]:=inttostr(zzz);
n:=np;
for k:=1 to length(vec)-1 do      //Loop through boxes to be checked for subdivision
  begin        //2
  m:=vec[k];                   //Current box
  n1:=b[m,1];n2:=b[m,2];
  n3:=b[m,3];n4:=b[m,4];
  x1:=pp[n1,1];y1:=pp[n1,2];
  x2:=pp[n2,1];y4:=pp[n4,2];
  if wm[1,2]>=y1 then
  start:=1
  else if wm[nw,2]<=y1 then
  start:=nw
  else
    begin
    lower:=1;
    upper:=nw;
    for i:= 1 to nw   do
      begin
      start:= roundclassic(0.5*(lower+upper));
      if wm[start,2]<y1 then
      lower:=start
      else if wm[start-1,2]<y1   then
      break
      else
      upper:=start;
```

```
    end;
  end;
LFS:=min(hh[n1],hh[n2]);
LFS:=min(LFS,hh[n3]);
LFS:=min(LFS,hh[n4]);
LFS:=min(LFS,2 * hmax/4);
LFS:= 4 * LFS;
for i:= start to nw  do              // Loop through points (acending y-value order)
    begin
    if wm[i,2]<=y4 then
      begin                          // Check box bounds and current min
      if (wm[i,2]>=y1) and (wm[i,1]>=x1) and (wm[i,1]<=x2) and (L[i]<
LFS) then
          LFS:= L[i];
      end                            // New min found-reset
      else                           // Due to the sorting
      break;
    end;
if (x2-x1)>LFS   then                 //Split current box
  begin
  if (np+5)>=length(pp)-1 then        //Alloc memory on demand
    begin
    t:=length(pp)-1;
    setlength(pp,length(pp)+pblock,3);
    for i:=t+1 to t+pblock do
        begin
        pp[i,1]:=0;
        pp[i,2]:=0;
        end;
    pblock:= 2 * pblock;
    end;
  if (nb+3)>=length(b)-1 then
    begin
    t:=length(b)-1;
    setlength(b,length(b)+bblock,5);
    for i:=t+1 to t+bblock do
      begin
```

```
            b[t,1]:=0;b[t,2]:=0;
            b[t,3]:=0;b[t,4]:=0;
            end;
        t:=length(test)-1;
        setlength(test,length(test)+bblock);
        for i:=t+1 to t+bblock do
        test[i]:=1;
        bblock:= 2 * bblock;
        end;
    xm:=x1+0.5*(x2-x1);                        //Current midpoints
    ym:=y1+0.5*(y4-y1);
    pp[np+1,1]:=xm;pp[np+1,2]:=ym;            //New nodes
    pp[np+2,1]:=xm;pp[np+2,2]:=y1;
    pp[np+3,1]:=x2;pp[np+3,2]:=ym;
    pp[np+4,1]:=xm;pp[np+4,2]:=y4;
    pp[np+5,1]:=x1;pp[np+5,2]:=ym;
    b[m,1]:=n1;b[m,2]:=np+2;b[m,3]:=np+1;b[m,4]:=np+5;          //
New boxes
    b[nb+1,1]:=np+2;b[nb+1,2]:=n2;b[nb+1,3]:=np+3;b[nb+1,4]:=np+1;
    b[nb+2,1]:=np+1;b[nb+2,2]:=np+3;b[nb+2,3]:=n3;b[nb+2,4]:=np+4;
    b[nb+3,1]:=np+5;b[nb+3,2]:=np+1;b[nb+3,3]:=np+4;b[nb+3,4]:=n4;
    nb:= nb+3;
    np:= np+5;
    end
    else
    test[m]:= 0;
  end;     //2
setlength(buxx,np-n+1);
setlength(buyy,np-n+1);
t:=n+1;
for i:=1 to np-n do
  begin
  buxx[i]:=pp[t,1];
  buyy[i]:=pp[t,2];
  t:=t+1;
  end;
userhfun1(buxx,buyy,fun,args,shpsid,shpsfun,hmax,xymin,xymax,buh,memo);
```

```
    for i:=1 to np-n do
      begin
        setlength(hh,length(hh)+1);
        hh[length(hh)-1]:=buh[i];
      end;
  end;    //1
setlength(pp,np+1,3);
setlength(b,nb+1,5);
unique1(pp,pm,pn);
n:=length(hh)-1;
setlength(midhh,n+1);
for i:=1 to n do
midhh[i]:=hh[i];
n:=length(pm)-1;
setlength(hh,n+1);
for i:=1 to n do
hh[i]:=midhh[pm[i]];
for i:=1 to length(b)-1 do
  begin
    b[i,1]:=pn[b[i,1]];
    b[i,2]:=pn[b[i,2]];
    b[i,3]:=pn[b[i,3]];
    b[i,4]:=pn[b[i,4]];
  end;
n:=length(b)-1;
setlength(e,4*n+1,3);
k1:=1;k2:=n+1;k3:=2*n+1;k4:=3*n+1;
for i:=1 to n do
  begin
    e[k1,1]:=b[i,1];e[k1,2]:=b[i,2];e[k2,1]:=b[i,2];e[k2,2]:=b[i,3];
    e[k3,1]:=b[i,3];e[k3,2]:=b[i,4];e[k4,1]:=b[i,4];e[k4,2]:=b[i,1];
    k1:=k1+1;k2:=k2+1;k3:=k3+1;k4:=k4+1;
  end;
n:=length(e)-1;
setlength(L,n+1); //len,每条边的长度
for i:=1 to length(E)-1 do
  begin
```

```
        f1:=pp[E[i,1],1]-pp[E[i,2],1];
        f2:=Pp[E[i,1],2]-pp[E[i,2],2];
        L[i]:=sqrt(f1*f1+f2*f2);
      end;
  for k:=1 to n do
    begin
    if L[k]<hh[E[k,1]] then hh[E[k,1]]:=L[k];
    if L[k]<hh[E[k,2]] then hh[E[k,2]]:=L[k];
    end;
  //Gradient limiting
  tol:=1e-4;
  while true  do      //Loop over the edges of the background mesh ensuring
    begin//11
    n:=length(hh)-1;
    setlength(h_old,n+1);
    for i:=1 to n do
    h_old[i]:=hh[i];                    // that dh satisfies the dhmax tolerance
    n:=length(e)-1;
    for k:= 1 to n do              // Loop over edges
      begin
      n1:=E[k,1];
      n2:=E[k,2];
      if hh[n1]>hh[n2] then                 // Ensure grad(h)<=dhmax
        begin
        dh:=(hh[n1]-hh[n2])/L[k];
        if dh>dhmax then
        hh[n1]:=hh[n2]+dhmax*L[k];
        end
      else
      begin
      dh:=(hh[n2]-hh[n1])/L[k];
      if dh>dhmax   then
      hh[n2]:=hh[n1]+dhmax*L[k];
      end;
    end;
    f1:=0;
    for i:=1 to length(hh)-1 do
```

```
        begin
        f2:=abs((hh[i]-h_old[i]))/hh[i];
        if f1<f2 then
        f1:=f2;
        end;
      if f1<tol then                        //Test convergence
      break;
      end;//111
ShewchukMyDelaunayn(pp,tt,neighbortt,aa,memo);
result:=1;
end;
//////////////////////////////////////////////////////////////////////////////////////////////
procedure dist2poly1(var p,edgexy:T2D;var lim:T1D;var nargin:integer;var L:T1D;var
memo:Tmemo);
var
oldp,oldedgexy:T2D;
oldlim:T1D;
np,ne:integer;//中点数和边的条数
inf:real;//代表无穷大
maxpx,maxpy,minpx,minpy,midx,midy:real;
dxy:array[1..2] of real;
hh:T1I;
edgexy_lower,edgexy_upper:T2D;
i,n,t,j,t1,t2:integer;
f1,f2,f3,f4:real;
uf1,uf2,uf3,uf4:real;
ymean,sum,eps,tol:real;
k:integer;
x,y,d,r,ymax,ymin:real;
x1,y1,x2mx1,y2my1,dj:real;
begin
np:=length(p)-1;
setlength(oldp,np+1,3);
for i:=1 to np do
  begin
  oldp[i,1]:=p[i,1];
  oldp[i,2]:=p[i,2];
```

```
        end;
    ne:=length(edgexy)-1;
    setlength(oldedgexy,ne+1,5);
    for i:=1 to ne do
        begin
        oldedgexy[i,1]:=edgexy[i,1];
        oldedgexy[i,2]:=edgexy[i,2];
        oldedgexy[i,3]:=edgexy[i,3];
        oldedgexy[i,4]:=edgexy[i,4];
        end;
    n:=length(lim)-1;
    setlength(oldlim,n+1);
    for i:=1 to n do
    oldlim[i]:=lim[i];
    inf:=1e10;
    np:=length(p)-1;
    ne:=length(edgexy)-1;
    if nargin<=3 then
        begin
        setlength(lim,np+1);
        for i:=1 to np do
        lim[i]:= inf;
        end;
    maxpx:=p[1,1];maxpy:=p[1,2];
    minpx:=p[1,1];minpy:=p[1,2];
    for i:=2 to np do
        begin
        maxpx:=max(maxpx,p[i,1]);maxpy:=max(maxpy,p[i,2]);
        minpx:=min(minpx,p[i,1]);minpy:=min(minpy,p[i,2]);
        end;
    dxy[1]:=maxpx-minpx;dxy[2]:=maxpy-minpy;
    if dxy[1]>dxy[2] then
        begin
        //Flip co-ords if x range is bigger ,颠倒 x,y 的位置
        for i:=1 to np do
            begin
            midx:=p[i,1];midy:=p[i,2];
```

```
        p[i,1]:=midy;p[i,2]:=midx;
        end;
        for i:=1 to ne do
        begin
        midx:=edgexy[i,1];midy:=edgexy[i,2];
        edgexy[i,1]:=midy;edgexy[i,2]:=midx;
        midx:=edgexy[i,3];midy:=edgexy[i,4];
        edgexy[i,3]:=midy;edgexy[i,4]:=midx;
        end;
      end;
//调整边的两个节点的位置,按照 y 的大小
for i:=1 to ne do
   begin
   midx:=edgexy[i,1];midy:=edgexy[i,2];
   if edgexy[i,4]<edgexy[i,2] then
      begin
      edgexy[i,1]:=edgexy[i,3];edgexy[i,2]:=edgexy[i,4];
      edgexy[i,3]:=midx;edgexy[i,4]:=midy;
      end;
   end;
//首先按照第一个点的 Y 坐标递增排列
setlength(edgexy_lower,ne+1,5);
setlength(edgexy_upper,ne+1,5);
for i:=1 to ne do
   begin
   f1:=edgexy[i,1];f2:=edgexy[i,2];f3:=edgexy[i,3];f4:=edgexy[i,4];
   edgexy_lower[i,1]:=f1;edgexy_lower[i,2]:=f2;edgexy_lower[i,3]:=f3;edgexy_low-
er[i,4]:=f4;
   edgexy_upper[i,1]:=f1;edgexy_upper[i,2]:=f2;edgexy_upper[i,3]:=f3;edgexy_up-
per[i,4]:=f4;
   end;
setlength(hh,ne+1);
QuickSort4d2(edgexy_lower,hh,1,ne); //排序程序
QuickSort4d4(edgexy_upper,hh,1,ne); //排序程序
//所有的边线上的两节点坐标 y 的和/2/ne
sum:=0;
for i:=1 to ne do sum:=sum+edgexy[i,2]+edgexy[i,4];
```

```
ymean:= 0.5 * sum/ne;
setlength(L,np+1);
for i:=1 to np do L[i]:=0;
//Loop through points
eps:=2.2204e-016;
tol:=100 * eps * max(dxy[1],dxy[2]);
for k:=1 to np do
  begin              //1
  x:=p[k,1];
  y:=p[k,2];
  d:=lim[k];
  if y<ymean then
    begin
//Loop through edges bottom up
    for j:= 1 to ne  do
      begin
      ymax:= edgexy_lower[j,4];
      if ymax>=(y-d)  then
        begin
        ymin:=edgexy_lower[j,2];
        if ymin<=(y+d) then
          begin
          //Calculate the distance along the normal projection from [x,y] to the jth edge
          x1:= edgexy_lower[j,1]; x2mx1:=edgexy_lower[j,3]-x1;
          y1:= ymin; y2my1:= ymax-y1;
          r:= ((x-x1) * x2mx1+(y-y1) * y2my1)/(x2mx1 * x2mx1+y2my1 * y2my1);
          if r>1 then      //Limit to wall endpoints
          r:= 1
          else
          if r<0 then
          r:= 0;
          dj:= (x1+r * x2mx1-x) * (x1+r * x2mx1-x)+(y1+r * y2my1-y) *
(y1+r * y2my1-y);
          if (dj<d * d) and (dj>tol)  then
          d:= sqrt(dj);
          end
        else
```

```
                break;
              end;
          end;
    end
    else
    begin
    //Loop through edges top down
    for j:= ne downto 1  do
        begin
        ymin:= edgexy_upper[j,2];
        if ymin<=(y+d) then
            begin
            ymax:= edgexy_upper[j,4];
            if ymax>=(y-d)  then
              begin
              //Calculate the distance along the normal projection from [x,y] to the
jth edge
              x1:= edgexy_upper[j,1]; x2mx1:= edgexy_upper[j,3]-x1;
              y1:= ymin;y2my1:= ymax-y1;
              r:= ((x-x1)*x2mx1+(y-y1)*y2my1)/(x2mx1*x2mx1+y2my1*
y2my1);
              if r>1 then      //Limit to wall endpoints
              r:= 1
              else
              if r<0 then
              r:= 0;
              dj:= (x1+r*x2mx1-x)*(x1+r*x2mx1-x)+(y1+r*y2my1-y)*
(y1+r*y2my1-y);
              if (dj<d*d) and (dj>tol) then
              d:= sqrt(dj);
              end
              else
              break;
            end;
        end;
      end;
    L[k]:=d;
```

```
    end;                //1
  for i:=1 to np do
    begin
    p[i,1]:=oldp[i,1];
    p[i,2]:=oldp[i,2];
    end;
  for i:=1 to ne do
    begin
    edgexy[i,1]:=oldedgexy[i,1];
    edgexy[i,2]:=oldedgexy[i,2];
    edgexy[i,3]:=oldedgexy[i,3];
    edgexy[i,4]:=oldedgexy[i,4];
    end;
  n:=length(oldlim)-1;
  setlength(lim,n+1);
  for i:=1 to n do
  lim[i]:=oldlim[i];
  end;
  //////////////////////////////////////////////////////////////////////////
  procedure QuickSort4d2(var p:T2D;var hh:T1I; Low, High: Integer); //Sort all points
by 2
        procedure DoQuickSort(var p:T2D;var hh:T1I; iLo, iHi: Integer);
        var
            Lo, Hi: Integer;
            Mid: real;
            mid1,mid2,mid3,mid4:real;
            midhh:integer;
        begin
            Lo := iLo;
            Hi := iHi;
            mid:=p[Lo,2];
            repeat
                while p[Lo,2] < Mid do
                    Inc(Lo);
                while p[Hi,2] > Mid do
                    Dec(Hi);
                if Lo <= Hi then
```

```
        begin
            mid1:=p[Lo,1];mid2:=p[Lo,2];mid3:=p[Lo,3];mid4:=p[Lo,4];
            p[Lo,1]:=p[Hi,1];p[Lo,2]:=p[Hi,2];p[Lo,3]:=p[Hi,3];p[Lo,
4]:=p[Hi,4];

            p[Hi,1]:=mid1;p[Hi,2]:=mid2;p[Hi,3]:=mid3;p[Hi,4]:=mid4;
            midhh:=hh[Lo];
            hh[Lo]:=hh[Hi];
            hh[Hi]:=midhh;
            Inc(Lo);
            Dec(Hi);
        end;
        until Lo > Hi;
        if Hi > iLo then
            DoQuickSort(p,hh, iLo, Hi);
        if Lo < iHi then
            DoQuickSort(p,hh, Lo, iHi);
    end;
    begin
        DoQuickSort(p,hh, Low, High);
    end;
//////////////////////////////////////////////////////////////////////////////
procedure QuickSort4d4(var p:T2D;var hh:T1I; Low, High:Integer); //Sort all points
by 4
    procedure DoQuickSort(var p:T2D;var hh:T1I; iLo, iHi:Integer);
    var
        Lo, Hi:Integer;
        Mid:real;
        mid1,mid2,mid3,mid4:real;
        midhh:integer;
    begin
        Lo := iLo;
        Hi := iHi;
        mid:=p[Lo,4];
        repeat
            while p[Lo,4] < Mid do
                Inc(Lo);
            while p[Hi,4] > Mid do
```

```
                    Dec(Hi);
            if Lo <= Hi then
            begin
                mid1:=p[Lo,1];mid2:=p[Lo,2];mid3:=p[Lo,3];mid4:=p[Lo,4];
                p[Lo,1]:=p[Hi,1];p[Lo,2]:=p[Hi,2];p[Lo,3]:=p[Hi,3];p[Lo,
4]:=p[Hi,4];
                p[Hi,1]:=mid1;p[Hi,2]:=mid2;p[Hi,3]:=mid3;p[Hi,4]:=mid4;
                midhh:=hh[Lo];
                hh[Lo]:=hh[Hi];
                hh[Hi]:=midhh;
                Inc(Lo);
                Dec(Hi);
            end;
        until Lo > Hi;
        if Hi > iLo then
            DoQuickSort(p,hh, iLo, Hi);
        if Lo < iHi then
            DoQuickSort(p,hh, Lo, iHi);
    end;
begin
    DoQuickSort(p,hh, Low, High);
end;
/////////////////////////////////////////////////////////////////////////
//用户定义的尺寸函数
procedure userhfun1(var x,y:T1D;
                    var fun:integer;var args:T1D;
                    var shpsid:T1I;var shpsfun:T1D;
                    var hmax:real;var xymin,xymax,h:T1D;var memo:Tmemo);
//Evaluate user defined size function.
var
i,j,n,m,num,index:integer;
inf,eps,x1,x2,y1,y2,h0:real;
p,node:T2D;
begin
//Evaluate user defined size function.
n:=length(x)-1;
if n=0 then exit;
```

```
setlength(h,n+1);
inf:=1e10;
for i:=1 to n do
h[i]:=inf;
if fun=1 then
  begin
  x1:=args[1];x2:=args[2];
  y1:=args[3];y2:=args[4];
  h0:=args[5];
  for i:=1 to n do
    begin
    h[i]:=inf;
    if (x[i]>=x1) and (x[i]<=x2) and (y[i]>=y1) and (y[i]<=y2) then
    h[i]:=h0;
    h[i]:=min(h[i],hmax);
    end;
  end
  else if fun=2 then
  begin
  //用于加密区域
  //……本例没定义
  end
  else
  begin
  for i:=1 to n do
    begin
    h[i]:=inf;
    h[i]:=min(h[i],hmax);
    end;
  end;
  for i:=1 to length(x)-1 do
  if ((x[i]>xymax[1]) or (x[i]<xymin[1])) or ((y[i]>xymax[2]) or (y[i]<xymin[2]))
then
    h[i]:= inf;
  end;
  ///////////////////////////////////////////////////////////////////////////
  //调用 1.2.2 节 UCoreTriAPI 单元文件,生成 Delaunay 三角形网,读者也可以用自己的程
```

序代替

```
procedure ShewchukMyDelaunayn(var p: T2D; var t,neighbort: T2I; var a: T1D; var memo:
tmemo);
var
i,j,num,tnum:integer;
InData: PTriangulateIO;        // Data Input Record
OutData: PTriangulateIO;       // Data Output record
VorData: PTriangulateIO;       // Data Voronoi Output record
k1,k2,k3,m    : Integer;        // Iterator and Maximum;
ch        : Char;
str:string;
p1x,p1y,p2x,p2y,p3x,p3y,f:real;
begin
num:=length(p)-1;
// Define input points.
New(InData);
FillChar(InData^,SizeOf(InData^),#0);
// set number of points and attributes
InData. NumberofPoints :=num;
InData. NumberofPointAttributes:= 0;
// fill the array with data poits
NewRealArray(InData^. Pointlist,InData. NumberOfPoints * 2);
For i := 0 To InData. NumberOfPoints-1 Do
For j := 0 To 1 Do
SetRealArray(Indata^. PointList,i * 2+j,p[i+1,j+1]);
InData. NumberofSegments := 0;
InData. NumberofHoles    := 0;
InData. NumberofRegions  := 0;
_openiobuffer(80,80);
New(OutData);
New(VorData);
_InitTriangleIO(OutData);
_InitTriangleIO(VorData);
ExecTriangulate('zn',InData,OutData,VorData);
tnum:=OutData. NumberOfTriangles;
setlength(t,tnum+1,4);
```

```
setlength(neighbort,tnum+1,4);
setlength(a,tnum+1);
m:=0;
for i:=0 to tnum-1 do
begin
k1:=OutData.Trianglelist^[i * 3]+1;
k2:=OutData.Trianglelist^[i * 3+1]+1;
k3:=OutData.Trianglelist^[i * 3+2]+1;
p1x:=p[k1,1];p1y:=p[k1,2];
p2x:=p[k2,1];p2y:=p[k2,2];
p3x:=p[k3,1];p3y:=p[k3,2];
f:=area(p1x,p1y,p2x,p2y,p3x,p3y);
if f<=1e-10 then
continue;
m:=m+1;
t[m,1]:=k1;
t[m,2]:=k2;
t[m,3]:=k3;
a[m]:=f;
neighbort[m,1]:=OutData.NeighborList^[i * 3]+1;
neighbort[m,2]:=OutData.NeighborList^[i * 3+1]+1;
neighbort[m,3]:=OutData.NeighborList^[i * 3+2]+1;
end;
setlength(t,m+1,4);
setlength(neighbort,m+1,4);
setlength(a,m+1);
try
_freeiobuffer;
_dlpFreeTriangleIO(InData);
except
{}
end;
end;
```

3) 背景网格初始化程序 Tinitmesh1(含子程序)。

```
procedure Tinitmesh1(var ph,p:T2D;var th,t,neighborth:T2I;var a:T1D;var node:T2D;
```

```
var edge:T2I;var edgexy:T2D;var wndx,tndx,fix:T1I;var fixed:T2D;var Memo: TMemo);
    //Initialise the nodes, triangulation and data structures for the mesh based on the quadtree
data and geometry.
    var
    nump,numt,numwndx:integer;
    outon,outin,tin,ok:T1I;
    int:T2I;
    m,n,i,j,k,cn:integer;
    maxb,sn:integer;
    px,py,fixedx,fixedy:T1D;
    ndx,ppndx:T1I;
    ppbnd,bnd:T1I;
    x,y,dkj,d,inf,tmp:real;
    newp:T2D;
    newt:T2I;
    newwndx,jj:array of integer;
    k1,k2,k3:integer;
    memo1num:integer;
    begin
    {Initialise the nodes, triangulation and data structures for the mesh
    based on the quadtree data and geometry.}
    memo1num:=Memo. Lines. Count-1;
    Memo. Lines. Strings[memo1num]:='10%';
    inf:=1e10;
    n:=length(ph)-1;
    setlength(p,n+1,3);
    for i:=1 to n do
        begin
        p[i,1]:=ph[i,1];
        p[i,2]:=ph[i,2];
        end;
    n:=length(th)-1;
    setlength(t,n+1,4);
    for i:=1 to n do
        begin
        t[i,1]:=th[i,1];
        t[i,2]:=th[i,2];
```

```
      t[i,3]:=th[i,3];
    end;
m:=length(t)-1;
setlength(int,m+1,4);
setlength(tin,m+1);
for i:=1 to m do
    begin
    int[i,1]:=outin[t[i,1]];
    int[i,2]:=outin[t[i,2]];
    int[i,3]:=outin[t[i,3]];
    if (int[i,1]=1) or (int[i,2]=1) or (int[i,3]=1) then
    tin[i]:=1
    else
    tin[i]:=0;
    end;
n:=length(p)-1;
setlength(ok,n+1);
for i:=1 to n do
ok[i]:=0;
for i:=1 to m do
if tin[i]=1 then
    begin
    ok[t[i,1]]:=1;
    ok[t[i,2]]:=1;
    ok[t[i,3]]:=1;
    end;
//Find enclosing triangle for fixed nodes
n:=length(node)-1;
setlength(fixed,n+1,3);
for i:=1 to length(node)-1 do
    begin
    fixed[i,1]:=node[i,1];
    fixed[i,2]:=node[i,2];
    end;
n:=length(p)-1;
setlength(px,n+1);
setlength(py,n+1);
```

```
for i:=1 to n do
  begin
  px[i]:=p[i,1];
  py[i]:=p[i,2];
  end;
n:=length(fixed)-1;
setlength(fixedx,n+1);
setlength(fixedy,n+1);
for i:=1 to n do
  begin
  fixedx[i]:=fixed[i,1];
  fixedy[i]:=fixed[i,2];
  end;
memo1num:=Memo. Lines. Count-1;
Memo. Lines. Strings[memo1num]:='30%';
tsearch2(t,neighborth,p,a,fixed,ndx);
```

{At this stage some nodes have been accepted that are not inside the geometry. This is done because the quadtree triangulation will overlap the geometry in some cases, so nodes invloved in the overlap are accepted to get a reasonable distribution near the edges. }

```
n:=length(p)-1;
setlength(bnd,n+1);
for i:=1 to n do
if (outin[i]=0) and(ok[i]=1) then
bnd[i]:=1
else
bnd[i]:=0;
setlength(ppbnd,n+1);
m:=0;
for i:=1 to n do
if bnd[i]<>0 then
  begin
  m:=m+1;
  ppbnd[m]:=i;
  end;
setlength(ppbnd,m+1);
memo1num:=Memo. Lines. Count-1;
Memo. Lines. Strings[memo1num]:='50%';
```

```
project2poly1(p,ppbnd,edgexy,ppndx,wndx,3,memo);
n:=length(fixed)-1;
setlength(fix,n+1);
for i:=1 to length(fixed)-1 do
fix[i]:=0;
memo1num:=Memo.Lines.Count-1;
Memo.Lines.Strings[memo1num]:='70%';
for k:= 1 to length(ndx)-1 do
  begin ///1
  x:=fixed[k,1];
  y:=fixed[k,2];
  if ndx[k]=-1 then
      begin
      n:=0;
      tmp:=inf;
      for i:=1 to length(ok)-1 do
      if ok[i]=1 then
        begin
        n:=n+1;
        if tmp>(p[i,1]-x)*(p[i,1]-x)+(p[i,2]-y)*(p[i,2]-y) then
          begin
          tmp:=(p[i,1]-x)*(p[i,1]-x)+(p[i,2]-y)*(p[i,2]-y);
          k1:=n;
          end;
        end;
      fix[k]:=k1;
      end
      else
      begin
      //Search nodes in ndx(k)
      d:= inf;
      j:= 1;
      while j<=3  do
      begin
      cn:= t[ndx[k],j];
      if ok[cn]=1 then
        begin
```

311

```
            dkj:=(p[cn,1]-x)*(p[cn,1]-x)+(p[cn,2]-y)*(p[cn,2]-y);
            if dkj<d then
                begin
                fix[k]:= cn;
                d:= dkj;
                end;
              end;
          j:= j+1;
          end;
        end;
    if fix[k]=0  then
      begin
      //Slow search for all p(ok)
      n:=0;
      tmp:=inf;
      for i:=1 to length(ok)-1 do
      if ok[i]=1 then
          begin
          n:=n+1;
          if tmp>(p[i,1]-x)*(p[i,1]-x)+(p[i,2]-y)*(p[i,2]-y) then
            begin
            tmp:=(p[i,1]-x)*(p[i,1]-x)+(p[i,2]-y)*(p[i,2]-y);
            k1:=n;
            end;
          end;
      fix[k]:=k1;
      end;
    end;//1
  for i:=1 to length(fix)-1 do
    begin
    p[fix[i],1]:=fixed[i,1];
    p[fix[i],2]:=fixed[i,2];
    end;
  //Take internal nodes
  nump:=length(p)-1;
  setlength(newp,nump+1,3);
  nump:=0;
```

```
for i:=1 to length(p)-1 do
if ok[i]=1 then
    begin
    nump:=nump+1;
    newp[nump,1]:=p[i,1];
    newp[nump,2]:=p[i,2];
    end;
setlength(newp,nump+1,3);
nump:=length(newp)-1;
for i:=1 to nump do
    begin
    p[i,1]:=newp[i,1];
    p[i,2]:=newp[i,2];
    end;
//Re-index to keeps lists consistent
numwndx:=length(wndx)-1;
setlength(newwndx,numwndx+1);
numwndx:=0;
for i:=1 to length(wndx)-1 do
if ok[i]=1 then
    begin
    numwndx:=numwndx+1;
    newwndx[numwndx]:=wndx[i];
    end;
setlength(newwndx,numwndx+1);
numwndx:=length(newwndx)-1;
for i:=1 to numwndx do
wndx[i]:=newwndx[i];
setlength(jj,length(ok));
for i:=1 to length(ok)-1 do
if ok[i]=1 then
jj[i]:=1
else
jj[i]:=0;
n:=0;
for i:=1 to length(jj)-1 do
    begin
```

```
    n:=n+jj[i];
    jj[i]:=n;
    end;
numt:=length(t)-1;
setlength(newt,numt+1,4);
m:=length(tin)-1;
numt:=0;
for i:=1 to m do
if tin[i]=1 then
    begin
    numt:=numt+1;
    newt[numt,1]:=t[i,1];
    newt[numt,2]:=t[i,2];
    newt[numt,3]:=t[i,3];
    end;
setlength(newt,numt+1,4);
numt:=length(newt)-1;
for i:=1 to numt do
    begin
    t[i,1]:=jj[newt[i,1]];
    t[i,2]:=jj[newt[i,2]];
    t[i,3]:=jj[newt[i,3]];
    end;
for i:=1 to length(fix)-1 do
fix[i]:=jj[fix[i]];
n:=length(p)-1;
setlength(tndx,n+1);
for i:=1 to length(p)-1 do
tndx[i]:=0;
setlength(tndx,nump+1);       //实际长度计算后为 nump
setlength(wndx,numwndx+1);
setlength(p,nump+1,3);
setlength(t,numt+1,4);
memo1num:=Memo.Lines.Count-1;
Memo.Lines.Strings[memo1num]:='100%';
end;
//////////////////////////////////////////////////////////////////////////
```

//检测点是否在区域内

procedure inpoly1 (var p, node: T2D; var edge: T2I; var outon, outin: T1I; var memo: Tmemo);

```
var
i,j,k:integer;
n,nc,nnode:integer;
mp:T2D;
dxy:array[1..2] of real;
maxx,maxy,minx,miny,mid:real;
f1,f2,x1,x2,y1,y2,yt,xmin,xmax:real;
t1,n1,n2,start,lower,upper:integer;
x,y:T1D;
tol,yy,xx:real;
ggon,ggin:array of boolean;
sort,mid1,mid2:T1I;
maxedge:integer;
oldp,oldnode:T2D;
oldedge:T2I;
begin
n:=length(p)−1;
setlength(oldp,n+1,3);
for i:=1 to n do
   begin
   oldp[i,1]:=p[i,1];
   oldp[i,2]:=p[i,2];
   end;
n:=length(node)−1;
setlength(oldnode,n+1,3);
for i:=1 to n do
   begin
   oldnode[i,1]:=node[i,1];
   oldnode[i,2]:=node[i,2];
   end;
n:=length(edge)−1;
setlength(oldedge,n+1,3);
for i:=1 to n do
   begin
```

```
    oldedge[i,1]:=edge[i,1];
    oldedge[i,2]:=edge[i,2];
    end;
n:=length(p)-1;
nc:=length(edge)-1;
setlength(outon,n+1);
setlength(outin,n+1);
{Choose the direction with the biggest range as the "y-coordinate" for the
test. This should ensure that the sorting is done along the best
direction for long and skinny problems wrt either the x or y axes. }
maxx:=p[1,1];maxy:=p[1,2];
minx:=p[1,1];miny:=p[1,2];
for i:=1 to n do
begin
maxx:=max(maxx,p[i,1]);maxy:=max(maxy,p[i,2]);
minx:=min(minx,p[i,1]);miny:=min(miny,p[i,2]);
end;
dxy[1]:=maxx-minx;
dxy[2]:=maxy-miny;
if dxy[1]>dxy[2] then
    begin
    // Flip co-ords if x range is bigger
    for i:=1 to n do
        begin
        mid:=p[i,1];
        p[i,1]:=p[i,2];
        p[i,2]:=mid;
        end;
    for i:=1 to length(node)-1 do
        begin
        mid:=node[i,1];
        node[i,1]:=node[i,2];
        node[i,2]:=mid;
        end;
    end;
//按照 Y 值递增排序,p 不变
setlength(mp,n+1,3);
```

```
for i:=1 to n do
  begin
  mp[i,1]:=p[i,1];
  mp[i,2]:=p[i,2];
  end;
setlength(x,n+1);
setlength(y,n+1);
setlength(sort,n+1);
for i:=1 to n do
sort[i]:=i;
QuickSort2dy(mp,sort,1,n); //排序程序
subQuickSort2d(mp,sort,1); //排序程序
for i:=1 to n do
  begin
  x[i]:=mp[i,1];
  y[i]:=mp[i,2];
  end;
setlength(ggon,n+1);
setlength(ggin,n+1);
for i:=1 to n do
  begin
  ggon[i]:=false;
  ggin[i]:=false;
  end;
for i:=1 to n do
  begin
  outon[i]:=0;
  outin[i]:=0;
  end;
for k:= 1 to nc do      //Loop through edges
  begin             //1
  //Nodes in current edge
  n1:=edge[k,1];
  n2:=edge[k,2];
  y1:=node[n1,2];
  y2:=node[n2,2];
  if y1<y2 then
```

```
        begin
        x1:=node[n1,1];
        x2:=node[n2,1];
        end
    else
        begin
        yt:=y1;
        y1:=y2;
        y2:=yt;
        x1:=node[n2,1];
        x2:=node[n1,1];
        end;
    if x1>x2 then
        begin
        xmin:= x2;
        xmax:= x1;
        end
    else
        begin
        xmin:= x1;
        xmax:= x2;
        end;
    if y[1]>=y1 then
    start:= 1
    else if y[n]<=y1 then
    start:= n+1
    else
    begin
    lower:= 1;
    upper:= n;
    for j:= 1 to n do
        begin
        start:= roundclassic(0.5 * (lower+upper));
        if y[start]<y1 then
        lower:= start
        else if y[start-1]<y1 then
        break
```

```
            else
            upper:= start;
            end;
        end;
    tol:= 100 * 2.2204e-16 * (y2-y1+xmax-xmin);
    for j:= start to n do
        begin
        yy:= y[j];
        if yy<=y2 then
        begin          //2
        xx:=x[j];
        if xx>=xmin then
            begin          //3
            if Xx<=xmax then
                begin
                ggon[j]:=ggon[j] or (abs((y2-yy)*(x1-xx)-(y1-yy)*(x2-xx))<tol);
                if (yy<y2) and ((y2-y1)*(xx-x1)<(yy-y1)*(x2-x1)) then
                ggin[j]:=not ggin[j];
                end;
            end          //3
            else if Yy<y2   then   // Deal with points exactly at vertices
            ggin[j]:=not ggin[j];              //Has to cross edge
        end          //2
        else
        break;
        end;
    end;          //1
//Re-index to undo the sorting
for i:=1 to n do
ggin[i]:=ggin[i] or ggon[i];
setlength(mid1,n+1);
setlength(mid2,n+1);
for i:=1 to n do
    begin
    if ggin[i] then
    mid1[i]:=1;
    if ggon[i] then
```

```
      mid2[i]:=1;
      end;
  for i:=1 to n do
    begin
    outin[sort[i]]:=mid1[i];
    outon[sort[i]]:=mid2[i];
    end;
  n:=length(p)-1;
  for i:=1 to n do
    begin
    p[i,1]:=oldp[i,1];
    p[i,2]:=oldp[i,2];
    end;
  n:=length(node)-1;
  for i:=1 to n do
    begin
    node[i,1]:=oldnode[i,1];
    node[i,2]:=oldnode[i,2];
    end;
  n:=length(oldedge)-1;
  setlength(edge,n+1,3);
  for i:=1 to n do
    begin
    edge[i,1]:=oldedge[i,1];
    edge[i,2]:=oldedge[i,2];
    end;
  end;
///////////////////////////////////////////////////////////////////////////////
//用在 inpoly1 中的排序程序
procedure QuickSort2dx(var p:T2D;var hh:T1I; Low, High: Integer);
//Sort all points by x
    procedure DoQuickSort(var p:T2D;var hh:T1I; iLo, iHi: Integer);
    var
        Lo, Hi: Integer;
        Mid: real;
        midx,midy:real;
        midhh:integer;
```

```
begin
    Lo := iLo;
    Hi := iHi;
    mid:=p[Lo,1];
    repeat
        while p[Lo,1] < Mid do
            Inc(Lo);
        while p[Hi,1] > Mid do
            Dec(Hi);
        if Lo <= Hi then
        begin
            midx:=p[Lo,1];
            midy:=p[Lo,2];
            p[Lo,1]:=p[Hi,1];
            p[Lo,2]:=p[Hi,2];
            p[Hi,1]:=midx;
            p[Hi,2]:=midy;
            midhh:=hh[Lo];
            hh[Lo]:=hh[Hi];
            hh[Hi]:=midhh;
            Inc(Lo);
            Dec(Hi);
        end;
    until Lo > Hi;
    if Hi > iLo then
        DoQuickSort(p,hh, iLo, Hi);
    if Lo < iHi then
        DoQuickSort(p,hh, Lo, iHi);
end;
begin
    DoQuickSort(p,hh, Low, High);
end;

procedure QuickSort2dy(var p:T2D;var hh:T1I; Low, High: Integer);
//Sort all points by y
    procedure DoQuickSort(var p:T2D;var hh:T1I; iLo, iHi: Integer);
    var
```

```
        Lo，Hi：Integer；
        Mid：real；
        midx,midy：real；
        midhh：integer；
begin
        Lo ：= iLo；
        Hi ：= iHi；
        //Mid ：= A[(Lo+Hi) div 2].x；
        //mid：=p[(Lo+Hi) div 2,2]；
        mid：=p[Lo,2]；
        repeat
                while p[Lo,2] < Mid do
                        Inc(Lo)；
                while p[Hi,2] > Mid do
                        Dec(Hi)；
                if Lo <= Hi then
                begin
                        midx：=p[Lo,1]；
                        midy：=p[Lo,2]；
                        p[Lo,1]：=p[Hi,1]；
                        p[Lo,2]：=p[Hi,2]；
                        p[Hi,1]：=midx；
                        p[Hi,2]：=midy；
                        midhh：=hh[Lo]；
                        hh[Lo]：=hh[Hi]；
                        hh[Hi]：=midhh；
                        //T ：= A[Lo]；
                        //A[Lo] ：= A[Hi]；
                        //A[Hi] ：= T；
                        Inc(Lo)；
                        Dec(Hi)；
                end；
        until Lo > Hi；
        if Hi > iLo then
                DoQuickSort(p,hh, iLo, Hi)；
        if Lo < iHi then
                DoQuickSort(p,hh, Lo, iHi)；
```

```
        end;
begin
    DoQuickSort(p,hh, Low, High);
end;


procedure subQuickSort2d(var p:T2D;var ff:T1I;id:integer);
var
Low, High: Integer;
i,n,step:integer;
start,over,midx,midy:real;
begin
n:=length(p)-1;
step:=0;
//对 X 局部排序
if id=1 then
begin
Low:=1;
High:=1;
start:=p[1,2];
repeat
High:=High+1;
over:=p[High,2];
if over<>start then
    begin
    High:=High-1;
    QuickSort2dx(p,ff,Low,High);
    High:=High+1;
    Low:=High;
    start:=over;
    end;
until High>=n;
QuickSort2dX(p,ff,Low,High);
end;
//对 Y 局部排序
if id=2 then
begin
Low:=1;
```

```
High:=1;
start:=p[1,1];
repeat
High:=High+1;
over:=p[High,1];
if over<>start then
  begin
  High:=High-1;
  QuickSort2dY(p,ff,Low,High);
  High:=High+1;
  Low:=High;
  start:=over;
  end;
until High>=n;
QuickSort2dY(p,ff,Low,High);
end;
end;
///////////////////////////////////////////////////////////////////////////
//查询节点属于哪个三角形内
proceduretsearch2(var t,neighborT:T2I;var p:T2D;var a:T1D;var fixed:T2D;var outndx:
T1I);
var
n,k,i,j,m:integer;
px,py:real;
begin
n:=length(fixed)-1;
setlength(outndx,n+1);
for i:=1 to n do
  begin
  //outndx[i]:=-1;   //不在三角形内的为-1
  px:=fixed[i,1];
  py:=fixed[i,2];
  outndx[i]:=findTriangle(t,neighborT,p,a,px,py);
  end;
end;
///////////////////////////////////////////////////////////////////////////
//节点投影程序,Project the points in P onto the closest edge of the polygon defined by the
```

edge segments

```
procedure project2poly1(var p:T2D;var bnd:T1I;var edgexy:T2D;
                        var ndx,ndxnew:T1I;nargin:integer;var memo:Tmemo);
var
n,i,j,k:integer;
todo,newbnd:array of integer;
cn:integer;
x1,y1,x2mx1,y2my1,r:real;
boo,flip:boolean;
dxy:array[1..2] of real;
maxpx,maxpy,minpx,minpy,midx,midy:real;
edgexy_lower,edgexy_upper:T2D;
ilower,iupper:T1I;
f1,f2,f3,f4,inf:real;
uf1,uf2,uf3,uf4:real;
t1,t2,ne:integer;
ymean,sum,x,y,d,dj,y2:real;
xn,yn:real;
oldedgexy:T2D;
oldbnd:T1I;
begin
ne:=length(edgexy)-1;
setlength(oldedgexy,ne+1,5);
for i:=1 to ne do
  begin
  oldedgexy[i,1]:=edgexy[i,1];
  oldedgexy[i,2]:=edgexy[i,2];
  oldedgexy[i,3]:=edgexy[i,3];
  oldedgexy[i,4]:=edgexy[i,4];
  end;
n:=length(bnd)-1;
setlength(oldbnd,n+1);
for i:=1 to n do
oldbnd[i]:=bnd[i];
inf:=1e10;
n:=length(p)-1;
if nargin<4 then
```

```
    begin
    setlength(ndx,n+1);
    for i:=1 to n do
    ndx[i]:=0;
    end;
setlength(ndxnew,n+1);
for i:=1 to n do
ndxnew[i]:=0;
setlength(todo,length(bnd));
for i:=1 to length(todo)-1 do
todo[i]:=1;
for k:= 1 to length(bnd)-1 do
    begin
    cn:=bnd[k];
    if ndx[cn]>0    then
        begin
        j:=ndx[cn];
        x1:=edgexy[j,1]; x2mx1:=edgexy[j,3]-x1;
        y1:=edgexy[j,2]; y2my1:=edgexy[j,4]-y1;
        r:= ((p[cn,1]-x1) * x2mx1+(p[cn,2]-y1) * y2my1)/(x2mx1 * x2mx1+y2my1
 * y2my1);
        if (r>0) and (r<1)    then
            begin
            todo[k]:= 0;
            p[cn,1]:= x1+r * x2mx1;
            p[cn,2]:= y1+r * y2my1;
            ndxnew[cn]:= j;
            end;
        end;
    end;
//Do a full search for points not already projected
boo:=false;
for i:=1 to length(todo)-1 do
if todo[i]<>0 then
    begin
    boo:=true;
    break;
```

```
       end;
if not boo then exit;
n:=length(todo)-1;
setlength(newbnd,n+1);
n:=0;
for i:=1 to length(todo)-1 do
if todo[i]=1 then
   begin
   n:=n+1;
   newbnd[n]:=bnd[i];
   end;
setlength(newbnd,n+1);
if boo then        //1
   begin
   maxpx:=p[1,1];maxpy:=p[1,2];
   minpx:=p[1,1];minpy:=p[1,2];
   for i:=2 to length(p)-1 do
      begin
      maxpx:=max(maxpx,p[i,1]);maxpy:=max(maxpy,p[i,2]);
      minpx:=min(minpx,p[i,1]);minpy:=min(minpy,p[i,2]);
      end;
   dxy[1]:=maxpx-minpx;dxy[2]:=maxpy-minpy;
   if dxy[1]>dxy[2] then
      begin
      //Flip co-ords if x range is bigger,颠倒 x,y 的位置
      for i:=1 to length(p)-1 do
         begin
         midx:=p[i,1];midy:=p[i,2];
         p[i,1]:=midy;p[i,2]:=midx;
         end;
      for i:=1 to length(edgexy)-1 do
         begin
         midx:=edgexy[i,1];midy:=edgexy[i,2];
         edgexy[i,1]:=midy;edgexy[i,2]:=midx;
         midx:=edgexy[i,3];midy:=edgexy[i,4];
         edgexy[i,3]:=midy;edgexy[i,4]:=midx;
         end;
```

```
        flip：＝true；
        end
      else
        flip：＝false；
//调整边的两个节点的位置，按照 y 的大小
for i：＝1 to length(edgexy)－1 do
      begin
        midx：＝edgexy[i,1]；midy：＝edgexy[i,2]；
        if edgexy[i,4]＜edgexy[i,2] then
          begin
            edgexy[i,1]：＝edgexy[i,3]；edgexy[i,2]：＝edgexy[i,4]；
            edgexy[i,3]：＝midx；edgexy[i,4]：＝midy；
          end；
      end；
//分别按照第一个点和第二个点的 Y 坐标递增排列
n：＝length(edgexy)－1；
setlength(edgexy_lower,n＋1,5)；
setlength(edgexy_upper,n＋1,5)；
setlength(ilower,n＋1)；
setlength(iupper,n＋1)；
for i：＝1 to n do
      begin
        ilower[i]：＝i；iupper[i]：＝i；
        f1：＝edgexy[i,1]；f2：＝edgexy[i,2]；f3：＝edgexy[i,3]；f4：＝edgexy[i,4]；
        edgexy_lower[i,1]：＝f1；edgexy_lower[i,2]：＝f2；edgexy_lower[i,3]：＝f3；edgexy_
lower[i,4]：＝f4；
        edgexy_upper[i,1]：＝f1；edgexy_upper[i,2]：＝f2；edgexy_upper[i,3]：＝f3；edgexy_
upper[i,4]：＝f4；
      end；
QuickSort4d2(edgexy_lower,ilower,1,n)；
QuickSort4d4(edgexy_upper,iupper,1,n)；
//所有的边线上的两节点坐标 y 的和/2/ne
ne：＝length(edgexy)－1；
sum：＝0；
for i：＝1 to n do
sum：＝sum＋edgexy[i,2]＋edgexy[i,4]；
ymean：＝ 0.5 * sum/ne；
```

```
//Loop through points
  for k:= 1 to length(newbnd)−1  do
      begin         //2
      cn:=newbnd[k];
      x:=p[cn,1];
      y:=p[cn,2];
      d:= inf;
      if y<ymean   then      //3
        begin
        // Loop through edges bottom up
        for j:= 1 to ne do
          begin    //4
          y2:=edgexy_lower[j,4];
          if y2>=(y−d) then
            begin          //5
            y1:=edgexy_lower[j,2];
            if y1<=(y+d) then
              begin  //6
              //Calculate the distance along the normal projection from [x,y] to the jth edge
              x1:=edgexy_lower[j,1];
              x2mx1:=edgexy_lower[j,3]−x1;
              y2my1:= y2−y1;
              r:= ((x−x1) * x2mx1+(y−y1) * y2my1)/(x2mx1 * x2mx1+y2my1 * y2my1);
              if r>1 then //Limit to wall endpoints
              r:= 1
              else if r<0 then
              r:= 0;
              xn:= x1+r * x2mx1;
              yn:= y1+r * y2my1;
              dj:= (xn−x) * (xn−x)+(yn−y) * (yn−y);
              if ( dj<d * d ) then
                begin
                d:=sqrt(dj);
                p[cn,1]:= xn;
                p[cn,2]:= yn;
                ndxnew[cn]:= ilower[j];
                end;
```

```
            end
            else       //6
            break；
          end；   //5
       end；   //4
    end
    else          //3
    begin
    for j：= ne downto 1 do
       begin       //7
       y1：=edgexy_upper[j,2]；
       if y1<=(y+d) then
          begin       //8
          y2：=edgexy_upper[j,4]；
          if y2>=(y-d) then
             begin   //9
             //Calculate the distance along the normal projection from [x,y] to the jth edge
             x1：=edgexy_upper[j,1]；
             x2mx1：=edgexy_upper[j,3]-x1；
             y2my1：= y2-y1；
             r：= ((x-x1) * x2mx1+(y-y1) * y2my1)/(x2mx1 * x2mx1+y2my1 * y2my1)；
             if r>1 then          // Limit to wall endpoints
             r：= 1
             else if r<0 then
             r：= 0；
             xn：= x1+r * x2mx1；
             yn：= y1+r * y2my1；
             dj：= (xn-x) * (xn-x)+(yn-y) * (yn-y)；
             if ( dj<d * d ) then
                begin
                d：=sqrt(dj)；
                p[cn,1]：= xn；
                p[cn,2]：= yn；
                ndxnew[cn]：=iupper[j]；
                end；
             end
             else   //9
```

```
                    break;
                end;        //8
              end;          //7
          end;              //3
  end;    //2
  if flip    then
  for i:=1 to length(p)-1 do
      begin
      midx:=p[i,1];midy:=p[i,2];
      p[i,1]:=midy;p[i,2]:=midx;
      end;
  end;                //1
for i:=1 to length(edgexy)-1 do
  begin
  edgexy[i,1]:=oldedgexy[i,1];edgexy[i,2]:=oldedgexy[i,2];
  edgexy[i,3]:=oldedgexy[i,3];edgexy[i,4]:=oldedgexy[i,4];
  end;
n:=length(oldbnd)-1;
setlength(bnd,n+1);
for i:=1 to n do
bnd[i]:=oldbnd[i];
end;
```

4) 网格平滑程序 Tpinhua1(含子程序)。

```
function Tpinhua1(var node:T2D;var edge:T2I;
                  var ph,p:T2D;var th,neighborth,t:T2I;var hh,a:T1D;var edgexy:T2D;
                  var wndx,tndx,fix:T1I;var fixed:T2D;
                  var maxit:integer;var mlim:real;
                  var id:integer;var memo:tmemo):integer;
var
iter,k:integer;
midt,neighbormidt:T2I;
amidt:T1D;
e:T2I;
nume:integer;
id1,id2:T1I;
outs1:T2I;
outs2,s:T1D;
```

```
outs1D,outsDid:T2I;
outs2D:T1D;
jjp:T2D;
i,j,n,m,k1,k2:integer;
retri:boolean;
subit,subiter:integer;
pc:T2D;
outon,outin:T1I;
pbnd,midbnd:T1I;
fh1,fh2:T1D;
L,Lnew,r,outsr,outsum:T1D;
x,y,fixedx,fixedy:T1D;
ce:T2D;
wndxnew,midfix:T1I;
pi,pj,overlap:T1I;
pm,outspm:T2D;
gg1,gg2,eps:real;
done:boolean;
w:array of real;
sizep,maxb,sn:integer;
test,hang,prob,bianma:T1I;
move,maxr:real;
pnew,tp:T2D;
tmp_wndx,tmp_tndx,jj:array of integer;
nump,numt,numwndx:integer;
memo1num:integer;
begin
result:=0;
retri:=false;
subit:= 3;
for iter:= 1 to maxit do
  begin//1
  memo1num:=Memo. Lines. Count-1;
  Memo. Lines. Strings[memo1num]:=inttostr(iter)+'-->'+inttostr(maxit);
  if retri then
    begin
    if id=1 then
```

```
MyDelaunayn(p,midt,neighbormidt,amidt,memo);//生成 Delaunay 网
if id=2 then BourkeMyDelaunayn(p,midt);//本例不考虑这种情况
n:=length(midt)-1;
setlength(pc,n+1,3);
for i:=1 to n do
    begin
    pc[i,1]:=(p[midt[i,1],1]+p[midt[i,2],1]+p[midt[i,3],1])/3;
    pc[i,2]:=(p[midt[i,1],2]+p[midt[i,2],2]+p[midt[i,3],2])/3;
    end;
inpoly1(pc,node,edge,outon,outin,memo);
n:=length(outin)-1;
setlength(t,n+1,4);
m:=0;
for i:=1 to n do
if outin[i]=1 then
    begin
    m:=m+1;
    t[m,1]:=midt[i,1];
    t[m,2]:=midt[i,2];
    t[m,3]:=midt[i,3];
    end;
    setlength(t,m+1,4);
    end;
memo.Lines.Add('查询边界');
n:=length(p)-1;
getedges1(t,n,e,midbnd);
for i:=1 to length(fix)-1 do
midbnd[fix[i]]:=0;
setlength(pbnd,n+1);
m:=0;
for i:=1 to n do
if midbnd[i]<>0 then
    begin
    m:=m+1;
    pbnd[m]:=i;
    end;
    setlength(pbnd,m+1);
```

```
nume:=length(e)-1;
setlength(id1,2 * nume+1);setlength(id2,2 * nume+1);setlength(s,2 * nume+1);
k1:=0;
k2:=nume;
for i:=1 to nume do
  begin
  k1:=k1+1;
  id1[k1]:=e[i,1];id2[k1]:=i;
  s[k1]:=1;
  k2:=k2+1;
  id1[k2]:=e[i,2];id2[k2]:=i;
  s[k2]:=1;
  end;
m:=length(p)-1;
n:=nume;
sparse(id1,id2,s,m,n,outs1,outs2); // 稀疏矩阵转换
outs1D:=copy(outs1);
outs2D:=copy(outs2);
outs1:=nil;
outs2:=nil;
n:=length(outs2D)-1;
QuickSort2ifx(outs1D,outs2D,1,n); //排序
subQuickSort2if(outs1D,outs2D,2); //排序
outids(outs1D,m,outsDid);
setlength(fixedx,length(p));
setlength(fixedy,length(p));
for i:=1 to length(p)-1 do
  begin
  fixedx[i]:=p[i,1];
  fixedy[i]:=p[i,2];
  end;
n:=length(ph)-1;
setlength(x,n+1);
setlength(y,n+1);
for i:=1 to n do
  begin
  x[i]:=ph[i,1];
```

y[i]:=ph[i,2];

    end;

memo. Lines. Add('查询节点位置'+' '+inttostr(length(th)-1)+' '+inttostr

(length(p)-1));

tsearch2(th,neighborth,ph,a,p,tndx);

memo. Lines. Add('插值计算');

tinterp(ph,th,hh,p,tndx,fh1,memo); //参考 1.2.2 节三角形插值程序

n:=length(e)-1;

setlength(fh2,n+1);

for i:=1 to n do

fh2[i]:=0.5 * (fh1[e[i,1]]+fh1[e[i,2]]);

//Inner smoothing iterations

eps:= 2.2204e-016;

setlength(L,n+1);

for i:=1 to n do

  begin

  gg1:=p[e[i,1],1]-p[e[i,2],1];

  gg2:=p[e[i,1],2]-p[e[i,2],2];

  L[i]:=sqrt(gg1 * gg1+gg2 * gg2);

  L[i]:=max(L[i],eps);

  end;

done:= false;

subit:=max(subit,iter);   //Increment sub-iters with outer iters to aid con-

vergence

memo. Lines. Add('迭代');

for subiter:= 1 to subit do

begin

n:=length(L)-1;

setlength(r,n+1);

for i:=1 to n do

r[i]:=sqrt(L[i]/fh2[i]);

setlength(pm,n+1,3);

for i:=1 to n do

  begin

  pm[i,1]:=0.5 * r[i] * (p[e[i,1],1]+p[e[i,2],1]);

  pm[i,2]:=0.5 * r[i] * (p[e[i,1],2]+p[e[i,2],2]);

  end;

```
srdone(outs1D,outsDid,r,outs2D,outsr);
n:=length(outsr)-1;
setlength(w,n+1);
for i:=1 to n do
w[i]:=max(outsr[i],eps);
srdpm(outs1D,outsDid,outs2D,pm,outspm);
n:=length(outspm)-1;
for i:=1 to n do
   begin
   p[i,1]:=outspm[i,1]/w[i];
   p[i,2]:=outspm[i,2]/w[i];
   end;
for i:=1 to length(fix)-1 do
   begin
   p[fix[i],1]:=fixed[i,1];
   p[fix[i],2]:=fixed[i,2];
   end;
//Project bnd nodes onto the closest geometry edge
project2poly1(p,pbnd,edgexy,wndx,wndxnew,4,memo);
for i:=1 to length(wndxnew)-1 do
wndx[i]:=wndxnew[i];
n:=length(e)-1;
setlength(Lnew,n+1);
for i:=1 to n do
   begin
   gg1:=p[e[i,1],1]-p[e[i,2],1];
   gg2:=p[e[i,1],2]-p[e[i,2],2];
   Lnew[i]:=sqrt(gg1*gg1+gg2*gg2);
   Lnew[i]:=max(Lnew[i],eps);
   end;
move:=abs((Lnew[1]-L[1])/L[1]);
for i:=2 to length(L)-1 do
move:=max(move,abs((Lnew[i]-L[i])/L[i]));
for i:=1 to length(L)-1 do
L[i]:=Lnew[i];
if move<mlim   then               //Test convergence
   begin
```

```
        done: = true;
        break;
      end;
    end;
setlength(outspm,0);
setlength(outsr,0);
setlength(pm,0);
n: = length(L)-1;
setlength(r,n+1);
for i: = 1 to n do
r[i]: = L[i]/fh2[i];
maxr: = r[1];
for i: = 1 to n do
maxr: = max(maxr,r[i]);
memo. Lines. Add(floattostr(maxr));
if done and (maxr<3) then
    begin
    break;
    end;
if iter=maxit then
break;
//Nodal density control
retri: = false;
if iter<maxit then
    begin//2
    n: = length(r)-1;
    setlength(test,n+1);
    m: = 0;
    for i: = 1 to n do
    if r[i]<=0. 5 then
        begin
        m: = m+1;
        test[m]: = i;
        end;
    setlength(test,m+1);
    sumsD(outsDid,outs2D,outsum);
    sizep: = length(outsum)-1;
```

```
setlength(hang,sizep+1);
for i:=1 to sizep do
if outsum[i]<2 then
hang[i]:=1
else
hang[i]:=0;
setlength(outs1D,0);
setlength(outs2D,0);
setlength(outsum,0);
if (length(test)-1>0) or (any(hang)=1) then
    begin
    sizep:=length(p)-1;
    setlength(prob,sizep+1);
    for i:=1 to sizep do
    prob[i]:=0;                    //True for nodes to be removed
    m:=length(test)-1;
    for i:=1 to m do
        begin
        prob[e[test[i],1]]:=1;
        prob[e[test[i],2]]:=1;
        end;
    for i:=1 to length(hang)-1 do
    if hang[i]=1 then
    prob[i]:=1;
    for i:=1 to length(fix)-1 do
    prob[fix[i]]:=0;
    n:=length(p)-1;
    setlength(pnew,n+1,3);
    m:=0;
    for i:=1 to length(prob)-1 do
    if prob[i]=0 then
        begin
        m:=m+1;
        pnew[m,1]:=p[i,1];
        pnew[m,2]:=p[i,2];
        end;
    setlength(pnew,m+1,3);
```

```
n:=length(wndx)-1;
m:=0;
setlength(tmp_wndx,n+1);
setlength(tmp_tndx,n+1);
for i:=1 to n do
if prob[i]=0 then
  begin
  m:=m+1;
  tmp_wndx[m]:=wndx[i];
  tmp_tndx[m]:=tndx[i];
  end;
setlength(tmp_wndx,m+1);
setlength(tmp_tndx,m+1);
setlength(jj,length(p));
for i:=1 to length(prob)-1 do
if prob[i]=0 then
jj[i]:=1
else
jj[i]:=0;
n:=0;
for i:=1 to length(jj)-1 do
  begin
  n:=n+jj[i];
  jj[i]:=n;
  end;
n:=length(fix)-1;
setlength(midfix,n+1);
for i:=1 to n do
midfix[i]:=fix[i];
for i:=1 to n do
fix[i]:= jj[midfix[i]];
retri:= true;
end
else
begin
n:=length(p)-1;
setlength(pnew,n+1,3);
```

339

```
for i:=1 to n do
   begin
   pnew[i,1]:=p[i,1];
   pnew[i,2]:=p[i,2];
   end;
n:=length(wndx)-1;
setlength(tmp_wndx,n+1);
for i:=1 to n do
tmp_wndx[i]:=wndx[i];
n:=length(tndx)-1;
setlength(tmp_tndx,n+1);
for i:=1 to n do
tmp_tndx[i]:=tndx[i];
end;
n:=length(r)-1;
setlength(test,n+1);
m:=0;
for i:=1 to length(r)-1 do
if r[i]>=2 then
   begin
   m:=m+1;
   test[m]:=i;
   end;
setlength(test,m+1);
if length(test)-1>0 then
   begin
   n:=length(p)-1;
   setlength(tp,n+1,3);
   for i:=1 to n do
      begin
      tp[i,1]:=p[i,1];
      tp[i,2]:=p[i,2];
      end;
   n:=length(pnew)-1;
   m:=length(test)-1;
   setlength(p,n+m+1,3);
   for i:=1 to n do
```

```
begin
p[i,1]:=pnew[i,1];
p[i,2]:=pnew[i,2];
end;
for i:=n+1 to n+m do
begin
p[i,1]:=0.5 * (tp[e[test[i-n],1],1]+tp[e[test[i-n],2],1]);
p[i,2]:=0.5 * (tp[e[test[i-n],1],2]+tp[e[test[i-n],2],2]);
end;
setlength(pnew,0);
setlength(tp,0);
setlength(e,0);
n:=length(tmp_wndx)-1;
m:=length(test)-1;
setlength(wndx,n+m+1);
for i:=1 to n do
wndx[i]:=tmp_wndx[i];
for i:=n+1 to n+m do
wndx[i]:=0;
n:=length(tmp_tndx)-1;
setlength(tndx,n+m+1);
for i:=1 to n do
tndx[i]:=tmp_tndx[i];
for i:=n+1 to n+m do
tndx[i]:=0;
retri:= true;
end
else
begin
n:=length(pnew)-1;
setlength(p,n+1,3);
for i:=1 to n do
begin
p[i,1]:=pnew[i,1];
p[i,2]:=pnew[i,2];
end;
setlength(pnew,0);
```

```
            n:=length(tmp_wndx)-1;
            setlength(wndx,n+1);
            for i:=1 to n do
            wndx[i]:=tmp_wndx[i];
            n:=length(tmp_tndx)-1;
            setlength(tndx,n+1);
            for i:=1 to n do
            tndx[i]:=tmp_tndx[i];
            end;
        end;//2
    unique2(p,pi,pj,overlap);
    memo.lines.add(' ');
    memo.lines.add(inttostr(length(pi)-1)+' '+inttostr(length(p)-1));
    memo.lines.add(' ');
    n:=length(pi)-1 ;
    m:=length(p)-1;
    if n<>m then
        begin
        retri:= true;
        tichu(p,fixed,overlap,fix,wndx,tndx);
        end;
    k:=0;
    for i:=1 to length(overlap)-1 do
    if overlap[i]=1 then
    k:=k+1;
    memo.Lines.Add(inttostr(k));
    memo.lines.add(' ');
    end;//1
    result:=1;
    end;
//////////////////////////////////////////////////////////////////
//节点投影程序
procedure MyDelaunayn(var p:T2D;var t,neighbort:T2I;var a:T1D;var memo:Tmemo);
var
maxpx,maxpy:real;
minpx,minpy:real;
d:real;
```

```
newp: T2D;
n,i: integer;
begin
n: =length(p)-1;
maxpx: =p[1,1];maxpy: =p[1,2];
minpx: =p[1,1];minpy: =p[1,2];
for i: =2 to n do
   begin
   maxpx: =max(maxpx,p[i,1]);
   maxpy: =max(maxpy,p[i,2]);
   minpx: =min(minpx,p[i,1]);
   minpy: =min(minpy,p[i,2]);
   end;
d: =min(maxpx-minpx,maxpy-minpy);
setlength(newp,n+1,3);
for i: =1 to n do
   begin
   newp[i,1]: =(p[i,1]-0.5 * (minpx+maxpx))/d;
   newp[i,2]: =(p[i,2]-0.5 * (minpy+maxpy))/d;
   end;
newShewchukMyDelaunayn(newp,p,t,neighbort,a,memo);
end;


procedure newShewchukMyDelaunayn(var p,oldp: T2D;var t,neighbort: T2I;var a: T1D;var
memo: tmemo);
   var
   i,j,num,tnum: integer;
   InData: PTriangulateIO;        // Data Input Record
   OutData: PTriangulateIO;       // Data Output record
   VorData: PTriangulateIO;       // Data Voronoi Output record
   k1,k2,k3,m     : Integer;                  // Iterator and Maximum;
   ch       : Char;
   str: string;
   p1x,p1y,p2x,p2y,p3x,p3y,f: real;
   begin
   num: =length(p)-1;
   // Define input points.
```

```
New(InData);

FillChar(InData^,SizeOf(InData^),#0);
// set number of points and attributes
InData.NumberofPoints :=num;
InData.NumberofPointAttributes:= 0;
// fill the array with data poits
NewRealArray(InData^.Pointlist,InData.NumberOfPoints * 2);
For i := 0 To InData.NumberOfPoints-1 Do
For j := 0 To 1 Do
SetRealArray(Indata^.PointList,i * 2+j,p[i+1,j+1]);
InData.NumberofSegments := 0;
InData.NumberofHoles     := 0;
InData.NumberofRegions   := 0;
_openiobuffer(80,80);
New(OutData);
New(VorData);
_InitTriangleIO(OutData);
_InitTriangleIO(VorData);
ExecTriangulate('zn',InData,OutData,VorData);
tnum:=OutData.NumberOfTriangles;
setlength(t,tnum+1,4);
setlength(neighbort,tnum+1,4);
setlength(a,tnum+1);
m:=0;
for i:=0 to tnum-1 do
begin
k1:=OutData.Trianglelist^[i * 3]+1;
k2:=OutData.Trianglelist^[i * 3+1]+1;
k3:=OutData.Trianglelist^[i * 3+2]+1;
p1x:=p[k1,1];p1y:=p[k1,2];
p2x:=p[k2,1];p2y:=p[k2,2];
p3x:=p[k3,1];p3y:=p[k3,2];
f:=area(p1x,p1y,p2x,p2y,p3x,p3y);
if f<=1e-10 then
continue;
```

```
m:=m+1;
t[m,1]:=k1;
t[m,2]:=k2;
t[m,3]:=k3;
neighbort[m,1]:=OutData. NeighborList^[i * 3]+1;
neighbort[m,2]:=OutData. NeighborList^[i * 3+1]+1;
neighbort[m,3]:=OutData. NeighborList^[i * 3+2]+1;
p1x:=oldp[k1,1];p1y:=oldp[k1,2];
p2x:=oldp[k2,1];p2y:=oldp[k2,2];
p3x:=oldp[k3,1];p3y:=oldp[k3,2];
f:=area(p1x,p1y,p2x,p2y,p3x,p3y);
a[m]:=f;
end;
setlength(t,m+1,4);
setlength(neighbort,m+1,4);
setlength(a,m+1);
try
_freeiobuffer;
_dlpFreeTriangleIO(InData);
except
{}
end;
End;
///////////////////////////////////////////////////////////////////////
//获取三角剖分中的唯一边和边界节点
procedure getedges1(var t:T2I;var nnn:integer;var e:T2I;var bnd:T1I);
var
mide1,mide2,bnde:T2I;
i,ss,ss1,ss2,ss3,sum1,sum2,k,m,n:integer;
indx,indx1,indx2:T1I;
midx,midy:integer;
diffe1,diffe2:integer;
indxb:integer;
begin
n:=length(t)-1;
setlength(mide1,3 * n+1,3);
```

```
ss1:=0;
ss2:=length(t)-1;
ss3:=2 * ss2;
for i:=1 to length(t)-1 do
    begin
    ss1:=ss1+1;
    mide1[ss1,1]:=t[i,1];mide1[ss1,2]:=t[i,2];
    midx:=mide1[ss1,1];midy:=mide1[ss1,2];
    if midy<midx then
        begin
        mide1[ss1,2]:=midx;
        mide1[ss1,1]:=midy;
        end;
    ss2:=ss2+1;
    mide1[ss2,1]:=t[i,1];mide1[ss2,2]:=t[i,3];
    midx:=mide1[ss2,1];midy:=mide1[ss2,2];
    if midy<midx then
        begin
        mide1[ss2,2]:=midx;
        mide1[ss2,1]:=midy;
        end;
    ss3:=ss3+1;
    mide1[ss3,1]:=t[i,2];mide1[ss3,2]:=t[i,3];
    midx:=mide1[ss3,1];midy:=mide1[ss3,2];
    if midy<midx then
        begin
        mide1[ss3,2]:=midx;
        mide1[ss3,1]:=midy;
        end;
    end;
sortrows(mide1);//排序
n:=length(mide1)-1;
setlength(indx1,n+1);
setlength(indx2,n+1);
indx2[1]:=0;
for i:=1 to n-1 do
    begin
```

```
diffe1:=mide1[i+1,1]-mide1[i,1];
diffe2:=mide1[i+1,2]-mide1[i,2];
if (diffe1=0) and (diffe2=0) then
indxb:=1
else
indxb:=0;
indx1[i]:=indxb;
indx2[i+1]:=indxb;
end;
indx1[n]:=0;
setlength(indx,n+1);
setlength(bnde,n+1,3);
setlength(mide2,n+1,3);
sum1:=0;sum2:=0;
for i:=1 to n do
  begin
  if (indx1[i]=1) or (indx2[i]=1) then
  indx[i]:=1
  else
  indx[i]:=0;
  if indx[i]=0 then
    begin
    sum1:=sum1+1;
    bnde[sum1,1]:=mide1[i,1];
    bnde[sum1,2]:=mide1[i,2];
    end
    else
    begin
    sum2:=sum2+1;
    mide2[sum2,1]:=mide1[i,1];
    mide2[sum2,2]:=mide1[i,2];
    end;
  end;
setlength(bnde,sum1+1,3);
setlength(mide2,sum2+1,3);
setlength(e,n+1,3);
k:=0;
```

```
for i:=1 to sum1 do
  begin
  k:=k+1;
  e[i,1]:=bnde[i,1];
  e[i,2]:=bnde[i,2];
  end;
m:=-1;
for i:=1 to sum2 do
  begin
  m:=m+2;
  if m>sum2 then break;
  k:=k+1;
  e[k,1]:=mide2[m,1];
  e[k,2]:=mide2[m,2];
  end;
setlength(e,k+1,3);
//True for boundary nodes
setlength(bnd,nnn+1);
k:=0;
for i:=1 to nnn do
bnd[i]:=0;
for i:=1 to length(bnde)-1 do
  begin
  bnd[bnde[i,1]]:=1;
  bnd[bnde[i,2]]:=1;
  end;
end;


procedure sortrows(var e:T2I);
var
n:integer;
midx,midy:integer;
hh:T1I;
begin
n:=length(e)-1;
setlength(hh,n+1);
QuickSort2ix(e,hh,1,n);
```

```
subQuickSort2i(e,hh,2);
end;


procedure QuickSort2ix(var p:T2I;var hh:T1I; Low, High: Integer);
//Sort all points by x
    procedure DoQuickSort(var p:T2I;var hh:T1I; iLo, iHi: Integer);
    var
        Lo, Hi: Integer;
        Mid: integer;
        midx,midy:integer;
        midhh:integer;
    begin
        Lo := iLo;
        Hi := iHi;
        mid:=p[Lo,1];
        repeat
            while p[Lo,1] < Mid do
                Inc(Lo);
            while p[Hi,1] > Mid do
                Dec(Hi);
            if Lo <= Hi then
            begin
                midx:=p[Lo,1];
                midy:=p[Lo,2];
                p[Lo,1]:=p[Hi,1];
                p[Lo,2]:=p[Hi,2];
                p[Hi,1]:=midx;
                p[Hi,2]:=midy;
                midhh:=hh[Lo];
                hh[Lo]:=hh[Hi];
                hh[Hi]:=midhh;
                Inc(Lo);
                Dec(Hi);
            end;
        until Lo > Hi;
        if Hi > iLo then
            DoQuickSort(p,hh, iLo, Hi);
```

```
            if Lo < iHi then
                DoQuickSort(p,hh, Lo, iHi);
        end;
begin
    DoQuickSort(p,hh, Low, High);
end;


procedure QuickSort2iy(var p:T2I;var hh:T1I; Low, High: Integer);
//Sort all points by y
    procedure DoQuickSort(var p:T2I;var hh:T1I; iLo, iHi: Integer);
    var
        Lo, Hi: Integer;
        Mid: integer;
        midx,midy:integer;
        midhh:integer;
    begin
        Lo := iLo;
        Hi := iHi;
        mid:=p[Lo,2];
        repeat
            while p[Lo,2] < Mid do
                Inc(Lo);
            while p[Hi,2] > Mid do
                Dec(Hi);
            if Lo <= Hi then
            begin
                midx:=p[Lo,1];
                midy:=p[Lo,2];
                p[Lo,1]:=p[Hi,1];
                p[Lo,2]:=p[Hi,2];
                p[Hi,1]:=midx;
                p[Hi,2]:=midy;
                midhh:=hh[Lo];
                hh[Lo]:=hh[Hi];
                hh[Hi]:=midhh;
                Inc(Lo);
                Dec(Hi);
```

```
            end；
        until Lo > Hi；
        if Hi > iLo then
            DoQuickSort(p,hh, iLo, Hi);
        if Lo < iHi then
            DoQuickSort(p,hh, Lo, iHi);
    end；
begin
    DoQuickSort(p,hh, Low, High);
end；


procedure subQuickSort2i(var p：T2I；var hh；T1I；id：integer)；
var
Low，High：Integer；
i,n,step：integer；
start,over,midx,midy：integer；
begin
n：=length(p)-1；
step：=0；
//X 局部排序
if id=1 then
begin
Low：=1；
High：=1；
start：=p[1,2]；
repeat
High：=High+1；
over：=p[High,2]；
if over<>start then
    begin
    High：=High-1；
    QuickSort2ix(p,hh,Low,High);
    High：=High+1；
    Low：=High；
    start：=over；
    end；
until High>=n；
```

```
QuickSort2ix(p,hh,Low,High);
end；


//Y局部排序
if id=2 then
begin
Low:=1；
High:=1；
start:=p[1,1]；
repeat
High:=High+1；
over:=p[High,1]；
if over<>start then
  begin
  High:=High-1；
  QuickSort2iy(p,hh,Low,High)；
  High:=High+1；
  Low:=High；
  start:=over；
  end；
until High>=n；
QuickSort2iy(p,hh,Low,High)；
end；
end；
//////////////////////////////////////////////////////////////////////
procedure sparse(var id1,id2:T1I;var s:T1D;var m,n:integer;
                var outs1:T2I;var outs2:T1D)；   //稀疏矩阵
var
i,f,num:integer；
Low, High: Integer；
start1,over1,start2,over2,kk:integer；
tt:real；
ms1:T2I；
ms2:T1D；
begin
num:=0；
f:=length(id1)-1；
```

```
setlength(ms1,f+1,3);
setlength(ms2,f+1);
for i:=1 to f do
if s[i]<>0 then
    begin
    num:=num+1;
    ms1[num,1]:=id1[i];
    ms1[num,2]:=id2[i];
    ms2[num]:=s[i];
    end;
setlength(ms1,num+1,3);
setlength(ms2,num+1);
QuickSort2ify(ms1,ms2,1,num);
subQuickSort2if(ms1,ms2,1);
setlength(outs1,num+1,3);
setlength(outs2,num+1);
kk:=0;
Low:=1;
High:=1;
start1:=ms1[1,1];
start2:=ms1[1,2];
repeat
High:=High+1;
over1:=ms1[High,1];
over2:=ms1[High,2];
if (over1<>start1) or (over2<>start2) then
    begin
    High:=High-1;
    tt:=0;
    for i:=Low to High do
    tt:=tt+ms2[i];
    if tt<>0 then
        begin
        kk:=kk+1;
        outs1[kk,1]:=start1;
        outs1[kk,2]:=start2;
        outs2[kk]:=tt;
```

```
        end;
    High:=High+1;
    Low:=High;
    start1:=over1;
    start2:=over2;
    end;
until High>=num;
tt:=0;
for i:=Low to High do
tt:=tt+ms2[i];
if tt<>0 then
  begin
  kk:=kk+1;
  outs1[kk,1]:=start1;
  outs1[kk,2]:=start2;
  outs2[kk]:=tt;
  end;
setlength(outs1,kk+1,3);
setlength(outs2,kk+1);
end;


procedure QuickSort2ifx(var p:T2I;var hh:T1D; Low,High:Integer);
//Sort all points by x
    procedure DoQuickSort(var p:T2I;var hh:T1D; iLo,iHi:Integer);
    var
        Lo,Hi:Integer;
        Mid:integer;
        midx,midy:integer;
        midhh:real;
    begin
        Lo := iLo;
        Hi := iHi;
        mid:=p[Lo,1];
        repeat
            while p[Lo,1] < Mid do
                Inc(Lo);
            while p[Hi,1] > Mid do
```

```
                Dec(Hi);
            if Lo <= Hi then
            begin
                midx:=p[Lo,1];
                midy:=p[Lo,2];
                p[Lo,1]:=p[Hi,1];
                p[Lo,2]:=p[Hi,2];
                p[Hi,1]:=midx;
                p[Hi,2]:=midy;
                midhh:=hh[Lo];
                hh[Lo]:=hh[Hi];
                hh[Hi]:=midhh;
                Inc(Lo);
                Dec(Hi);
            end;
        until Lo > Hi;
        if Hi > iLo then
            DoQuickSort(p,hh, iLo, Hi);
        if Lo < iHi then
            DoQuickSort(p,hh, Lo, iHi);
    end;
begin
    DoQuickSort(p,hh, Low, High);
end;


procedure QuickSort2ify(var p:T2I;var hh:T1D; Low, High: Integer);
//Sort all points by y
    procedure DoQuickSort(var p:T2I;var hh:T1D; iLo, iHi: Integer);
    var
        Lo, Hi: Integer;
        Mid: integer;
        midx,midy:integer;
        midhh:real;
    begin
        Lo := iLo;
        Hi := iHi;
        mid:=p[Lo,2];
```

```
    repeat
        while p[Lo,2] < Mid do
            Inc(Lo);
        while p[Hi,2] > Mid do
            Dec(Hi);
        if Lo <= Hi then
        begin
            midx:=p[Lo,1];
            midy:=p[Lo,2];
            p[Lo,1]:=p[Hi,1];
            p[Lo,2]:=p[Hi,2];
            p[Hi,1]:=midx;
            p[Hi,2]:=midy;
            midhh:=hh[Lo];
            hh[Lo]:=hh[Hi];
            hh[Hi]:=midhh;
            Inc(Lo);
            Dec(Hi);
        end;
    until Lo > Hi;
    if Hi > iLo then
        DoQuickSort(p,hh, iLo, Hi);
    if Lo < iHi then
        DoQuickSort(p,hh, Lo, iHi);
    end;
begin
    DoQuickSort(p,hh, Low, High);
end;


procedure subQuickSort2if(var p:T2I;var hh:T1D;id:integer);
var
Low, High: Integer;
i,n,step:integer;
start,over,midx,midy:integer;
begin
n:=length(p)-1;
step:=0;
```

//X 局部排序

```
if id=1 then
begin
Low:=1;
High:=1;
start:=p[1,2];
repeat
High:=High+1;
over:=p[High,2];
if over<>start then
    begin
    High:=High-1;
    QuickSort2ifx(p,hh,Low,High);
    High:=High+1;
    Low:=High;
    start:=over;
    end;
until High>=n;
QuickSort2ifx(p,hh,Low,High);
end;
```

//Y 局部排序

```
if id=2 then
begin
Low:=1;
High:=1;
start:=p[1,1];
repeat
High:=High+1;
over:=p[High,1];
if over<>start then
    begin
    High:=High-1;
    QuickSort2ify(p,hh,Low,High);
    High:=High+1;
    Low:=High;
    start:=over;
```

```
      end；
  until High>=n；
  QuickSort2ify(p,hh,Low,High)；
  end；
  end；
///////////////////////////////////////////////////////////////////////
  procedure outids(var outs1D：T2I；var numn：integer；var outid：T2I)；//输出稀疏矩阵的行
表示表
  var
  i，j：integer；
  numr，k，t：integer；
  begin
  setlength(outid，numn+1，3)；
  k：=1；
  numr：=1；
  for i：=1 to numn do
    begin
    t：=0；
    outid[i，1]：=0；
    outid[i，2]：=-1；
    k：=numr-1；
    if k<=0 then k：=1；
    for j：=k to length(outs1D)-1 do
      begin
      numr：=j；
      if outs1D[j，1]>i then
      break；
      if outs1D[j，1]=i then
        begin
        outid[i，2]：=j；
        t：=t+1；
        end；
      if t=1 then
      outid[i，1]：=j；
      end；
    end；
  end；
```

```
///////////////////////////////////////////////////////////////////
//稀疏矩阵的乘法 SD * r
procedure srDone(var outs1D,outsid:T2I;var r,outs2D:T1D;var outsrDone:T1D);
var
i,j:integer;
numn:integer;
begin
numn:=length(outsid)-1;
setlength(outsrDone,numn+1);
for i:=1 to numn do
  begin
  outsrDone[i]:=0;
  for j:=outsid[i,1] to outsid[i,2] do
  outsrDone[i]:=outsrDone[i]+outs2D[j] * r[outs1D[j,2]];
  end;
end;
///////////////////////////////////////////////////////////////////
//稀疏矩阵的乘法 SD * pm
procedure srDpm(var outs1D,outsid:T2I;var outs2D:T1D;var r,outsrDpm:T2D);
var
i,j,k:integer;
numn,h:integer;
begin
h:=length(r[1])-1;
numn:=length(outsid)-1;
setlength(outsrDpm,numn+1,h+1);
for i:=1 to numn do
for k:=1 to h do
begin
outsrDpm[i,k]:=0;
for j:=outsid[i,1] to outsid[i,2] do
outsrDpm[i,k]:=outsrDpm[i,k]+outs2D[j] * r[outs1D[j,2],k];
end;
end;
///////////////////////////////////////////////////////////////////
//计算稀疏矩阵的行的和
procedure sumsD(var outsid:T2I;var outs2D:T1D;var outsr:T1D);
```

```
var
i,j:integer;
numn:integer;
begin
numn:=length(outsid)-1;
setlength(outsr,numn+1);
for i:=1 to numn do
  begin
  outsr[i]:=0;
  for j:=outsid[i,1] to outsid[i,2] do
  outsr[i]:=outsr[i]+outs2D[j];
  end;
end;
///////////////////////////////////////////////////////////////////////
//提取矩阵中的不同项,按行比较
procedure unique2(var inss:T2D;var pm,pn,overlap:T1I);
var
i,n,k:integer;
oldinss:T2D;
begin
n:=length(inss)-1;
setlength(oldinss,n+1,3);
for i:=1 to n do
  begin
  oldinss[i,1]:=inss[i,1];
  oldinss[i,2]:=inss[i,2];
  end;
unique1(oldinss,pm,pn);
k:=length(pm)-1;
setlength(overlap,n+1);
for i:=1 to n do
overlap[i]:=1;
for i:=1 to k do
overlap[pm[i]]:=0;
end;

procedure unique1(var inss:T2D;var pm,pn:T1I);
```

```
var
i,j,n,sum,ss,k,mumr,t:integer;
f1,f2,f3,f4,eps:real;
outss:T2D;
mhh,kk,h:T1I;
begin
eps:=1e-10;
n:=length(inss)-1;
setlength(h,n+1);
for i:=1 to n do
h[i]:=i;
//按照 x 方向递增排序
QuickSort2dx(inss,h,1,n);
//对 y 方向局部排序
subQuickSort2d(inss,h,2);
setlength(pm,n+1);
setlength(outss,n+1,3);
setlength(pn,n+1);
t:=1;
pn[h[1]]:=1;
k:=0;
f1:=inss[1,1];
f2:=inss[1,2];
for i:=2 to n do
  begin
  k:=1;
  f3:=inss[i,1];
  f4:=inss[i,2];
  if abs(f3-f1)<eps then
  if abs(f4-f2)<eps then
  k:=0;
  if k=1 then
    begin
    outss[t,1]:=f1;
    outss[t,2]:=f2;
    pm[t]:=h[i-1];
    f1:=f3;
```

```
    f2:=f4;
    t:=t+1;
    end;
  pn[h[i]]:=t;
  end;
outss[t,1]:=f3;
outss[t,2]:=f4;
pm[t]:=h[n];
setlength(pm,t+1);
setlength(outss,t+1);
setlength(inss,t+1);
for i:=1 to t do
inss[i]:=outss[i];
end;
////////////////////////////////////////////////////////////////////////
//剔除多余节点
procedure  tichu(var p,fixed:T2D;var overlap,fix,wndx,tndx:T1I);
var
pnew:T2D;
tmp_wndx,tmp_tndx,jj,midfix:T1I;
i,j,n,m,k:integer;
eps,f1,f2,f3,f4,tmp:real;
begin
eps:=1e-20;
// True for nodes to be removed
n:=length(p)-1;
setlength(pnew,n+1,3);
m:=0;
for i:=1 to n do
if overlap[i]=0 then
  begin
  m:=m+1;
  pnew[m,1]:=p[i,1];
  pnew[m,2]:=p[i,2];
  end;
setlength(pnew,m+1,3);
m:=0;
```

```
setlength(tmp_wndx,n+1);
setlength(tmp_tndx,n+1);
for i:=1 to n do
if overlap[i]=0 then
    begin
    m:=m+1;
    tmp_wndx[m]:=wndx[i];
    tmp_tndx[m]:=tndx[i];
    end;
setlength(tmp_wndx,m+1);
setlength(tmp_tndx,m+1);
n:=length(fixed)-1;
for i:=1 to n do
    begin
    tmp:=1e10;
    f1:=fixed[i,1];
    f2:=fixed[i,2];
    for j:=1 to length(pnew)-1 do
        begin
        f3:=pnew[j,1];
        f4:=pnew[j,2];
        if abs(f3-f1)<eps then
        if abs(f4-f2)<eps then
            begin
            fix[i]:=j;
            break;
            end;
        if tmp>(pnew[j,1]-f1)*(pnew[j,1]-f1)+(pnew[j,2]-f2)*(pnew[j,2]-f2) then
            begin
            tmp:=(pnew[j,1]-f1)*(pnew[j,1]-f1)+(pnew[j,2]-f2)*(pnew[j,2]-f2);
            fix[i]:=j;
            end;
        end;
    end;
n:=length(pnew)-1;
setlength(p,n+1,3);
for i:=1 to n do
```

```
      begin
      p[i,1]:=pnew[i,1];
      p[i,2]:=pnew[i,2];
      end;
    for i:=1 to length(fix)-1 do
      begin
      p[fix[i],1]:=fixed[i,1];
      p[fix[i],2]:=fixed[i,2];
      end;
    n:=length(tmp_wndx)-1;
    setlength(wndx,n+1);
    for i:=1 to n do
    wndx[i]:=tmp_wndx[i];
    n:=length(tmp_tndx)-1;
    setlength(tndx,n+1);
    for i:=1 to n do
    tndx[i]:=tmp_tndx[i];
    end;
```

附录 C

船模六自由度三维仿真

程序设计状态主界面(附图 C-1)显示,程序由多个控件协作完成。以下仅列出核心的主程序单元文件,供读者参考。

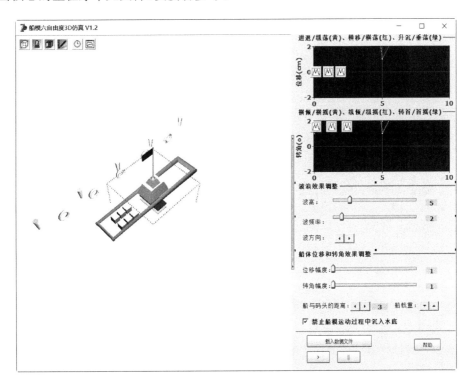

附图 C-1　船模仿真程序主界面设计界面

unit Unit1;

interface

```
uses
    Windows，Forms，GLScene，GLObjects，GLMisc，Classes，Controls，GLTeapot，
    GLWin32Viewer，ExtCtrls，GLWaterPlane，GLTexture，SysUtils，Jpeg，
    GLCadencer，GLGraph，VectorTypes，VectorGeometry，GLUserShader，OpenGL1x，
GLState，
    GLMultiPolygon，GLExtrusion，RzButton，Dialogs，ComCtrls，StdCtrls，
    Graphics，Mask，RzEdit，RzSpnEdt，GLGeomObjects，RzPanel，RzSplit，
    RzTrkBar，RzLabel，sgr_def，sgr_data，math，sgr_mark，zlib；


type
T1S=array of string；
T1D=array of single；
T1I=array of integer；
T2D=array of array of real；
T2I=array of array of integer；


type
  TForm1 = class(TForm)
    GLScene1：TGLScene；
    GLSceneViewer1：TGLSceneViewer；
    GLCamera1：TGLCamera；
    GLLightSource1：TGLLightSource；
    DummyCube1：TGLDummyCube；
    Panel2：TPanel；
    GLWaterPlane1：TGLWaterPlane；
    GLMaterialLibrary1：TGLMaterialLibrary；
    GLCadencer1：TGLCadencer；
    GLHeightField1：TGLHeightField；
    GLUserShader1：TGLUserShader；
    GLExtrusionSolid1：TGLExtrusionSolid；
    GLLightSource2：TGLLightSource；
    Timer1：TTimer；
    GLExtrusionSolid2：TGLExtrusionSolid；
    OpenDialog1：TOpenDialog；
    Panel3：TPanel；
    RzButton1：TRzButton；
```

RzButton2：TRzButton；

RzButton3：TRzButton；

GLCylinder1：TGLCylinder；

GLCylinder2：TGLCylinder；

GLCylinder3：TGLCylinder；

GLCylinder4：TGLCylinder；

GLCylinder5：TGLCylinder；

GLTorus1：TGLTorus；

GLTorus2：TGLTorus；

GLTorus3：TGLTorus；

GLTorus4：TGLTorus；

GLTorus5：TGLTorus；

pnlNotes：TRzSizePanel；

LblAngle：TRzLabel；

TrkAngle：TRzTrackBar；

GrpTRzLEDDisplay：TRzGroupBox；

RzLabel1：TRzLabel；

RzLabel2：TRzLabel；

RzTrackBar1：TRzTrackBar；

RzLabel3：TRzLabel；

GrpTRzLabel：TRzGroupBox；

RzLabel4：TRzLabel；

SpbRepeat2：TRzSpinButtons；

RzTrackBar2：TRzTrackBar；

RzLabel5：TRzLabel；

RzLabel6：TRzLabel；

RzLabel7：TRzLabel；

RzTrackBar3：TRzTrackBar；

RzLabel8：TRzLabel；

RzGroupBox1：TRzGroupBox；

RzGroupBox2：TRzGroupBox；

XYPlot1：Tsp_XYPlot；

Line1：Tsp_XYLine；

Line2：Tsp_XYLine；

Line3：Tsp_XYLine；

RzGroupBox3：TRzGroupBox；

XYPlot2：Tsp_XYPlot；

Line4：Tsp_XYLine；

Line5：Tsp_XYLine；

Line6：Tsp_XYLine；

RzLabel9：TRzLabel；

RzSpinButtons1：TRzSpinButtons；

RzLabel10：TRzLabel；

RzSpinButtons2：TRzSpinButtons；

GLCube1：TGLCube；

GLCube2：TGLCube；

GLCube3：TGLCube；

RzLabel11：TRzLabel；

RzButton4：TRzButton；

GLDirectOpenGL1：TGLDirectOpenGL；

GLFrustrum1：TGLFrustrum；

GLSphere1：TGLSphere；

GLCylinder6：TGLCylinder；

GLCylinder7：TGLCylinder；

GLCylinder8：TGLCylinder；

GLCylinder9：TGLCylinder；

GLFrustrum2：TGLFrustrum；

GLCube4：TGLCube；

GLCube5：TGLCube；

GLCube6：TGLCube；

GLCube7：TGLCube；

GLCube8：TGLCube；

GLCube9：TGLCube；

GLCylinder10：TGLCylinder；

GLCube10：TGLCube；

GLSprite1：TGLSprite；

GLLightSource3：TGLLightSource；

CheckBox1：TCheckBox；

procedure GLSceneViewer1MouseDown(Sender：TObject；

   Button：TMouseButton；Shift：TShiftState；X，Y：Integer)；

procedure GLSceneViewer1MouseMove(Sender：TObject；Shift：TShiftState；

   X，Y：Integer)；

procedure FormMouseWheel(Sender：TObject；Shift：TShiftState；

   WheelDelta：Integer；MousePos：TPoint；var Handled：Boolean)；

```
        procedure FormCreate(Sender: TObject);
        procedure GLHeightField1GetHeight(const x, y: Single; var z: Single;
           var color: TVector4f; var texPoint: TTexPoint);
        procedure GLUserShader1DoApply(Sender: TObject;
           var rci: TRenderContextInfo);
        procedure Timer1Timer(Sender: TObject);
        procedure RzButton1Click(Sender: TObject);
        procedure RzButton2Click(Sender: TObject);
        procedure RzButton3Click(Sender: TObject);
        procedure TrkAngleChange(Sender: TObject);
        procedure RzTrackBar1Change(Sender: TObject);
        procedure SpbRepeat2DownLeftClick(Sender: TObject);
        procedure SpbRepeat2UpRightClick(Sender: TObject);
        procedure RzTrackBar2Change(Sender: TObject);
        procedure RzTrackBar3Change(Sender: TObject);
        procedure RzSpinButtons1DownLeftClick(Sender: TObject);
        procedure RzSpinButtons1UpRightClick(Sender: TObject);
        procedure RzSpinButtons2DownLeftClick(Sender: TObject);
        procedure RzSpinButtons2UpRightClick(Sender: TObject);
        procedure XYPlot1DblClick(Sender: TObject);
        procedure XYPlot2Click(Sender: TObject);
        procedure RzButton4Click(Sender: TObject);
        procedure GLCadencer1Progress(Sender: TObject; const deltaTime,
           newTime: Double);
        procedure GLDirectOpenGL1Render(Sender: TObject;
           var rci: TRenderContextInfo);
        procedure GLUserShader1DoUnApply(Sender: TObject; Pass: Integer;
           var rci: TRenderContextInfo; var Continue: Boolean);
        procedure GLSceneViewer1BeforeRender(Sender: TObject);
        procedure FormCloseQuery(Sender: TObject; var CanClose: Boolean);
     private
mdx, mdy : Integer;
     x:double;

     public
     reflectionToggle,dd,stop : Boolean;
     startnum:integer;
```

```
    hang,bogao,bodir,bodis:integer;
    minx,miny,minz,minrx,minry,minrz:real;
    yma1,yma2,jma1,jma2:real;   //位移最大最小,角度最大最小
    px,py,pz,rx,ry,rz:T1D;
    pox,poy,poz:real;
    procedure DrawLegendTable;
    procedure AddNext;
    end;

var
    Form1: TForm1;

implementation
uses unit2,unit3;
{$R * .DFM}
{$R 'myres. res'}

Const
//horizontal axis view interval
TrendWindow=10; //we show sin function and selest appropriate interval
//number points are visible on this interval
TrenPointsCount=10;
//we shift points data in memory by portion
TrenPointsStep=system. round(TrenPointsCount * 0. 3);
//so we should alllocate memory for total points number
TrendCapacity= TrenPointsCount+TrenPointsStep;
//this is step of x value
TrendXstep=TrendWindow/TrenPointsCount;

// Example how to draw legend, this procedure draw legend on plot
// this procedure called by OnDrawEnd handler
procedure TForm1. DrawLegendTable;
var R:TRect; i, sc, lsh,lwh:integer;
const ds=6;
begin
    //first calculate legend table rectangle size
    lwh:=0; sc:=0;
```

```
with XYPlot1. DCanvas do //in reality you can draw on another canvas
begin
    Font:=XYPlot1. Font;   //set axis font as legend font
    //find biggest width of legend text & calc number of legend
    for i:=0 to XYPlot1. SeriesCount-1 do with XYPlot1. Series[i] do
    begin
        if Active then begin
        lsh:=TextWidth(Legend);
        if lsh>lwh then lwh:=lsh;
        inc(sc);
        end;
    end;
    if sc<1 then Exit; //no one active series
    lsh:=TextHeight('|')+2;          //one legend string height
    inc(lwh, lsh+lsh div 2+1  +2+3+2); //legend string height+gap+2border
    with XYPlot1 do with FieldRect do begin   //place rect in field
        R:=Rect(Right-ds-lwh,top+ds,Right-ds,top+ds+lsh*sc);
        if (R. Left<Left-2) or (R. Bottom>Bottom-2) then Exit; //field size too small
    end;
    lwh:=lsh+lsh div 2+1;       //legend picture width
    //draw legend table background rect & calc picture rect
    Brush. Color:=clWhite;
    Brush. Style:=bsSolid;
    with Pen do begin Color:=clBlack; Width:=1 end;
    with R do begin
        //Rectangle(Left,Top,Right,Bottom);
        inc(Left,1); inc(Top,1); Right:=Left+lwh; Bottom:=Top+lsh-2;
    end;
    //draw legends
    for i:=0 to XYPlot1. SeriesCount-1 do with XYPlot1. Series[i] do
    begin
        if Active then begin
            DrawLegendMarker(XYPlot1. DCanvas,R);
            if Brush. Style<>bsClear then Brush. Style:=bsClear;
            TextOut(R. Right+2,R. Top,Legend);
            OffsetRect(R,0,lsh);
        end;
```

```
          end;
        end;
      end;


//add nex point to plot
procedure TForm1. AddNext;
begin
with Line1 do
begin
    LockInvalidate:=True;                //we must stop plot redrawn while add data
    if Count>=TrendCapacity then         //if all alocated memory was filled
      DeleteRange(0,TrenPointsStep-1);//then delte from begin
    AddXY(x, px[startnum]-minx);                //add next points
    LockInvalidate:=False;                //redraw plot
end;
with Line2 do
begin
    LockInvalidate:=True;                //we must stop plot redrawn while add data
    if Count>=TrendCapacity then         //if all alocated memory was filled
      DeleteRange(0,TrenPointsStep-1);//then delte from begin
    AddXY(x, py[startnum]-miny);                //add next points
    LockInvalidate:=False;                //redraw plot
end;
with Line3 do
begin
    LockInvalidate:=True;                //we must stop plot redrawn while add data
    if Count>=TrendCapacity then         //if all alocated memory was filled
      DeleteRange(0,TrenPointsStep-1);//then delte from begin
    AddXY(x, pz[startnum]-minz);                //add next points
    LockInvalidate:=False;                //redraw plot
end;
with Line4 do
begin
    LockInvalidate:=True;                //we must stop plot redrawn while add data
    if Count>=TrendCapacity then         //if all alocated memory was filled
      DeleteRange(0,TrenPointsStep-1);//then delte from begin
    AddXY(x, rx[startnum]-minrx);                //add next points
```

```
    LockInvalidate:=False;                //redraw plot
end;
with Line5 do
begin
    LockInvalidate:=True;                 //we must stop plot redrawn while add data
    if Count>=TrendCapacity then          //if all alocated memory was filled
      DeleteRange(0,TrenPointsStep-1);//then delte from begin
    AddXY(x, ry[startnum]-minry);                //add next points
    LockInvalidate:=False;                //redraw plot
end;
with Line6 do
begin
    LockInvalidate:=True;                 //we must stop plot redrawn while add data
    if Count>=TrendCapacity then          //if all alocated memory was filled
      DeleteRange(0,TrenPointsStep-1);//then delte from begin
    AddXY(x, rz[startnum]-minrz);                //add next points
    LockInvalidate:=False;                //redraw plot
end;
with XYPlot1.BottomAxis do          //shift trend window if need
if x>Max then XYPlot1.BottomAxis.MoveMinMax(x-Max);
with XYPlot2.BottomAxis do          //shift trend window if need
if x>Max then XYPlot2.BottomAxis.MoveMinMax(x-Max);
//x:=x+TrendXstep;
x:=startnum;
end;


procedure TForm1.GLSceneViewer1MouseDown(Sender: TObject;
  Button: TMouseButton; Shift: TShiftState; X, Y: Integer);
begin
    // store mouse coordinates when a button went down
    mdx:=x; mdy:=y;
end;


procedure TForm1.GLSceneViewer1MouseMove(Sender: TObject;
  Shift: TShiftState; X, Y: Integer);
var
    dx, dy : Integer;
```

```
    v : TVector;
begin
    // calculate delta since last move or last mousedown
    dx:=mdx-x; dy:=mdy-y;
    mdx:=x; mdy:=y;
    if ssLeft in Shift then begin GLCamera1.MoveAroundTarget(dy, dx)
    end;
end;

procedure TForm1.FormMouseWheel(Sender: TObject; Shift: TShiftState;
    WheelDelta: Integer; MousePos: TPoint; var Handled: Boolean);
begin
    // Note that 1 wheel-step induces a WheelDelta of 120,
    // this code adjusts the distance to target with a 10% per wheel-step ratio
    GLCamera1.AdjustDistanceToTarget(Power(1.1, WheelDelta/120));
end;

procedure TForm1.FormCreate(Sender: TObject);
var
position:integer;
filename:string;
i : Integer;
r, x, y : Single;
const
scale=3;
begin
startnum:=0;
stop:=true;
setlength(px,0);
setlength(py,0);
setlength(pz,0);
setlength(rx,0);
setlength(ry,0);
setlength(rz,0);
pox:=GLExtrusionSolid1.Position.X;
poy:=GLExtrusionSolid1.Position.Y;
poz:=GLExtrusionSolid1.Position.Z;
```

```
// Load the cube map which is used both for environment and as reflection texture
   with GLMaterialLibrary1. Materials[0]. Material. Texture do begin
         ImageClassName:=TGLCubeMapImage. ClassName;
         with Image as TGLCubeMapImage do begin
             // Load all 6 texture map components of the cube map
             // The 'PX', 'NX', etc. refer to 'positive X', 'negative X', etc.
             // and follow the RenderMan specs/conventions
             Picture[cmtPX]. LoadFromFile('water. jpg');//加入水的纹理贴图
             Picture[cmtNX]. LoadFromFile('water. jpg');
             Picture[cmtPY]. LoadFromFile('water. jpg');
             Picture[cmtNY]. LoadFromFile('water. jpg');
             Picture[cmtPZ]. LoadFromFile('water. jpg');
             Picture[cmtNZ]. LoadFromFile('water. jpg');
         end;
     end;
 with GLExtrusionSolid1. Contours do begin
         with Add. Nodes do   begin
         AddNode(3, 0, 0);
         AddNode(8, 0, 0);
         AddNode(9, 3, 0);
         AddNode(0, 3, 0);
         AddNode(3, 0, 0);
     end;
     // add an empty contour for the square cutout (see progress event)
     Add;
 end;
 // a small star contour
 with GLExtrusionSolid2. Contours do begin
         with Add. Nodes do   begin
         AddNode(-20,-10, 0);
         AddNode(20,-10, 0);
         AddNode(20,-5, 0);
         AddNode(-5,-5, 0);
         AddNode(-20,-5, 0);
         AddNode(-20,-10, 0);
     end;
     // add an empty contour for the square cutout (see progress event)
```

```
          Add;
      end;
    glWaterplane1. SmoothwaveHeight: = 5;
    glWaterplane1. SmoothwaveFrequency: =   2;
    end;


  procedure TForm1. GLHeightField1GetHeight(const x, y: Single; var z: Single;
    var color: TVector4f; var texPoint: TTexPoint);
  begin
  z:=0. 5-(GLWaterPlane1. Mask. Bitmap. Canvas. Pixels[Round(x+64), Round(y+64)]
and $FF)/255;
    end;


  procedure TForm1. GLUserShader1DoApply(Sender: TObject;
    var rci: TRenderContextInfo);
  var
    cubeMapMode : Integer;
  begin
    // Here is the shader trick: the same cubemap is used in reflection mode
    // for the pond, and in normal mode for the environment sphere
    // Our basic user shader takes care of that.
    if reflectionToggle then begin
        cubeMapMode:=GL_REFLECTION_MAP_ARB;
        rci. GLStates. SetGLState(stBlend);
    end else begin
        cubeMapMode:=GL_NORMAL_MAP_ARB;
        rci. GLStates. UnSetGLState(stBlend);
    end;
    glTexGeni(GL_S, GL_TEXTURE_GEN_MODE, cubeMapMode);
    glTexGeni(GL_T, GL_TEXTURE_GEN_MODE, cubeMapMode);
    glTexGeni(GL_R, GL_TEXTURE_GEN_MODE, cubeMapMode);
    glBlendFunc(GL_SRC_ALPHA, GL_ONE_MINUS_SRC_ALPHA);
  end;


  procedure TForm1. RzButton1Click(Sender: TObject);
  var
  i,k,id;integer;
```

```
filename:string;
readfile:textfile;
mida:real;
label FoundAnAnswer;

begin
RzButton1. Enabled:=false;
Panel2. Enabled:=false;
OpenDialog1. Filter := ' * . dat| * . dat';
if not OpenDialog1. Execute then   goto FoundAnAnswer;

startnum:=0;
setlength(px,0);
setlength(py,0);
setlength(pz,0);
setlength(rx,0);
setlength(ry,0);
setlength(rz,0);

filename:=OpenDialog1. FileName;
assignfile(readfile,filename);
reset(readfile);
readln(readfile);//第一行为空格
readln(readfile);//第二行为日期

｛try
read(readfile,hang,bogao,bodis,bodir);
readln(readfile);
except
closefile(readfile);
MessageBox(application. handle,'第 1 行数据输入错误','提示', MB_ICONEXCLAMA-
TION);
RzButton1. Enabled:=true;
exit;
end;

if hang<0. 01 then
```

```
begin
closefile(readfile);
 MessageBox(application. handle,'行数必须大于 0','提示', MB_ICONEXCLAMA-
TION);
    goto FoundAnAnswer;
    end; }

hang:=100000;
setlength(px,hang+1);
setlength(py,hang+1);
setlength(pz,hang+1);
setlength(rx,hang+1);
setlength(ry,hang+1);
setlength(rz,hang+1);

minx:=0;miny:=0;minz:=0;
minrx:=0;minry:=0;minrz:=0;
k:=0;
repeat
application. ProcessMessages;
k:=k+1;
try
    read(readfile,id,pz[k],px[k],py[k],ry[k],rz[k],rx[k]);
    minx:=minx+px[k];
    miny:=miny+py[k];
    minz:=minz+pz[k];
    minrx:=minrx+rx[k];
    minry:=minry+ry[k];
    minrz:=minrz+rz[k];
    except
    closefile(readfile);
    MessageBox(application. handle,pchar('第('+inttostr(k+2)+')行数据错误'),'提示',
MB_ICONEXCLAMATION);
    RzButton1. Enabled:=true;
    exit;
    end;
    readln(readfile);
```

until eof(readfile) or (k=hang);
closefile(readfile);

setlength(px,k+1);
setlength(py,k+1);
setlength(pz,k+1);
setlength(rx,k+1);
setlength(ry,k+1);
setlength(rz,k+1);
minx:=minx/k;
miny:=miny/k;
minz:=minz/k;
minrx:=minrx/k;
minry:=minry/k;
minrz:=minrz/k;

yma1:=10000000;   //最小值
yma2:=-10000000;   //最大值
jma1:=10000000;   //最小值
jma2:=-10000000;   //最大值
for i:=1 to k do
  begin
  mida:=min(yma1,px[i]-minx);
  mida:=min(mida,py[i]-miny);
  mida:=min(mida,pz[i]-minz);
  yma1:=mida;

  mida:=max(yma2,px[i]-minx);
  mida:=max(mida,py[i]-miny);
  mida:=max(mida,pz[i]-minz);
  yma2:=mida;

  mida:=min(jma1,rx[i]-minrx);
  mida:=min(mida,ry[i]-minry);
  mida:=min(mida,rz[i]-minrz);
  jma1:=mida;

```
    mida:=max(jma2,rx[i]-minrx);
    mida:=max(mida,ry[i]-minry);
    mida:=max(mida,rz[i]-minrz);
    jma2:=mida;
    end;
k:=max(round(yma2),round(abs(yma1)));
yma2:=max(yma2,abs(yma1));
XYPlot1.LeftAxis.SetMinMax(-yma2,yma2);
XYPlot1.BottomAxis.SetMinMax(0,(TrendCapacity-TrenPointsStep)*TrendXstep);

k:=max(round(jma2),round(abs(jma1)));
jma2:=max(jma2,abs(jma1));
XYPlot2.LeftAxis.SetMinMax(-jma2,jma2);
XYPlot2.BottomAxis.SetMinMax(0,(TrendCapacity-TrenPointsStep)*TrendXstep);

XYPlot1.Invalidate;
XYPlot2.Invalidate;
GLExtrusionSolid1.Position.X:=-4;
GLExtrusionSolid1.Position.Y:=1;
GLExtrusionSolid1.Position.Z:=-1.5;
pox:=-4;
poy:=1;
poz:=-1.5;
RzLabel11.Caption:='3';
GLExtrusionSolid1.Pitchangle:=0;        //x轴旋转
GLExtrusionSolid1.turnangle:=0;         //y轴旋转
GLExtrusionSolid1.rollangle:=0;         //z轴旋转
GLExtrusionSolid1.Up.X:=0;
GLExtrusionSolid1.Up.Y:=0;
GLExtrusionSolid1.Up.Z:=1;
GLExtrusionSolid1.Direction.X:=0;
GLExtrusionSolid1.Direction.Y:=-1;
GLExtrusionSolid1.Direction.Z:=0;

FoundAnAnswer:
RzButton1.Enabled:=true;
Panel2.Enabled:=true;
```

```
end;

procedure TForm1. RzButton2Click(Sender: TObject);    //运行
begin
if   length(px)-1<0 then
    begin
    MessageBox(application. handle,'请首先载入数据文件','提示',MB_ICONEXCLAMA-
TION);
    exit;
    end;
if not stop then
    begin
    MessageBox(application. handle,'仿真演示正在进行中','提示',MB_ICONEXCLAMA-
TION);
    exit;
    end;
x:=0;
Line1. SetCapacity(TrendCapacity);Line2. SetCapacity(TrendCapacity);
Line3. SetCapacity(TrendCapacity);Line4. SetCapacity(TrendCapacity);
Line5. SetCapacity(TrendCapacity);Line6. SetCapacity(TrendCapacity);
Line1. Clear;Line2. Clear;Line3. Clear;Line4. Clear;Line5. Clear;Line6. Clear;
AddNext;
XYPlot1. Invalidate;
XYPlot2. Invalidate;
GLExtrusionSolid1. Position. X:=pox;
GLExtrusionSolid1. Position. Y:=poy;
GLExtrusionSolid1. Position. Z:=poz;
GLExtrusionSolid1. Pitchangle:=0;        //x轴旋转
GLExtrusionSolid1. turnangle:=0;         //y轴旋转
GLExtrusionSolid1. rollangle:=0;         //z轴旋转
GLExtrusionSolid1. Up. X:=0;
GLExtrusionSolid1. Up. Y:=0;
GLExtrusionSolid1. Up. Z:=1;
GLExtrusionSolid1. Direction. X:=0;
GLExtrusionSolid1. Direction. Y:=-1;
GLExtrusionSolid1. Direction. Z:=0;
stop:=false;
```

```
Timer1. Enabled：=true；
end；

procedure TForm1. RzButton3Click(Sender：TObject)；
begin
stop：=true；
end；

procedure TForm1. TrkAngleChange(Sender：TObject)；//调整波高
var
  Angle ：Integer；
begin
  Angle ：= TrkAngle. Position；
  LblAngle. Caption ：= IntToStr( Angle ) ；
  activecontrol：=nil；
  glWaterplane1. SmoothwaveHeight：= Angle；
end；

procedure TForm1. RzTrackBar1Change(Sender：TObject)；//调整波频率
var
  Angle ：Integer；
begin
  Angle ：= RzTrackBar1. Position；
  RzLabel3. Caption ：= IntToStr( Angle ) ；
  activecontrol：=nil；
  glWaterplane1. SmoothwaveFrequency：=   Angle；
end；

procedure TForm1. SpbRepeat2DownLeftClick(Sender：TObject)；
begin
glWaterplane1. turnangle：=glWaterplane1. turnangle+5；        //y轴旋转
end；

procedure TForm1. SpbRepeat2UpRightClick(Sender：TObject)；
begin
glWaterplane1. turnangle：=glWaterplane1. turnangle-5；        //y轴旋转
end；
```

```
procedure TForm1. RzTrackBar2Change(Sender：TObject)；   //位移幅度
var
    Angle ：Integer；
begin
Angle ：= RzTrackBar2. Position；
RzLabel6. Caption ：= IntToStr( Angle ) ；
XYPlot1. Invalidate；
XYPlot2. Invalidate；
GLExtrusionSolid1. Up. X：=0；
GLExtrusionSolid1. Up. Y：=0；
GLExtrusionSolid1. Up. Z：=1；
GLExtrusionSolid1. Direction. X：=0；
GLExtrusionSolid1. Direction. Y：=-1；
GLExtrusionSolid1. Direction. Z：=0；
GLExtrusionSolid1. Position. X：=pox；
GLExtrusionSolid1. Position. Y：=poy；
GLExtrusionSolid1. Position. Z：=poz；
GLExtrusionSolid1. Pitchangle：=0；        //x 轴旋转
GLExtrusionSolid1. turnangle：=0；         //y 轴旋转
GLExtrusionSolid1. rollangle：=0；         //z 轴旋转
end；

procedure TForm1. RzTrackBar3Change(Sender：TObject)；//转角幅度
var
    Angle ：Integer；
begin
Angle ：= RzTrackBar3. Position；
RzLabel8. Caption ：= IntToStr( Angle ) ；
XYPlot1. Invalidate；
XYPlot2. Invalidate；
GLExtrusionSolid1. Up. X：=0；
GLExtrusionSolid1. Up. Y：=0；
GLExtrusionSolid1. Up. Z：=1；
GLExtrusionSolid1. Direction. X：=0；
GLExtrusionSolid1. Direction. Y：=-1；
GLExtrusionSolid1. Direction. Z：=0；
```

```
    GLExtrusionSolid1. Position. X:=pox;
    GLExtrusionSolid1. Position. Y:=poy;
    GLExtrusionSolid1. Position. Z:=poz;
    GLExtrusionSolid1. Pitchangle:=0;        //x 轴旋转
    GLExtrusionSolid1. turnangle:=0;         //y 轴旋转
    GLExtrusionSolid1. rollangle:=0;         //z 轴旋转
    end;


    procedure TForm1. Timer1Timer(Sender: TObject);
    var
    d1,d2:integer;
    begin
    Timer1. Enabled:=false;
    application. ProcessMessages;
    d1:=RzTrackBar2. Position;
    d2:=RzTrackBar3. Position;
    startnum:=startnum+1;
    GLExtrusionSolid1. Position. X:=pox+d1 * (px[startnum]-minx);       //-2+random
* 0. 2;//px[startnum];
    if poy+d1 * (py[startnum]-miny)>-1. 9 then
    GLExtrusionSolid1. Position. Y:=poy+d1 * (py[startnum]-miny)      //random * 0. 2;//py
[startnum];
    else
    GLExtrusionSolid1. Position. Y:=-1. 9;
    if (poz+d1 * (pz[startnum]-minz)<-2. 5) and CheckBox1. Checked then
    GLExtrusionSolid1. Position. Z:=-2. 5
    else if poz+d1 * (pz[startnum]-minz)>-0. 8 then
    GLExtrusionSolid1. Position. Z:=-0. 8
    else
    GLExtrusionSolid1. Position. Z:=poz+d1 * (pz[startnum]-minz);       //random * 0. 3;//pz
[startnum];
    GLExtrusionSolid1. Pitchangle:=d2 * (rx[startnum]-minrx);       //random * 3;//rx[st-
artnum]; //x 轴旋转
    GLExtrusionSolid1. turnangle:=d2 * (ry[startnum]-minry);       //random * 3;//ry[st-
artnum]; //y 轴旋转
    GLExtrusionSolid1. rollangle:=d2 * (rz[startnum]-minrz);       //random * 3;//rz[start-
num]; //z 轴旋转
```

```
AddNext;
if startnum=length(px)-1 then
    begin
    startnum:=0;
    x:=0;
    XYPlot1. BottomAxis. SetMinMax(0,(TrendCapacity-TrenPointsStep) * TrendXstep);
    XYPlot2. BottomAxis. SetMinMax(0,(TrendCapacity-TrenPointsStep) * TrendXstep);
    Line1. Clear;
    Line2. Clear;
    Line3. Clear;
    Line4. Clear;
    Line5. Clear;
    Line6. Clear;
    end;
if not stop then
Timer1. Enabled:=true;
end;


procedure TForm1. RzSpinButtons1DownLeftClick(Sender: TObject);
begin
GLExtrusionSolid1. Position. Y:=GLExtrusionSolid1. Position. Y-0. 1;
poy:=poy-0. 1;
RzLabel11. Caption:=formatfloat('0. 0',poy+2);
end;


procedure TForm1. RzSpinButtons1UpRightClick(Sender: TObject);
begin
GLExtrusionSolid1. Position. Y:=GLExtrusionSolid1. Position. Y+0. 1;
poy:=poy+0. 1;
RzLabel11. Caption:=formatfloat('0. 0',poy+2);
end;


procedure TForm1. RzSpinButtons2DownLeftClick(Sender: TObject);
begin
GLExtrusionSolid1. Position. Z:=GLExtrusionSolid1. Position. Z-0. 1;
poz:=poz-0. 1;
end;
```

```
procedure TForm1. RzSpinButtons2UpRightClick(Sender: TObject);
begin
GLExtrusionSolid1. Position. Z:=GLExtrusionSolid1. Position. Z+0. 1;
poz:=poz+0. 1;
end;


procedure TForm1. XYPlot1DblClick(Sender: TObject);   //显示数据序列
begin
if   length(px)-1<0 then
   begin
   MessageBox(application. handle,'请首先载入数据文件','提示', MB_ICONEXCLAMA-
TION);
      exit;
      end;
form2. Close;
form2. FshapeFrame1. chushihua(1);
form2. Show;
end;


procedure TForm1. XYPlot2Click(Sender: TObject);//显示数据序列
begin
if   length(px)-1<0 then
   begin
   MessageBox(application. handle,'请首先载入数据文件','提示', MB_ICONEXCLAMA-
TION);
      exit;
      end;
form2. Close;
form2. FshapeFrame1. chushihua(2);
form2. Show;
end;


procedure TForm1. RzButton4Click(Sender: TObject);
begin
form3. Show;
end;
```

```
procedure TForm1. GLCadencer1Progress(Sender: TObject; const deltaTime,
  newTime: Double);
var
a, aBase : Double;
begin
aBase:=90 * newTime;
// "pulse" the star
a:=DegToRad(aBase);
GLSprite1. SetSquareSize(10+0. 05 * cos(2. 5 * a));

GLSceneViewer1. Invalidate;
end;


procedure TForm1. GLDirectOpenGL1Render(Sender: TObject;
  var rci: TRenderContextInfo);
begin
reflectionToggle:=True;
end;


procedure TForm1. GLUserShader1DoUnApply(Sender: TObject; Pass: Integer;
  var rci: TRenderContextInfo; var Continue: Boolean);
begin
rci. GLStates. UnSetGLState(stBlend);
end;


procedure TForm1. GLSceneViewer1BeforeRender(Sender: TObject);
begin
reflectionToggle:=False;
end;


procedure TForm1. FormCloseQuery(Sender: TObject; var CanClose: Boolean);
begin
RzButton3Click(nil);
end;


end.
```